AN OUTLINE OF EUROPEAN ARCHITECTURE

欧洲建筑纲要

［英］尼古拉斯·佩夫斯纳　著
戎筱　译

由迈克尔·福塞斯撰写序言及后记

浙江人民美术出版社

合同登记号
图字: 11-2016-322 号

图书在版编目（CIP）数据

欧洲建筑纲要 / (英) 尼古拉斯•佩夫斯纳著; 戎筱译. -- 杭州 : 浙江人民美术出版社, 2021.1
ISBN 978-7-5340-7829-3

Ⅰ. ①欧… Ⅱ. ①尼… ②戎… Ⅲ. ①建筑史－欧洲 Ⅳ. ①TU-095

中国版本图书馆CIP数据核字(2020)第290311号

欧洲建筑纲要

[英]尼古拉斯·佩夫斯纳 著
戎筱 译

责任编辑 李 芳
助理编辑 杨雨瑶 吴 杭
责任校对 余雅汝 黄 静
责任印制 陈柏荣
出版发行 浙江人民美术出版社
地 址 杭州市体育场路347号（邮编：310006）
经 销 全国各地新华书店
制 版 浙江新华图文制作有限公司
印 刷 浙江海虹彩色印务有限公司
版 次 2021年1月第1版
印 次 2021年1月第1次印刷
开 本 889mm×1194mm 1/16
印 张 17.75
字 数 500千字
书 号 ISBN 978-7-5340-7829-3
定 价 198.00元

序 言

《欧洲建筑纲要》在经历多次重印、出版了一系列新版本之后，仍然是一部未被超越的关于欧洲建筑史的精练之作。现在这版第一次收录了全彩插图和重新绘制的平面图。本书最早由企鹅出版社于1943年出版，尼古拉斯・佩夫斯纳曾在1963年版的前言中说："……这本书有160页，其中有32页插图页，内含60幅插图，印在偏咖啡色的纸上，照片中的作者看上去要比现在年轻得多。"1945年出版第二版，1951年出版第三版，1953年出版第四版，1957年出版第五版，1960年出版了更大更厚的第六版纪念版，以庆祝企鹅出版社成立20周年，1963年出版第七版。正如佩夫斯纳的《英国建筑》[*Buildings of England*]系列各郡的分册都被后人更新一样，《纲要》的每一版在篇幅上都比前一版有所增加。首先增加了关于西班牙的内容，然后增加了法国哥特式、法国17世纪、意大利风格主义、早期基督教和拜占庭、法国18世纪末叶的内容，在纪念版中还增加了德国巴洛克的内容和关于1914年至20世纪中叶的最后一章。在荷兰语（1949年）、日语（年代不详）、西班牙语（1957年）、德语（1957年）、意大利语（1960年）等翻译版中，还专门增加了一些内容。

不过，佩夫斯纳明白，新增内容可能会稀释原来的主旨，在最终版1963年版（即本版所用）中，为了避免这一问题，文字非常有选择性：叙述的思路、国家和时期的融合都极其出色。第九章作为一份历史文献也很有价值，展现出20世纪中叶的时代精神，对现代主义的未来充满信心，认为柯布西耶式的伦敦郡议会的罗汉普顿社会住宅[Roehampton housing estate]为集合住宅在二战后勇敢的新世界指出了新的发展方向。罗汉普顿是佩夫斯纳一书的顶点，不过他也明智地指出在缺乏历史视角、不知道建

筑问题的处理方法和解决办法的“真正面目”的情况下，书写当今的事件自然是非常困难的。

在关于现代主义运动及其先驱的完整论述中（《现代设计的先驱者》[*Pioneers of Modern Design*] 中有更详细的论述），第九章也表现出佩夫斯纳对“有机”建筑理论学派的偏见，尽管它提出了另一种现代主义传统，但是佩夫斯纳基本没有论述它的重要性，除了提到了弗兰克·劳埃德·赖特 [Frank Lloyd Wright]；虽然他曾提到阿尔瓦·阿尔托 [Alvar Aalto] 的名字一次，却没有探讨他的建筑。另一个可能需要批评的地方是他对建筑风格的“文件柜”[filing cabinet] 式的归类方法，这种方法可以说是他所处时代的产物。特别是他在探讨英国中世纪建筑时，将早期英国式 [Early English]、盛饰式 [Decorated] 和垂直式 [Perpendicular] 都归入维多利亚传统，但事实上这些术语至今仍在使用。

这一新版本完全保留了佩夫斯纳的文字，包括英制单位。但是，为了遵循历史，我们将第九章中的现在时改成了过去时，同时补上了已经去世的建筑师的卒年。之后还增加了一个由笔者所写的简单后记，以将《纲要》延续到现在。之前的版本都有一篇与全书不协调的关于美国的跋，据说是为了满足出版方吸引美国市场的需要，但这一版本并没有收录这篇跋。当然，这一版本收录了在欧洲工作的美国建筑师。佩夫斯纳 1942 年 1 月和 1960 年复活节所写的前言也被保留，但 1962 年夏写的前言没有收录，只保留了他对 1963 年版新增部分的评论。

迈克尔·福塞斯 [Michael Forsyth]

2009 年 3 月

前 言

一卷篇幅的欧洲建筑史要能达到其目的，读者必须做好三方面的准备。

首先，他不会在书中看到关于每件重要作品和每个重要建筑师的论述。如果我尝试那么做，整本书就将被建筑师的名字、建筑的名称和日期所充斥。一座建筑只有在能充分说明某一风格或观点的情况下，才会被收录。这意味着，读者在本书所描绘的图景中看到的不是渐变，而是不同的颜色的冲撞。或许有的读者会认为这是一个缺点，但他可能也会认识到描述这些细微的差别会让这本书本来就不短的篇幅增至两倍甚至三倍。因此，本书会提到林肯大教堂［Lincoln］的中厅，而非韦尔斯大教堂［Wells］的中厅；会提到佛罗伦萨的圣灵大教堂［S. Spirito］，而非圣洛伦佐大教堂［S. Lorenzo］。当然，与赫尔城的圣三一教堂［Holy Trinity］相比，考文垂的圣米迦勒大教堂［St Michael's］是否真的是垂直式教区教堂更全面或合适的案例？与斯特罗奇宫［the Palazzo Strozzi］相比，鲁切拉宫［the Palazzo Rucellai］是否真的是意大利文艺复兴更全面或合适的案例？这些都是可以讨论的。但是，只有通过对建筑进行足够详细的描述和分析，才能欣赏其建筑价值。因此，有必要减少建筑的数量，给最终保留的建筑留出足够的介绍空间。

除此之外，本书还有两点不得不保留的局限。我们不可能涵盖从巨石阵到20世纪的所有欧洲建筑或欧洲所有国家的建筑。否则，本书就应该叫作《欧洲建筑》。大多数读者应该会同意，希腊神庙和罗马广场都属于古代文明，而不属于我们说欧洲文明时通常所指的含义。但大家也会同意，希腊和罗马对理解欧洲文明有着无比重要的作用。因此，它们将出现在本书的第一章，不过只是非常简要地加以探讨。基督教最初几十年的地中海文明，以及其在罗马、拉文纳和近东的早期基督教教堂和拜占庭教堂中的表现形式，也是如此。它们虽然与我们的文明不同，却是我们的文明的源泉之一。这也解释了为什么本书将对它们加以探讨。然而，保加利亚却与此不同。它之所以未在后文中出现，是因为保加利亚过去属于拜占庭，之后属于俄罗斯的影响范围，目前的重要性又很低，这让我有理由不对其做出讨论。也就是说，所有对欧洲建筑的发展作用微小，以及所有不属于欧洲或西方文明的建筑都不在本书的讨论范围之内。我提议用“欧洲”一词，因为人们倾向于认为西方文明是一个独特的单位，一个生物学的单位。这当然不是因为种族主义的原因（这种观点是肤浅的唯物主义），而是文化的原因。西方文明在某一时刻由哪些国家组成，某一国家在什么时候加入或退出西方文明，历史学家们都有自己的判断。但他们不能期望自己的判断会被广泛接受。这种历史分类的不确定性的原因是非常明显的。当我们考察一个文明的最高成就时，它的特征似乎是非常鲜明的，然而当我们要在时间和空间上对其加以准确描述时，它又显得模糊不清。

以西方文明为例，可以确定的是它的史前阶段绝对不是它的一部分，因为任何一个文明的史前阶段，正如“史前阶段”一词所指，是一个“之前的”［*prae*］的阶段，即文明诞生之前的阶段。一个文明的诞生总是伴随着一个主导思想，或主导动机［*leitmotif*］的初次萌发。这一思想在之后的几个世纪中将积聚力量，传播，发展，成熟，最终——这是它不得不直面的命运——抛弃这一文明，虽然它曾是这一文明的精神。于是，这一文明衰亡了，另一文明则在不同或相同的土地上重新生长，从它的史前阶段进入它的原始黑暗时期，然后形成新的思想体系。我们只需回想一个最熟悉的例子：当罗马帝国灭亡时，西方文明正从其史前阶段的黑暗中诞生，度过了墨洛温王朝［Merovingian］的婴儿期，在查理曼大帝［Charlemagne］治下逐渐发展成型。

以上就是时间上的局限性。以下简要说一下空间上的局限性。无论谁决定要撰写关于欧洲建筑、艺术、哲学、戏剧、农业的简史，都需要决定各个时期最强烈地表现了欧洲重要的意志和感情的事件在哪里发生。举例来说，正因如此，本书只涉及德国18世纪的建筑，而没有提及其16世纪的建筑，几乎没有提到意大利哥特式建筑，完全没有提到斯堪的纳维亚建筑。虽然有很多西班牙建筑非常精美，但是本书并没有给其相应的篇幅，因为西班牙建筑从未对欧洲建筑整体的发展施加决定性的影响。本书唯一偏向的是英国建筑（我需要专门为此道歉），在不影响论述的情况下，凡是能用英国的案例说明的，本书就没有采用其他地方的案例。最后，我想再次重申，本书将西方建筑视作西方文明的表现形式，历史性地描述了它从9世纪至20世纪的发展。

尼古拉斯·佩夫斯纳，伦敦

1942年1月和1960年复活节

绪　论

一座自行车棚是一座房屋［building］，林肯大教堂却是一座建筑［architecture］。几乎所有围合出足够让一个人在其中活动的空间的事物都是一座房屋，但“建筑”一词只适用于在设计时有审美考量的房屋。一座房屋可以从三个方面产生美感。第一，墙面的处理，窗的比例，以及墙和窗、不同楼层之间、装饰（如14世纪窗户的花饰窗格［tracery］、雷恩［Wren］的门廊上的树叶和果实花环等）的关系都可以产生美感。第二，建筑外部的整体处理在美学上意义重大，包括不同体块之间的对比，斜屋顶、平屋顶或穹顶的效果，凹凸的韵律感等。第三，建筑室内的处理，房间的序列，中厅在交叉部宽度的增加，巴洛克楼梯雄伟的走向等也会对我们的感官产生影响。其中，第一个方面是二维的，是画家的方式。第二个方面是三维的，是把建筑作为一个体量、一个可塑的单元来处理，是雕塑家的方式。第三个方面也是三维的，但考虑到了空间，是建筑师自己的处理方式。将建筑与绘画和雕塑区别开来的是它的空间特质。在这一点上，也只有在这一点上，任何其他的艺术家都不能与建筑师比肩。因此，建筑史主要是人塑造空间的历史，建筑史学家也必须把空间问题放在最重要的位置。这也是为什么关于建筑的书籍，无论其表达方式多么受欢迎，必须有平面图才能成功。

虽然建筑主要关乎空间，却不只是空间。在每座建筑中，建筑师除了围合空间，还会构建体量、规划表面，即设计建筑外部和每堵墙面。这意味着一位优秀的建筑师在空间想象力之外，也要具备雕塑家和画家的眼光。因此，建筑是所有视觉艺术中最全面的一种，有理由认为它比其他艺术种类更具有优势。

除美学优势外，建筑还具有社会优势。雕塑和绘画虽然都以基本的创造和想象本能为基础，却不像建筑那样普遍地围绕我们，持续和全面地影响我们。我们可以避免与所谓的美术产生交集，但无论如何我们却不能逃避房屋和它们的特点（高贵或平凡、拘束或华美、真实或浮夸）所产生的细微却深刻的影响。没有绘画的时代是可以想象的，虽然凡是认为艺术有提升生命功能的人都不会希望有这样的时代。没有架上绘画的时代可以毫不费力地想象出来，而且考虑到 19 世纪架上绘画的主导地位，这可能是一种被衷心期望的完结。但只要人们还生活在这个世界上，没有建筑的时代是不可能的。

19 世纪架上绘画的兴起以壁画为代价，后来又以建筑为代价，这说明艺术（和西方文明）已经到达了如此病态的地步。而目前美术的建筑特征似乎正在恢复，这让人对未来又多少抱有些希望。在希腊艺术和中世纪艺术兴起和鼎盛时，建筑占据主导地位，拉斐尔［Raphael］和米开朗基罗［Michelangelo］都有从建筑和绘画平衡角度的考虑，而提香［Titian］、伦勃朗［Rembrandt］和委拉斯凯兹［Velazquez］却都没有这种考量。架上绘画可以取得很高的美学成就，但这些成就却是与普通生活撕裂开的。19 世纪以及最近美术的一些倾向甚至更明显地展现出独立、自足的画家“要不要由你”［take-it-or-leave-it］的态度的危险性。救赎只可能来自建筑——这门与生活所需、直接使用、功能和结构基本原理联系最紧密的艺术。

但这并不意味着建筑的发展是由功能和建造引起的。艺术风格属于精神世界，而非物质世界。新的功能需要可以催生新的建筑种类，但建筑师的职责是让新的建筑种类在美学和功能上都让人满意；而且并非所有时代都像我们所在的时代这样，认为功能完善是美学享受不可缺少的一部分。这一观点也同样适用于材料。新的材料让新的形式成为可能，甚至呼唤新的形式的出现。因此，那么多建筑著作（特别在英国）强调其重要性是情有可原的。如果本书故意将其作为背景叙述，是因为新材料只有在建筑师向其注入美学含义后，才能在建筑上有效使用。建筑不是材料和功能的产物，也不是社会条件的产物，而是不断变化的时代中的不断变化的思想的产物。一个时代的思想渗透了它的社会生活、宗教、学术和艺术。哥特式风格的诞生并不是因为有人发明了肋拱顶；现代主义运动的产生并不是因为钢结构和钢筋混凝土的发明——它们的产生是因为新的思想需要它们。

因此以下各章将把欧洲建筑史视为表现形式（主要是空间的表现形式）的历史。

目　录

1

黄昏与黎明

4—10 世纪

上图：拉文纳，圣维塔莱教堂，柱头
对页：雅典，帕台农神庙，始建于公元前 447 年

希腊神庙是最完美的实现形态美的建筑案例。它的建筑内部的重要性远远低于外部，四周的围廊隐藏了入口的位置。与教堂不同，信徒们并不进入神庙，在其中花几小时的时间与神交流。我们西方的空间概念对伯里克利［Pericles］时代的人而言，就如同我们的宗教一样难以理解。真正起作用的是希腊神庙的塑性形状［plastic shape］，它就这样屹立在我们面前，其存在感要比任何后来的建筑都更强烈、更生动。帕台农神庙和帕埃斯图姆［Paestum］的那些神庙显然与其所在的基地没有联系，是孤立的；柱子凭借有力的弧度，似乎毫不费力地支撑着楣梁［architrave］、带雕塑的楣板［frieze］和带雕塑的三角山花［pediment］的重量。所有这些都完美地展现出某种人类的力量，生命被最明亮的自然和思想之光所照耀：没有悲伤，没有问题和隐藏，毫不模糊。

在古罗马时期，建筑也被视作一个可雕塑的形体，但不像希腊建筑那样独立。建筑更有意识地相互组合，建筑的各部分也没有那么孤立。因此，环绕建筑四周独立的柱子和其上的额枋经常被粗壮的方形柱墩［pier］和由它们支撑的拱券所取代。而墙的厚度被加以强调，比如通过开设壁龛的方式；如果需要设置柱子，则使用半柱，与墙相连，成为墙的一部分。最后，古罗马人用大型筒形拱顶［tunnel-vault］或十字拱顶［cross-vault］来覆盖空间，取代了强调完美利落的水平与竖直形成对比的水平屋顶。拱券和拱顶在很大程度上是希腊建筑所不能及的工程成就，当我们想起罗马建筑时，往往会想起输水道、大浴场、巴西利卡（即公共集会礼堂）、剧场和宫殿中的拱券和拱顶。

不过，古罗马的力量、体块和塑性形体最雄伟的作品除了极少的例外，都来自于罗马共和国之后的时期，甚至是罗马帝国早期。斗兽场［the Colosseum］建于1世纪末叶，万神庙［the Pantheon］建于2世纪初叶，卡拉卡拉大浴场［the Baths of Caracalla］建于3世纪初叶，特里尔的尼格拉城门［the Porta Nigra］建于4世纪初叶。

在那时，不仅仅是形式，思想也在经历一场彻底的转变。罗马帝国的相对稳定在马可・奥勒留［Marcus Aurelius］去世后（180年）已不复存在；皇帝不断更替，速度之快堪与罗马内战时期相比。从马克・奥勒留到君士坦丁的125年间一共出现了47个皇帝，每个皇帝平均执政不到四年。他们不再由有政治经验的公民的文明团体——元老院选出，而是由野蛮部队构成的外省军队拥立，这些部队士兵大多为野蛮人，是农民出身的粗鲁士兵，既不了解也不在乎罗马的成就。血战持续，还需要不断击退来自野蛮人的攻击。城市衰落了，并最终被遗弃，城中的市场、大浴场、集合住宅逐渐崩塌。古罗马军队的士兵们洗劫了罗马的城镇，哥特人、阿勒曼人、法兰克人和波斯人扫荡了所有的外省地区。贸易、海上运输和陆路运输都停滞了，地产、农场和村庄再次回到自给自足的状态，实物取代了货币再次成为支付方式，税收也往往采用实物的形式。有文化的资产阶级［bourgeoisie］因战争、死刑、谋杀和越来越低的生育率不再在公共事务中占有一席之地。所有重要的位置都由来自叙利亚、小亚细亚、埃及、西班牙、高卢和德国的人物所把持。罗马帝国早期的政治平衡不再受欣赏，也难以为继。

300年前后，戴克里先［Diocletian］和君士坦丁带来了新的稳定，但这是基于东方的专制，包括严格的东方式的宫廷仪式、残暴的军队和影响深远的国家管控。不久之后，罗马就不再是帝国的首都，君士坦丁堡取而代之。于是帝国分成了两个部分：东罗马帝国更为强大，西罗马帝国则成为条顿入侵者、西哥特人、汪达尔人、东哥特人、伦巴第人的猎物，而后一度成为东罗马帝国即拜占庭帝国的一部分。

在这些世纪中，古罗马宫殿和公共建筑的雄伟墙壁、拱券、拱顶、壁龛、半圆形后殿［apse］和它们非常夸张的装饰在广袤的帝国各地纷纷建立起来。虽然这一新风格也在特里尔和米兰留下了相似的印记，但它的中心却在地中海：埃及、叙利亚、小亚细亚、帕尔米拉岛（希腊化风格［the Hellenistic style］在公元前最后一个世纪在那里蓬勃发展）。而晚期罗马风格［the Late Roman style］也的确承接了晚期希腊风格［the Late Greek］或希腊风格。东地中海地区在思想上也处于领先地位。对宗教新的态度从东方传来。人们对人类智慧所能带来的成果感到厌倦。被东方化、野蛮化的民众需要无形的、神秘的和非理性的慰藉。于是，诺斯底主义、来自波斯的密特拉教、犹太教和摩尼教等多种教义都找到了信徒。基督教经证明是最强大的，成立了各种经久不衰的组织形式，在君士坦丁治下渡过了与帝国结盟的危险。但它本质上仍然是东方的。特土良［Tertullian］“我信，因其荒谬”的说法对一个文明的古罗马而言将是无法接受的教义。奥古斯丁［Augustine］认为“美不存在于任何有形事物中”，这也同样是与古代思想相抵触的。根据学生和传记作家的说法，普洛丁［Plotinus］走起路来就好像在为自己有躯体而感到羞耻。普洛丁来自埃及，圣奥古斯丁来自利比亚。圣亚他那修［St Athanasius］和奥利金［Origen］都是埃及人，巴西尔［Basil］出生并成长于小亚细亚，戴克里先是土生土长的达尔马提亚人，君士坦丁和圣热罗尼莫［St Jerome］都来自匈牙利平原。如果根据奥古斯都时期的标准，他们都不是罗马人。

他们的建筑也是他们自身的体现，一面是狂热和专制，另一面是对无形的、非物质的、神秘的事物的热忱追寻。可以说，要把罗马帝国晚期与早期基督教清楚地分开是不可能的。

关于300年前后的罗马帝国晚期，我们只需考察两座建筑：位于斯普利特［Spalato(即Split——译者注)］的戴克里先宫［Palace of Diocletian］和位于罗马的马克森提乌斯巴西利卡［the Basilica of Maxentius］(更以君士坦丁巴西利卡［the Basilica of Constantine］为人所知)。

戴克里先宫的平面为700英尺乘以570英尺（约合213.36米乘以173.74米）的长方形。它被墙和方形或多边形的塔楼环绕，就像军事基地一样。但朝向大海的一面除了两边的方形塔楼外，都是由柱子支撑的开敞廊台［gallery］环绕。柱上为拱券，因此它是已知最早的由柱子承重的拱廊。它所形成的轻快明亮的感觉看上去很不像罗马风格。在宫殿内部，两边带柱廊的主要道路相交形成十字路口，这里的柱廊也是拱廊。主入口位于北面，而大海在南面。南北向的街道首先穿过驻防部队、工场等所在的区域。穿过十字路口是两个纪念性庭院，西面为一座小神庙，东面是帝国陵墓，陵墓是由外柱廊环绕的带有壁龛、上有穹顶的正八边形。两个庭院之间的道路通往真正的宫殿的入口大厅，由穹顶覆盖的圆形大厅的对角线上设有四个壁龛。一些小房间为半圆形或三叶形——多种多样的形状的设计目的是用无情的轴对称来强有力地表现皇帝的力量。

马克森提乌斯巴西利卡的力量则更为强大，因为它更加紧凑——长方形大厅长265英尺（约合80.77米），高120英尺（约合36.58米），顶部为三个大胆的交叉筒拱顶［groin-vault］，这些筒拱由每边三个、共六个采用筒形拱顶的侧边开间提供支撑。每个开间跨度为76英尺（约合23.16米）。从留存下来的侧边开间的镶板天花可以看出，建筑整体装饰丰富。交叉筒拱顶在公元前1世纪就已经在罗马出现，筒形拱顶大约在基督出生时在波斯的哈特拉帕

斯普利特，戴克里先宫，300 年左右

提亚宫殿［the Parthian palace of Hatra］中已经出现。两者在斗兽场中都已经被很好地使用，只不过尺度不像马克森提乌斯巴西利卡那么惊人。

在米尔维安大桥战役打败马克森提乌斯的几年后，君士坦丁完成了巴西利卡的建造，并接受基督教作为帝国的官方宗教（313 年的米兰敕令［Edict of Milan］）。君士坦丁建造了很多大型教堂，虽然没有一个按照原本的形式留存至今，但我们对这些教堂还是有不少了解。这些教堂包括：位于耶路撒冷的圣墓教堂［the church of the Holy Sepulchre］，位于伯利恒［Bethlehem］的圣诞教堂［the church of the Nativity］，位于新建造的首都拜占庭或君士坦丁堡的原有的圣伊勒内教堂［St Irene］、圣索菲亚大教堂［St Sophia］和圣使徒教堂［the Holy Apostles］，位于罗马的圣彼得大教堂［St Peter's］、圣保罗教堂［St Paul's］（又称城外圣保罗教堂［S. Paolo fuori le Mura］）和拉特朗圣若望大殿［St John Lateran］。其中没有一座教堂采用拱顶。这一点很重要。它说明早期基督教时期的人们认为古罗马雄伟的拱顶过于世俗，基于精神的宗教不需要如此有力的物质形体。我们可以看到，君士坦丁的教堂采用了很多类型，但都基于巴西利卡这一基本形式。之后我们会看到，这一形式在创建之后，一直是西方和大部分东方地区早期基督教教堂建筑的标准形式。

6 世纪初东哥特国王狄奥多里克大帝［Theodoric］所建的位于拉文纳的新圣亚坡理纳圣殿［S. Apollinare Nuovo］就是一座成熟且相当完美的巴西利卡。虽然哥特人出身卑微，早期的入侵也无比凶残，但是狄奥多里克大帝文化素养很高。他在君士坦丁堡的宫廷长大，在成为国王的 13 年后被任命为执政官［Consul］。巴西利卡式的教堂正中为中厅［nave］，其两边为侧廊［aisle］，两者由柱廊［colonnade］分隔。西端或是一个前室［anteroom］，被称作前厅［narthex］；或是一个带回廊的开敞庭院，被称作中庭［atrium］；或是既有前厅又有中庭。在很少的情况下，前厅左右会设有塔状的结构。东端则为半圆形后殿。另外就不需要什么了，已经有了一个信徒集会的空间和一条通向圣坛的神圣通道。老圣彼得大教堂和城外圣保罗教堂等一些君士坦丁的教堂里，侧廊的宽度翻倍。在这些教堂和其他一些教堂中，增设了耳堂［transept］，作为中厅和半圆形后殿之间的停顿。[1] 其他一些教堂在侧廊

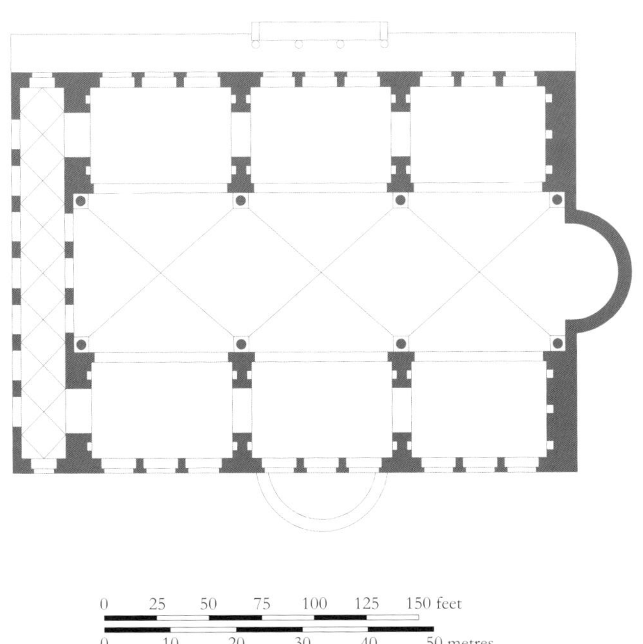

左图和上图：罗马，马克森提乌斯巴西利卡，约 300 年
对页：拉文纳，新圣亚坡理纳圣殿，6 世纪初

上设有女性廊台［women's gallery］，例如塞萨洛尼基的圣德米特里教堂［St Demetrius］（410 年左右）。在北非，一些教堂会在西端增设第二个半圆形后殿（比如奥尔良维尔教堂［Orleansville］，325 年和 475 年）。半圆形后殿可以是半圆形的，也可以是多边形的，后者更多见于东方。在叙利亚，很多教堂东侧的半圆形后殿两边分别设有圣器室［diaconicon］或小礼拜室［vestry］以及用来接收圣礼的圣餐室［prothesis］。有时也会给侧廊设置半圆形后殿，来取代这两间房间（卡拉特［Kalat Seman］，叙利亚，约 480—490 年）。在很少的情况下，且只有在小亚细亚的一部分地区，整座教堂都采用筒形拱顶（宾伯克利斯教堂［Binbirkilisse］，小亚细亚东南部，5 世纪）。这无疑比巴西利卡主题的其他变体给建筑的特点带来了更大的变化。尽管如此，从柱廊到祭坛单一、迷人的韵律这一主题依然在各地得以保持。无论是长长的柱廊，还是一个接一个的天窗，都没有什么吸引人眼球的装饰。[2] 在拉文纳的教堂中，庄重安静的殉教者和圣洁处女的塑像，面无表情，服饰僵硬，与我们一起前行。它们不是用涂料上色的，而是用马赛克，即不计其数的小方形玻璃，拼合而成。[3] 马赛克的美学功能很特别。壁画和罗马的石片马赛克形成不透明的表面，从而证实了墙的封闭性和实体性。但玻璃马赛克凭借不断变化的反射看上去似乎是非物质的。它虽然是墙的饰面，却否定了墙本身。因此，它是装饰服务于精神而非肉体的建筑表面的理想材料。

将巴西利卡这种形式用于宗教建筑，发生于罗马帝国时期，而非早期基督教时期。巴西利卡的名字本身就很说明问题，它是一个罗马名称，指公共集会礼堂。其实它原本是希腊词汇，意思是皇家的。因此它可能是跟希腊化风格的皇室仪式一起来到了罗马。但从现存形式而言，罗马巴西利卡并非早期基督教教堂的直接先驱。它们大多数不但在“中厅”和“侧廊”之间有柱廊，而且在较窄的一侧也有柱廊，也就是说有一圈完整的回廊［ambulatory］，就像一个内部外露——或者说外部内置的希腊神庙。半圆形后殿并不少见，甚至能见到两个半圆形后殿，但它们通常由柱廊与建筑主体分开。因此，巴西利卡虽然作为专指有侧廊的大礼堂的术语从异教延续到了基督教，但作为建

筑类型却并未得到延续。也有人认为学校［*scholae*］或大住宅和府邸中的私人大厅［hall］（比如帕拉蒂尼山［the Palatine］上弗拉维安［Flavian］皇帝们的府邸）、较小的半圆形房间等是早期基督教时期巴西利卡的前身，这些的确可能被基督徒用来做私人的礼拜。

但是，早期基督教的巴西利卡和1世纪为异教所建的建筑之间无疑有着更直接和明确的联系。马焦雷门巴西利卡［Basilica of Porta Maggiore］是一座只有约40英尺（约12.2米）长的地下建筑。凭借中厅、侧廊、柱墩和半圆形后殿，它看上去与基督教礼拜堂无异。从灰泥浮雕可以看出，这是基督教诞生前后从东方传播到罗马的众多神秘教派中的一支的集会地点。可以推测这座建筑建于1世纪。1954年在伦敦西提区［the City of London］发现的密特拉神庙［Temple of Mithras］（约60英尺乘以25英尺，即约18.3米乘以7.6米）建造于2世纪中叶，规模比马焦雷门巴西利卡略大，也包括中厅、侧廊和半圆形后殿。密特拉教相信救世主、牺牲和重生，曾经是罗马帝国晚期与基督教争夺主导宗教地位的最有力的竞争者。所以，基督教教堂最早期的形式与密特拉教所用的形式相同不足为奇。

在基督教被君士坦丁认可后，各处都开始兴建教堂。优西比乌斯［Eusebius］曾说："谁能数清楚每个城镇有多少教堂。"绝大多数教堂都是巴西利卡式，不过也有不少是集中式［centrally planned］教堂。后者由古罗马陵墓的一种形式发展而来，因此经常用于纪念殉教的圣徒。因为明显的功能原因，集中式也用于洗礼堂。需要指出的是，基督教采用浸礼［immersion］而非洒水礼［aspersion］。具体的形式也变化繁多，包括：由厚墙围合、中设罗马式挖空壁龛的最简单的圆形（位于老圣彼得大教堂一旁的狄奥多西陵墓［Theodosian Mausolea］、位于塞萨洛尼基的圣乔治教堂［St George Saloniki］），带单回廊的圆形（于320年左右建造的罗马的圣科斯坦萨教堂［S. Costanza］等），带双回廊的圆形（于475年左右建造的圣斯德望圆形堂［S. Stefano Rotondo］），带单回廊的八边形（拉特朗圣若望洗礼堂［Baptistery of St John Lateran］，于325年、435年左右建造，并于465年左右大规模重建），以及四叶形（北非的提格济尔特

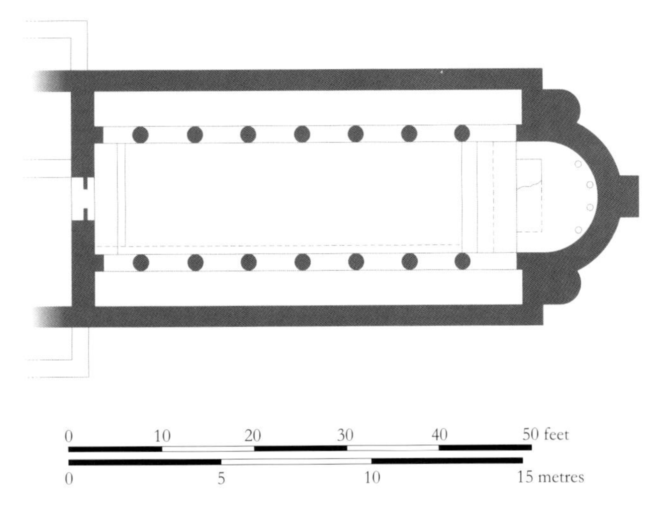

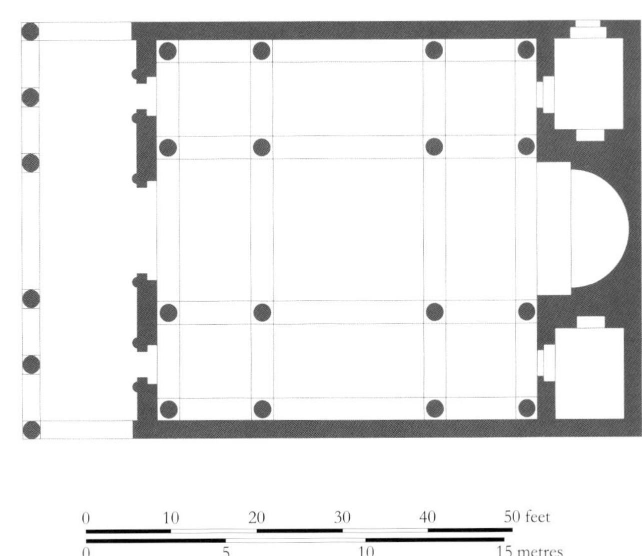

上图：伦敦，密特拉神庙，估计建于2世纪中叶
右上图：米什米耶，幸运女神庙
对页：拉文纳，圣维塔莱教堂，547年完工

[Tigzirt])。[4] 内切[inscribed]或分离[detached]的希腊十字则是集中式平面的另一种形式。希腊十字的四臂长度相等。内切希腊十字内切于正方形。希腊十字的交叉部[crossing]通常由拱顶覆盖，角部则由较小、较低的拱顶覆盖，从而形成五点形的拱顶。这种形式早就为罗马人所知（米什米耶幸运女神庙[Tychaeum of Mismieh]），似乎是在5世纪进一步传播开来（格拉森教堂[Gerash]，464年建造，设有封闭的角落房间）[5]，后来成为拜占庭帝国的标准教堂形式，直至14世纪。我们后面会提到，它在文艺复兴及之后又被再次使用。更简单、更直接有效地分离希腊十字的一个案例是加拉·普拉西提阿陵墓[the Mausoleum of Galla Placidia]，它于450年左右建于拉文纳。

这些试验在查士丁尼大帝在位期间（527—565年）达到巅峰。他最雄伟的建筑要数位于君士坦丁堡的圣使徒教堂、圣索菲亚大教堂，以及位于曾是拜占庭帝国在意大利的首都拉文纳的圣维塔莱教堂[S. Vitale]。完全不复存在的圣使徒教堂是明显的分离希腊十字教堂，其上由五个穹顶覆盖。在平面为方形的墙上（罗马的万神庙墙在平面上呈圆形）建造穹顶是东罗马帝国的发明。穹顶的圆形基座可以通过内角拱[squinch]实现。内角拱是指横跨角部的层叠的拱券，上层的拱券要比下层的拱券直径更大，且略向内突出，直到形成一个大致的八边形。穹顶的圆形基座也可以更优雅地通过帆拱（即球面三角形）实现。这是拜占庭的方法。

位于拉文纳的圣维塔莱教堂也采用了集中式平面，但它的解决方式却相当复杂。它基本上是一个八边形，设有八边形回廊和一个廊台。教堂正中由帆拱之上的穹顶支撑。此外，教堂还有一个两端为半圆室的前厅以及一个两边为圆形圣餐室和圣器室的向外突出的祭坛空间。显然，设计师相信弧线有多种表现的可能性，因此他不是用简单的拱券，而是用七个半圆形空间（第八个是圣坛）作为正中的八边形与回廊之间的分隔，每个半圆形空间都通过三个拱券向回廊敞开。这一主题完全出于美学的目的，而非功能的目的，决定了室内的空间特征。圣维塔莱教堂用正中空间向环绕它的外层流动喷涌的形式取代了之前明确的空间区分，而外层之内处于半昏暗的状态。这种不确定感被装饰墙面的大理石板和马赛克进一步加强。马赛克朴素、凄凉的外观看上去与八边形中上上下下的拱券一样没有物质感，一样奇妙，一样没有重量感。柱头（见第2页）精美的雕刻则是对建筑师的空间和精神意图的最终确认。古罗马茂盛的毛茛叶装饰被在柱头简单的倾斜表面上雕刻的镂空花边式的复杂平面图案所取代，从而使模糊的背景在黑暗中向外发散开来。这种建筑装饰与向回廊背面敞开的拱廊式的壁龛在空间效果上恰好相反。查士丁尼在拜占庭的主教堂中也有这种柱头。圣维塔莱教堂于547年举行祝圣仪式。查士丁尼的圣谢尔盖和圣巴克斯教堂[SS. Sergius and Bacchus]也非常相似。我们并不

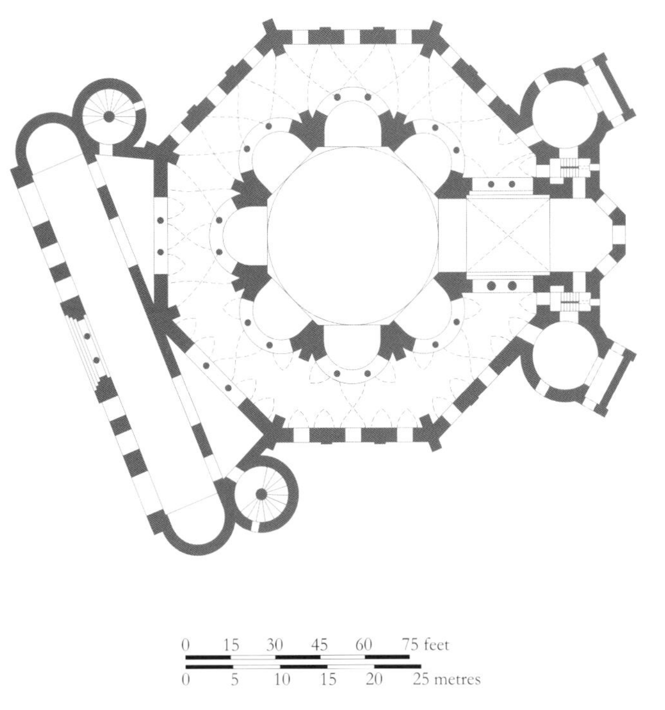

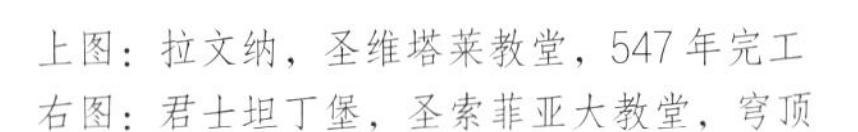

上图：拉文纳，圣维塔莱教堂，547年完工
右图：君士坦丁堡，圣索菲亚大教堂，穹顶

能确定哪里是两座教堂微妙的空间处理方式的源头，似乎更有可能来自意大利，而非东方。其实，很早之前的建筑，比如125年左右建造的位于蒂沃利附近的哈德良皇帝别墅，就已经取得了可与之媲美的效果；而450—475年建造、16世纪内部完全重建的米兰圣洛伦佐大教堂则是圣维塔莱教堂直接的先导。圣索菲亚大教堂则更加复杂，通过这种隐藏的复杂性成为鲜能超越的奇迹。它的平面以巴西利卡和集中式的结合为原则。这一原则在君士坦丁时期就已建立。但是，在只有很少留存的耶路撒冷的圣墓教堂中，所谓的结合只是简单的并置：一个巴西利卡，以及一个庭院和一个大圆厅［rotunda］。在伯利恒的圣诞教堂中，君士坦丁时期或530年左右的平面由一个巴西利卡和一个三叶形的东端构成。建于5世纪末叶的阿拉汉修道院［Koja Kalessi］（位于小亚细亚南部）中的一座教堂则是将纵向平面和集中式平面相结合的最早案例之一。在这座教堂中，长度为两个开间的较短的中厅和侧廊后面为一个抬高的穹顶，两侧为耳堂，高度不超过侧廊墙面。穹顶的东侧为圣坛开间和有侧面房间的半圆形后殿。所有这些都内切于一个平行四边形。[6] 圣索菲亚大教堂也是如此。建筑平面约长320英尺（约97.54米），宽220英尺（约67.06米）。让人难以置信的是，它在短短五年的时间里（532—537年）被建造起来。558年后，穹顶被抬高了20英尺（约6.10米），而大部分重建是在989年后完成的。最初的两个建筑师——特拉勒斯的安提莫斯［Anthemius of Thralles］和米利都的伊西多尔［Isidore of Miletus］都来自小亚细亚。如果说阿拉汉修道院看上去像是在巴西利卡中塞进一个穹顶，那圣索菲亚大教堂根本就不是巴西利卡，尽管我们之后会提到，它并非没有对纵向的强调。但正中的穹顶占绝对的支配地位，它并不是立在鼓座之上，而是轻巧却庄严地漂浮在正中的正方形空间之上。穹顶直径为107英尺（约32.61米），极其巧妙和优雅地通过底下的半穹顶［half-dome］在东面和西面获得支撑。这样便形成了一个纵向空间，长220英尺（约67.06米），宽107英尺（约32.61米），强调东西朝向，恰好符合教堂礼拜的需要。每个半穹顶又由两个设有曲线开敞连拱的壁龛或半圆形后殿，或半圆形对话室［exedrae］支撑。所有

上图和下图：君士坦丁堡，圣索菲亚大教堂，532—537 年

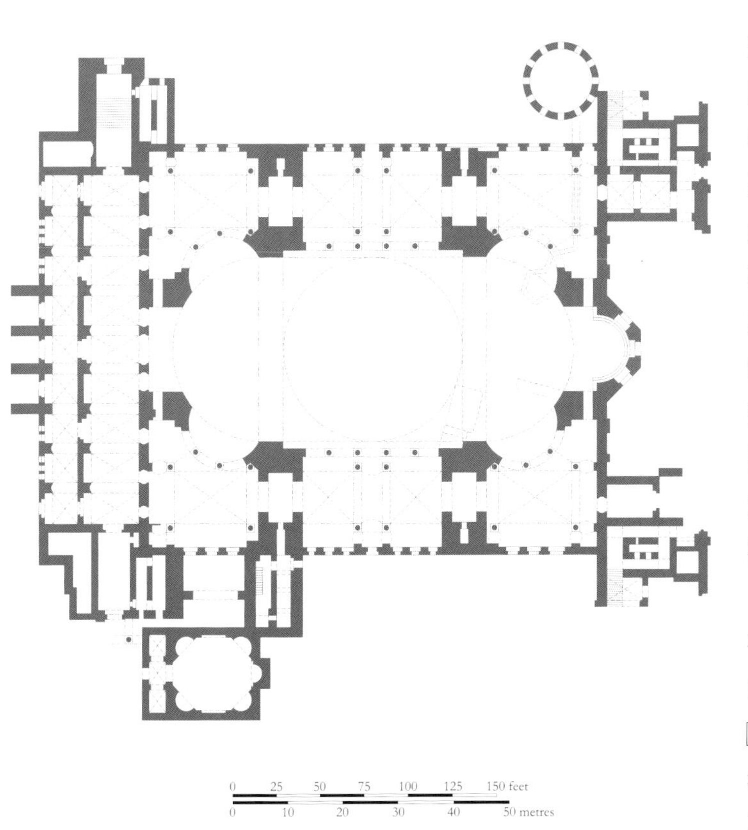

这些从结构上而言，都是穹顶完美的支撑，而两位建筑师则试图将各种结构在视觉上隐藏起来。可以说，这与哥特建筑师在室内用飞扶壁的方法相似，但哥特式的想法和圣索菲亚大教堂穹顶和半圆形后殿从容下落的曲线可谓天差地别。这些曲线所构成的空间虽然看着巨大，却不盛气凌人。在穹顶以北和以南，建筑师原本可以重复相同的布局，但他们并没有那么做，因为纯粹的集中式布局无法达到他们所希望的复杂和神秘程度。于是，他们增加了陪衬整个穹顶布局的带有楼座的侧廊。侧廊从大穹顶向下形成隔断，底层为五个拱券，二层为七个拱券。与圣维塔莱教堂相似，这些拱券是明亮而开窗众多的中央空间的模糊而神秘的陪衬。

拜占庭教堂的外部除了偶有大理石饰面之外，几乎没有装饰。高塔也尚未出现。目前尚不能确定高塔最初出现的时间。前厅和门廊左右两侧不高的竖直结构（如图尔曼［Turmanin］，又如位于拉文纳附近的克拉赛的圣亚坡理纳教堂［S. Apollinare in Classe］）已为人们所注意，但基本不能算作高塔，目前也没有能追溯到 9 世纪以前的可以确定年代的钟楼［campanile］。圣索菲亚大教堂目前由四个竖向尖塔［minaret］守卫，但它们是土耳其的。查士丁尼的圣谢尔盖和圣巴克斯教堂，位于一旁的另一个将纵向和集中式元素相结合的大型教堂——圣伊勒内教堂，以及稍远一些的圣使徒教堂，凭借它们弧度较缓的穹顶位居拜占庭圆圆的山包高处。查士丁尼的首都的天际线想必跟我们现在所知的任何一道天际线都完全不同——它波动的韵律最有说服力地与那些充满神秘感的室内空间相对应。

圣维塔莱教堂举行祝圣仪式 21 年后，伦巴第人征服了意大利。虽然罗马仍在建造圣亚坡理纳教堂一类的教堂，但早期基督教建筑的鼎盛时期已经过去，7 世纪后东罗马帝国的情况也不是我们此处所关心的。穆斯林于 635 年占领了叙利亚，639 年占领了埃及，711 年占领了西班牙。若不是遭到了由查理・马特［Charles Martel］领导的法兰克人的抵抗，他们甚至有可能在法国定居。732 年的战役已经向北一直打到了卢瓦尔河。查理・马特是当时法兰克王国实际的统治者，虽然法兰克王国名义上仍然是墨洛温王朝统治。他们的祖先克洛维一世［King Clovis］于 496 年接受基督教，或者说他所理解的基督教。这种东方的宗教与北部的野蛮人仍未相容，虽然有很多证据说明法兰克王国和东方存在交流，这主要依靠叙利亚商人远至图尔、特里尔甚至巴黎的繁华的殖民地来实现，一位叙利亚人曾在 591 年担任巴黎主教。但是，这并不能说明土生土长的高卢人能理解这种东方建筑所代表的思想和文明程度。6 世纪的高卢是一块野蛮之地。图尔的圣格列高利［Gregory of Tours］的书中充斥着暗杀、强奸和伪证。

要了解 8 世纪晚期之前高卢的基本建筑情况并不容易。高卢南部（弗雷瑞斯［Fréjus］、马赛、弗纳斯屈厄［Venasque］）的洗礼堂和其他的小型建筑采用与意大利相同的集中式形式。基于考古发掘，可以对一些巴西利卡式教堂和礼拜堂加以基本明确的描述。最早的案例似乎更喜欢采用东方多边形后殿的传统（里昂圣依雷内［St Irénée］，约 200 年；梅斯圣彼得［St Peter］，约 400 年；圣贝特朗德科曼［St Bertrand-de-Comminges］；维埃纳等）。没有一座大型教堂留存至今，但早期文献中的描述证明了它们的存在。建于 475 年左右的图尔教堂［the church of Tours］长 160 英尺（约 48.77 米），共有 120 根柱子；克莱蒙费朗的一座差不多同时建造的教堂长 150 英尺（约 45.72 米），有侧廊和耳堂。而别的地方的雕刻细部表明晚期罗马风格那时正在衰退，不久之后则完全陷入野蛮。

英国的情况并非如此。为纪念逝者或标志圣地、边界而建造的高耸的十字碑［cross］中有细腻、技术高超的卷叶、鸟兽和人体的雕刻（如鲁斯韦尔十字碑［Ruthwell Cross］、比尤卡斯尔十字碑［Bewcastle Cross］和雷卡尔弗十字碑［Reculver Cross］）。它们都建于 700 年左右。那时，盎格鲁-撒克逊不列颠无疑是欧洲北部文化程度最高的国家。它的发展确实与其他国家都非常不同。盎格鲁-撒克逊入侵者与从 4 世纪末开始逐渐侵入晚期罗马帝国各省的游牧部落一样残酷和野蛮，但该地的基督教的来源却不相同。修道院制度起源于埃及。最早的修道士是在自己的小屋或洞穴中生活的隐居者［hermits］。不久之后，隐居者搬到一起，但小屋仍然是个人的，只有教堂或礼拜堂以及其他附加的礼堂才是公共的。居住在这样的修道院里的修道士被称作住院修士［coenobites］。文献中提到过两座这样的埃及修道院，即位于索哈尔附近的白修道院［the White Monastery］和红修道院［the Red Monastery］，两者均建于 5 世纪初。而修道院制度正是以这种形式在 5 世纪初找到了第一个欧洲基地——离里昂不远的勒兰岛［the island of Lérins］，然后从那里来到了爱尔兰（圣帕特里克［St Patrick］，461 年）。6—7 世纪，修道院在爱尔兰蓬勃发展。他们的布道团前往苏格兰（圣高隆［St Columba］于 563 年前往爱奥那岛［Iona］）、法国（圣高隆邦［St Columbanus］于 615 年前往吕克瑟伊［Luxeuil］）、意大利（圣高隆邦前往博比奥［Bobbio］）、德国（圣基利安［St Kilian］于 690 年左右前往维尔茨堡）和瑞士（圣加仑［St Gall］，613 年）。修道院以及修道士的石屋、公共建筑的遗迹和碎片可见于爱尔兰西海岸的斯凯利格迈克尔岛［Skellig Michael］，也在邓恩郡的南德罗姆［Nendrum］（教堂为罗曼式）和其他地方（如康沃尔郡的廷塔基尔［Tintagel］）被挖掘出来。

英格兰则在 7 世纪由来自林地斯法恩［Lindisfarne］

爱尔兰西海岸，斯凯利格迈克尔岛，7 世纪

和杜伦的艾丹［Aidan］和卡斯伯特［Cuthbert］皈依基督教。不过，一个来自罗马的布道团也非常活跃，宣传基督教和与埃及和爱尔兰不同的修道院体制。530 年左右，圣本笃［St Benedict］在卡西诺山建立了修道院。我们所知的修道院制度也是本笃会的修道院制度。爱尔兰和本笃会之间、东方凯尔特［Oriento-Celtic］与罗马人的理想之间的冲突在 664 年的惠特比会议［Synod of Whitby］中得到解决。但两者理想和个性的不同并不像乍看上去那么大。罗马一方的主要倡导者是来自叙利亚塔尔苏斯的坎特伯雷大主教西奥多［Theodore］以及支持他的、来自北非的哈德良皇帝。

我们对早期盎格鲁–撒克逊的建筑，如墨洛温王朝的建筑所知甚少。相比法国，英国有更多在 700 年左右建造的教堂留存下来，但它们绝大多数都规模很小。在肯特的坎特伯雷和其他地方，半圆形后殿似乎很普遍；在诺森伯兰郡及其附近的郡，教堂既窄又长，两端方方正正，比如于 674 年和 685 年在韦尔茅斯［Monkwearmouth］和雅罗［Jarrow］建造的教堂。圣坛相互分开，室内效果为由又高又窄的通道通往一个小房间。侧廊并不存在，取而代之的是增设的位于侧面的小房间，即门廊［*porticus*］，可从狭窄的门而非宽敞的柱廊进入。[7] 在建筑外部，石工粗糙原始。从地理上而言，北安普敦郡的布里克沃斯教堂［Brixworth］位于上述两地中间。这座教堂仅部分留存至今，有侧廊，是由罗马砖建造的，估计建于 7 世纪。与法国相似，文献向我们描述了远比布里克沃斯教堂雄伟的建筑。比如，阿尔昆［Alcuin］向我们描述了他所知道的约克大教堂［York］，它有 30 座圣坛，众多的柱子和拱券；关于 700 年左右的赫克瑟姆大教堂［Hexham］，我们听到的是它奇迹般的长度和高度，有众多的柱子。赫克瑟姆大教堂的地下室留存至今，内有狭窄的带穹顶的通道和房间，可以与古罗马的地下墓穴以及罗马圣彼得大教堂的第一个地下室相媲美。圣彼得大教堂的第一个地下室于 6 世纪末建成，建造成一条狭窄半圆形通道的形式。

阿尔昆于 781 年离开诺森伯兰，成为查理曼大帝宫廷学校的校长，之后又成为图尔的圣马丁修道院院长和那边的学校的改组者。查理曼大帝于 771 年继承王位，于 800

UM PERPETUI DECORIS STRUCTURA MANEBIT SI PERFECTA AUCTOR PROTEGAT ATQUE REGAT SIC DEUS HOC TUTUM STABILI FUNDAMINE TEMPLUM QUOD CAROLUS

年的圣诞日由罗马教皇加冕为一个新的神圣罗马帝国的皇帝。他曾将具有很高文化成就的人召入宫内，包括比萨的彼得［Peter of Pisa］、来自意大利的保罗执事［Paul the Deacon］、来自西班牙的迪奥多夫［Theodulf］以及后来为他撰写传记的来自德国的艾因哈德［Einhard］。这些任命是有意为之的罗马文艺复兴计划的一部分。这对查理曼大帝而言非同一般，因为要知道他后半生仍需要努力学习读写，其私生活与之前梅罗文加王朝的统治者几乎一样放荡，内在天性更像战士和行政官，而非学术和艺术的赞助人。为他和他的继任者所建造的建筑在视觉上完美地展示了他的计划。他治下的帝国没有固定的首都，他的宫殿中大厅、小礼拜堂和数量众多的房间从相对位置上而言，明显是效仿罗马皇帝在帕拉蒂尼山上的府邸布置的。我们需要依靠考古挖掘和文献描述来想象这些宫殿的样子。只有一座宫殿的大部分依然屹立，那就是位于亚琛（法语名为Aix-la-Chapelle）的巴拉丁礼拜堂［the Chapel Palatine of Aachen］（即亚琛大教堂——译者注），这也是查理曼大帝年老后的主要居所。它最初通过超过400英尺（约合121.92米）长的柱廊与大会堂［the Great Hall］相连，大会堂现在只剩下部分残存的高墙。一座从拉文纳洗劫来的狄奥多里克大帝骑马的雕像标志性地矗立在柱廊环绕的前院中，而礼拜堂的柱子也来自意大利。因此，它的底层平面无疑也来自意大利。基本可以确定的是，建筑师从圣维塔莱教堂获取了灵感。但他似乎并不能理解曲线的壁龛存在的意义，因此将它们全部变成直线的，从而重新建立了正中八边形和回廊之间直截了当的分隔。他也取消了底层的柱子。简单的较宽的开口与短小结实的柱墩相互交替。底层（以及立面上的大壁龛）简单、巨大，与圣维塔莱教堂微妙的空间和谐形成鲜明的对比。但是上面几层古典立柱装饰精美，采用了两种柱式，再次呼应了成就查士丁尼的教堂之美的通透感和不同单元之间空间的流动感。

对页：亚琛，巴拉丁礼拜堂，于805年举行祝圣仪式
下图：富尔达，修道院教堂，于802年开始建造
右图：洛尔施修道院，门房，8世纪末

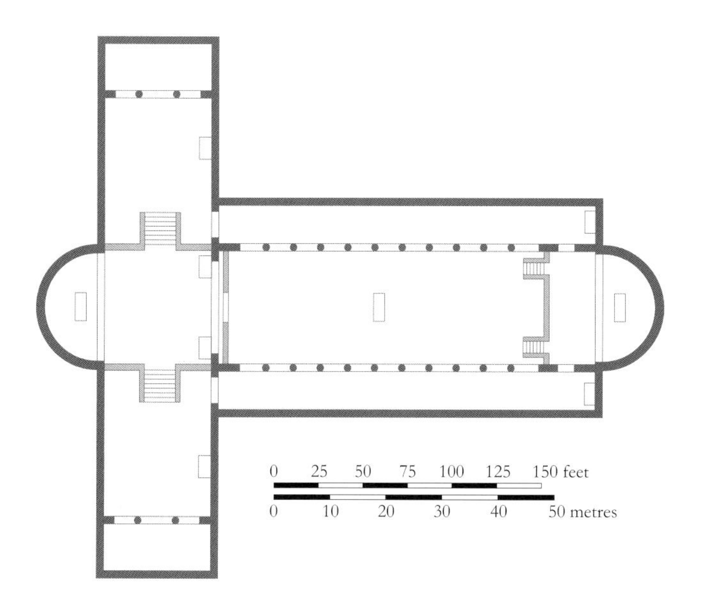

亚琛巴拉丁礼拜堂总结了加洛林王朝建筑在早期基督教之结束和在西方发展之开端的历史地位。古罗马-基督教式的意向俯拾皆是，但看上去或是受到破坏，或是充斥着由不熟练但却异常坚定、甚至野蛮的青年散发出的天真活力。我们所知道的重要的教堂在平面上看居然都是纯粹的早期基督教风格。比如，建于802年的富尔达大教堂［Fulda］就直接从圣彼得大教堂和其他带耳堂的古罗马巴西利卡发展而来。[8]

我们并不知晓这些新早期基督教［neo-Early Christian］教堂的装饰是什么样的。但查理曼大帝喜爱的修道院之一——位于莱茵兰的洛尔施修道院［Lorsch］，其门房或迎宾厅很有魅力，它那留存至今的外部装饰显示出装饰可能非常优雅。正立面为红色和白色的石板饰面，还有一套由其下附着的柱子和之间的拱券（即罗马斗兽场等的系统）

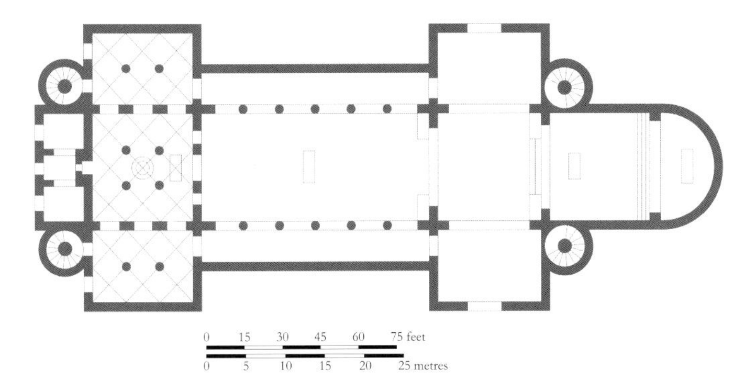

森托拉（圣里基耶），修道院教堂，790—799 年

及其上的带凹槽的细柱构成的系统。柱头和取代拱券的三角构件都不是正统的，后者是源于古罗马石棺的一个母题，在盎格鲁-撒克逊的英格兰很受欢迎。但从整体而言，立面是对古罗马和早期基督教母题的精彩的文明的阐释。

但是，森托拉修道院教堂［Centula］（或圣里基耶［St Riquier］，位于阿布维尔［Abbeville］附近）从绝大多数特征而言却是北方风格的，非常新颖，史无前例。这座教堂由查理曼大帝的女婿——修道院院长安其柏［Abbot Angilbert］在 790—799 年建造，现在已经不存在了。我们只能通过一幅 12 世纪画作的版画复制品和更早的文字描述来了解它。首先，教堂在外观上既强调西面，也同样强调东面。十字部上高起的多层塔楼以及附加的较矮的楼梯间塔楼对西面和东面都加以充分的强调。塔楼变化多，很有意思，与同时代的意大利教堂中常见的钟楼非常不同。其次，教堂有两个耳堂，分别位于东面和西面。西面的半圆形后殿通过一个严格意义上的圣坛与耳堂分开。这在接下来的几个世纪中成为理所当然的做法。教堂西侧空间组织复杂，入口大厅较低，估计上有拱顶，其上有一个向中厅敞开的礼拜堂。这样的西向塔楼［westwork］（按照德国的说法）在魏泽河［Weser］的科尔维修道院［Corvey］中较好地保存下来。科尔维修道院是由法国的科尔比［Corbie］建立的，建造于 873—885 年。古老的文献也说明兰斯大教堂［the cathedral of Rheims］和其他重要的 9 世纪和 10 世纪的教堂也有西向塔楼。

森托拉的一些理念在位于威斯特伐利亚帕德伯恩的阿布丁霍夫教堂［the Abdinghof church］中再次出现。这座教堂由查理曼大帝本人作为主教座堂建造，其中的一座圣坛在 799 年由加冕查理曼大帝的教皇举行祝圣仪式。西侧半圆形后殿两边为与森托拉修道院教堂相似的楼梯间塔楼，西侧的耳堂类似富尔达大教堂，东侧带有半圆形后殿的圣坛也与森托拉修道院教堂相似，它们一起构成了富有生机的整体。如果按照牛皮纸上极其有趣的原方案加以重建，瑞士的圣加仑教堂也将是如此。这一方案是 820 年左右由某个主教或修道院院长作为重建整个修道院的理想方案（“典范”）交给圣加仑教堂的。方案中的教堂有一个西侧半圆形后殿、两座西侧的分开的圆形钟楼、环绕西侧后殿的怪异的半圆形中庭和位于东端的短圣坛。最近的考古发掘显示，方案的平面与科隆大教堂惊人地相似。半圆形的西侧中庭于 9 世纪早期开始建造，但整座教堂在 870 年建成时却与方案非常不同。教堂的圣坛也位于东侧后殿之前。

方案的平面将修道院建筑围绕教堂布置，遵循圣本笃的有序和人本主义的原则，与埃及和爱尔兰无序的平面非常不同。这也是东西方平面布局之间一个典型的差异。其中住宅、餐厅和库房的位置在未来几个世纪一直是典型。

但是，另一座加洛林王朝的教堂的平面也完全不同，

热尔米尼代普雷教堂，于 806 年举行祝圣仪式

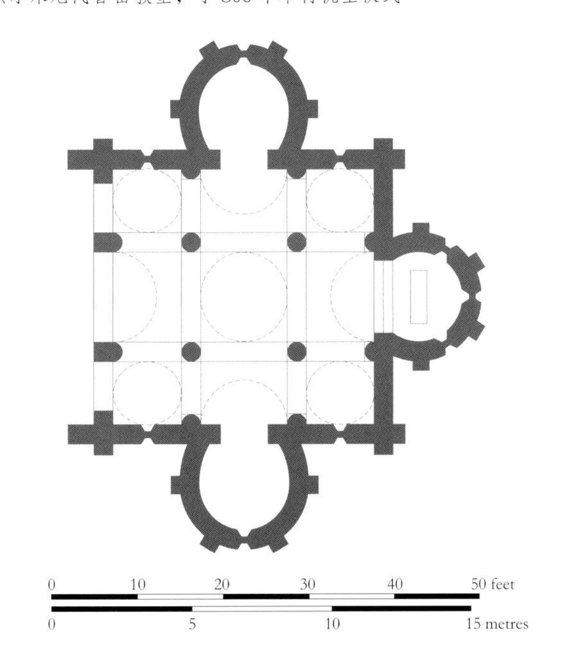

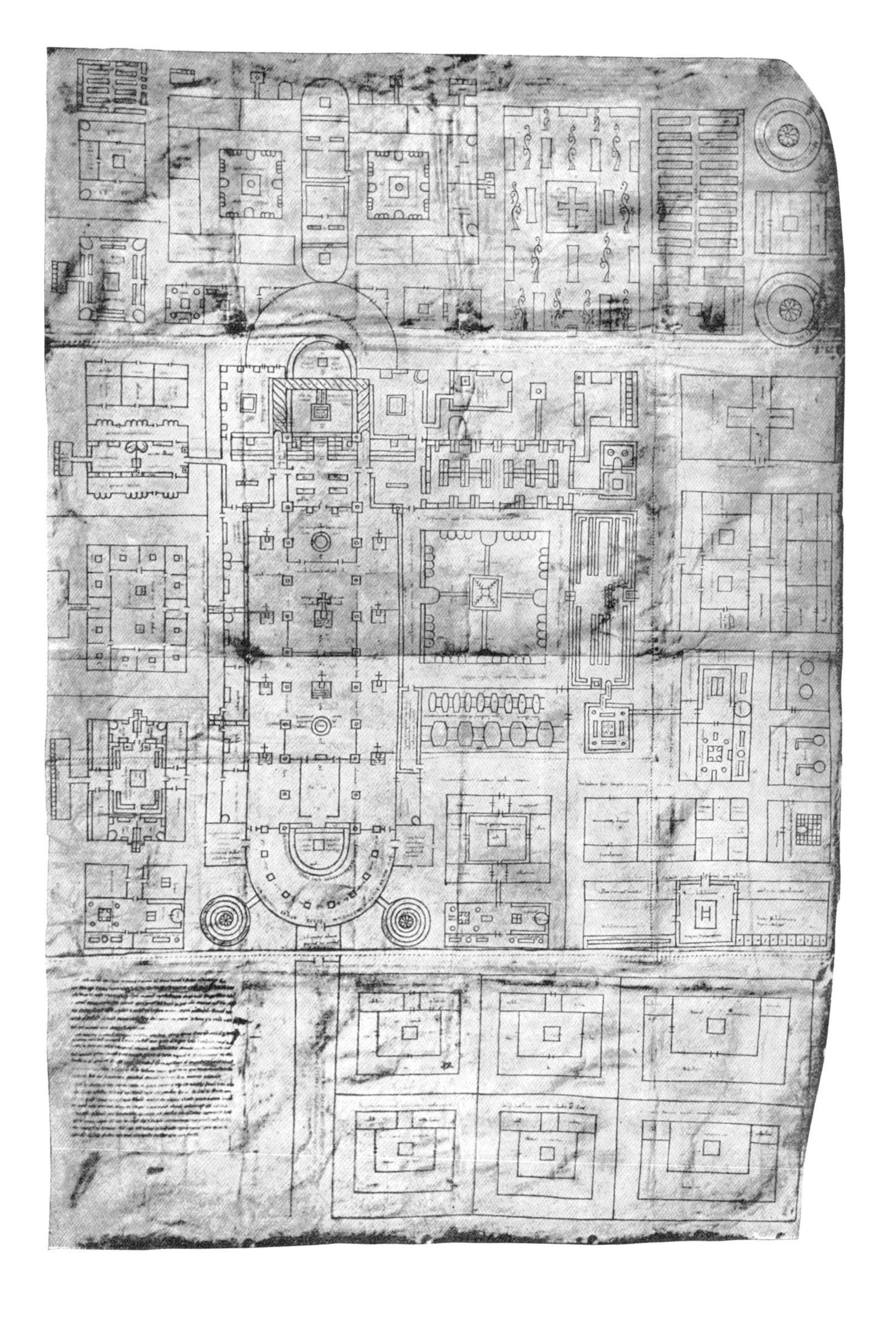

圣加仑修道院，画在牛皮纸上的理想的重建方案，约820年

即位于奥尔良附近的热尔米尼代普雷教堂[Germigny-des-Prés]。它于806年举行祝圣仪式。它有一个五点形的拜占庭式平面，或者说是内切的希腊十字平面，有高耸的中央穹顶、筒形拱顶的侧翼以及四个较矮的角部拱顶。除了东侧有后殿外，北侧和南侧也都有后殿，这些后殿平面为马蹄形，里面的拱券也是如此。教堂修复得非常糟糕，但上述提到的母题都非常新颖，既不是古罗马式的，也不是日耳曼式的。热尔米尼代普雷教堂是为奥尔良的迪奥多夫而建造的，而他来自西班牙，只要想到这一点，这些让人惊讶的母题就不难理解了。西班牙从5世纪初开始被西哥特人所统治，直到8世纪初伊斯兰的发展终止了他们的统治。我们对西哥特人统治下的建筑所知甚少，一处珍贵的遗迹是位于加泰罗尼亚塔拉萨的部分留存至今的三座小教堂。两座纵向的教堂和位于两者之间一座集中式平面的教堂的组合属于一种之后不久就失传了的传统，只有在很偶然的情况下才得以延续。亚得里亚海北岸的格拉多是塔拉萨之外最优秀的案例。[9] 在特里尔，新挖掘出的可追溯到4世纪的遗迹也是同样的布局，但是规模更大。塔拉萨

上图和右图：纳兰科圣玛丽教堂，奥维耶多附近，约 842—848 年

三座教堂中位于中间的那座可以追溯到 5 世纪中期至 7 世纪末期之间的某一年。它的平面除了只有一个马蹄形后殿外，与热尔米尼代普雷教堂的平面相同。它在立面上也有马蹄形的拱券。因此，可以确定查理曼大帝的热尔米尼代普雷教堂可以溯源至西班牙。其他早期的西班牙教堂却与此非常不同，特征反而跟盎格鲁-撒克逊的教堂更为接近。比如，661 年落成启用的圣胡安德瓦尼奥斯大教堂［S. Juan de Baños］最初由以下这几部分构成：通过马蹄形拱券拱廊与侧廊分开的较短的中厅，夸张地外凸的耳堂，正方形的后殿，与后殿很不自然地分离的两个长方形西侧礼拜堂或祭衣室［vestry］，以及另一个很不自然的附加物——长方形的西侧门廊。这座小建筑空间不流动，平面也不统一。原本环绕建筑的北墙、南墙和西墙的外部柱廊形式出自古代晚期-东方式的［Late Antique-Oriental］风格，与马蹄形拱券一样偶然。

阿拉伯人在 8 世纪征服西班牙南部之后，把这一母题作为自己的母题，这一度成为受到阿拉伯影响的伊斯兰和莫扎勒布（即信奉基督教的西班牙人）建筑的标志。阿拉

厄尔斯巴顿，北安普敦郡，塔楼，10 世纪或 11 世纪初

伯人与维京海盗和匈牙利人不同，绝非荒蛮之人。相反，当时他们的宗教、科学以及城市，特别是有50万人口的科尔多瓦，要远远领先于8世纪法国的法兰克人或西班牙北部的阿斯图里亚斯人。科尔多瓦的清真寺（786—990年）有11个侧廊或者说11个平行的中厅，每个侧廊长12个开间，上有互相交错的拱券和复杂的星形肋拱顶［star-ribbed vaults］，显得精巧优雅，这更多是通过类似圣维塔莱教堂的空间通透感而非北方建筑的结实粗野而获得的。

由于与手法老练的伊斯兰建筑接近，阿斯图里亚斯的建筑常常展现出同时代其他基督教建筑所没有的通透感。比如，在奥维耶多附近的纳兰科圣玛丽教堂［S. Maria de Naranco］中，建筑外部带凹槽的扶壁，既作为结构构件又作为装饰主题，仍让人联想起古罗马；建筑内部细长的拱券现在则常作为中厅与歌坛［choir］的分隔。两者与巨大的筒形拱顶、奇怪的形状类似盾牌或印章的圆形浮雕、从浮雕处向外伸出的拱顶纵向的拱券、笨重的螺旋柱身和粗糙的大块柱头以及墙面形成奇特的对比。

此外，这座建筑也有特别的意义。它很可能是在842—848年作为阿斯图里亚斯的拉米罗一世［Ramiro I］的皇家大厅［Royal Hall］设计的，因此是中世纪唯一一座留存至今的这种类型的建筑。它有一个拱顶较低的地下室，其上则是大厅，现在为教堂的中厅。人们可以通过位于建筑两个长立面正中的通向门廊的室外台阶走进大厅。东面和西面原本设有开敞的长廊［loggia］，通过拱廊与之前讲到的留存至今的主房间相连。现在的歌坛事实上是将其中一个长廊对外封起来。

人们很难在英国9—10世纪的教堂中找到如此精妙的作品。在完整或近乎完整地保存下来的教堂中，我们看到它们的底层平面仍然与700年前后的那些建筑相似，是古怪的杂糅。侧廊的确在那时已经出现得更为频繁，带耳堂和某种交叉部的十字形平面也是如此。西侧的高塔也取代了早期的西侧门廊，最早的明显出自10世纪。然而，装饰与鲁斯韦尔十字碑和雷卡尔弗十字碑中精湛的技艺相比，已经退化了。典型的案例包括雅芳河畔的布拉福教堂［Bradford-on-Avon］和厄尔斯巴顿教堂［Earl's Barton］的塔楼。在布拉福教堂中，支撑封闭拱廊的短柱没有收分或外凸，柱头被不成熟的长方形石块所取代。在厄尔斯巴顿教堂中，唯一的装饰结构构件是强调三个楼层的平的束带层［string courses］。其他的装饰，如像豆茎一样竖直排列的或更高的粗糙的菱形排列的看上去像木头的条状装饰，没有结构意义。它们与加洛林王朝的建筑之间的关系与阿斯图里亚斯装饰和穆斯林风格之间的关系相似。但是，阿拉伯人在日益接近西班牙文明的过程中创造出了纳兰科杂糅的风格和10世纪的莫扎勒布风格，而英国工匠却把加洛林王朝装饰的罗马化主题简化为粗俗的乡村风。厄尔斯巴顿教堂的塔楼和其他很多同时代的英国塔楼角部所采用的所谓长短交替砌石［long-and-short work］的做法则是说明那些晚期盎格鲁-撒克逊建筑师思想不成熟、手艺笨拙的另一个案例，如果他们能被称作建筑师的话。

2

罗曼式风格

约 1000—约 1200 年

上图：瑞米耶日，修道院教堂，于1067年举行祝圣仪式
对页：图卢兹，圣塞尔南教堂，于1096年举行祝圣仪式

查理曼大帝去世不到30年，帝国就四分五裂。法国和德国从此走上了不同的道路。内部斗争、伯爵相争、公爵互斗，震动两国。从帝国外部而言，西北部有维京人——在法国被称作诺曼人，在英国被称作丹麦人[Danes]的掠夺；东部有匈牙利人的威胁；南部有撒拉森人[Saracens]——阿拉伯穆斯林的侵扰。这使得艺术和建筑无法取得任何进步。我们所知的建筑都跟墨洛温王朝的建筑一样原始，虽然查理曼大帝和他的继任者任内的形式沿用了下来，但这些形式在使用时却展现出粗俗的品质。考虑到加洛林王朝之前的几个世纪中帝国的建筑与古罗马建筑的交流从未完全停止，850—950年左右的这一时期便显得更加野蛮。

然而，中世纪文明的基础正是在这些黑暗动荡的岁月中奠定的。封建制度逐渐发展，其根源却难以知晓，直到它发展成中世纪一切社会生活所围绕的体系。这一制度与中世纪的宗教和艺术一样特点鲜明、独一无二，严格限制了封建君臣，但同时又如此模糊，如此依赖于象征性的姿态，以至于我们现在几乎无法把它看作是一种制度。它在10世纪发展成最终的形式，那时，帝国内部也重新恢复了政治稳定。962年，奥托大帝[Otto the Great]在罗马加冕。与此同时，修道院制度改革运动开始在勃艮第的克吕尼修道院[Cluny]展开。965年，伟大的修道院院长马热勒[Majeul]上任。也正是在此时，罗曼式风格诞生了。

要描述一种建筑风格，需要描述它的各个特征。但特征本身还不足以构成风格，必须要有一个中心思想来贯穿所有特征，在它们背后起到积极的作用。因此，很多早期罗曼式基本母题都可以追溯到加洛林王朝的建筑。但这些母题的组合却是全新的，也决定了自身的意义。

10世纪末最有意义的创新在于底层平面，其中有三个创新最为重要，它们都源自一种新的表达和阐释空间的愿望。这是非常典型的。西方文明才刚开始成形。但即使在早期，它就以空间作为建筑的表达形式，与希腊和罗马艺术的雕塑精神相对立；以组织、分组、规划的方式形成空间，与早期基督教和拜占庭艺术神秘的空间流动性相对立。罗曼式教堂东端的两个主要的设计平面都诞生于法国，分别是放射形平面和交错式平面。放射形平面历史最悠久的现存案例有图尔尼教堂［Tournus］和位于勒芒的拉库迪尔圣母教堂［Notre Dame de la Couture］。两者都建于11世纪初。这一类型或许可以追溯到图尔的圣马丁大教堂［St Martin］，它凭借997年大火后重建所采取的形式（于1014年和1020年举行祝圣仪式），成为基督教最著名的教堂之一。[10] 第一个交错式平面出现在克吕尼马热勒院长于981年落成启用的重建教堂中。它的产生背后有两个功能性原因，一是对圣人的朝拜日益增加，二是每个牧师每天都做弥撒日益成为习俗。这需要更多的祭坛，为了放置这些祭坛，在教堂东部（即为神职人员保留的部分）设置更多的礼拜堂是显而易见的解决方案。人们可以想象，如果让盎格鲁–撒克逊人或阿斯图里亚斯地区的建筑师来增设礼拜堂，平面会多么粗糙。新一辈的建筑师则将礼拜堂组合成一个统一的整体：或是环绕半圆形后殿设置回廊，增设放射形排布的礼拜堂；或是让侧廊延续到耳堂之后，以与主要的半圆形后殿平行或近乎平行的一系列小半圆形后殿收尾，并沿着每个耳堂的东墙设置一个、两个甚至三个半圆形后殿。

法国人开始发展这些新的主题。几乎与此同时，另一种重新阐释整座教堂的平面形式在位于奥托帝国正中的哈茨山脉北部的萨克森州创立。在之后两个世纪中，中欧的建筑师一直沿用了这种形式。位于希尔德斯海姆［Hildesheim］的圣米迦勒教堂［St Michael］在1000年后不久开工。它有两个耳堂、两个圣坛、两个半圆形后殿，可以说合理发展了最初在森托拉修道院教堂实践过的想法。[11] 就这样，早期基督教单调的平面布局被不那么单一、在韵律上更有趣的平面组合所取代。圣米迦勒教堂彻底超越了森托拉修道院教堂，它将中厅分为三个正方形（虽然不太精确，但无疑是以此为目标），通过拱廊与侧廊分开，拱廊上不同的支撑相互交替，包括强调正方形角部的柱墩［pillar］和柱墩之间的柱子。中厅和耳堂的交叉部通过东部和西部以及北部和南部的圣坛拱券加以强调。

在之后的教堂中，每个耳堂也发展为正方形，侧廊则是由一系列正方形所构成。圣米迦勒教堂的东侧在交叉部和半圆形后殿之间加入了一个正方形圣坛。从耳堂伸出一系列礼拜堂，与主要的半圆形后殿平行。这是一个非常复杂的底层平面，但在强大的理性力量下布置得极其有序。

我们并不知道是谁创造了这一平面形式。但是，我们知道一个毋庸置疑的事实：根据他的传记作者记载，负责建造圣米迦尔教堂的圣本华［St Bernward］主教“写作能力超群，绘画技术高超，在青铜铸造的技术与艺术以及所有建筑工程方面都非常出色”。同样我们知道，伟大的英格兰主教艾道活是一个“理论上的建筑师”［*theoreticus architectus*］，非常精通修道院的建造和修缮；11世纪奥斯纳布吕克的本诺［Benno］主教是“一位石造建筑方面杰出的建筑师、技术精湛的规划师（‘定位星’［dispositor］）”。正如之前所提到过的，我们知道820年左右的圣加仑教堂平面图是提交它的主教或修道院院长的设计。这些引文和同时代很多类似的引文一样，证明虽然具体的建筑施工跟其他时代一样无疑都是工匠的工作，但教堂和修道院的设计在中世纪早期往往是教士的工作——至少是类似伯灵顿勋爵［Lord Burlington］与他负责设计的奇斯威克别墅［Chiswick villa］之间的关系。毕竟，在那个年代，几乎所有的文人、受过教育的人、有感知力的人都是教士。

新的底层平面展现出的基本的表达在11世纪的教堂立面中也有所体现。在位于希尔德斯海姆的圣米迦勒教堂中，交替的支撑、abbabba的韵律（a代表正方形柱墩，b代表柱子）将一直延伸的墙分隔成一个个单元。这一体系也成为中欧罗曼式建筑一种常见的形式。在西方，特别是英国，建筑师为了达到相同的目的，发展出另一种同样有效的方法。这种方法于11世纪早期在诺曼底发明。此前，诺曼人已经在法国西北部生活了100年，也已经从维京探险者逐渐转变成头脑清醒、坚决的、进步的统治者，统治了很大一块领土。他们在吸收法国成就的同时，也发现很多的可能性——比如比他们自己的语言更加灵活的法语、封建制度、克吕尼的改革制度，并用他们与生俱来的精神能量去浸染这些成就。他们在11、12世纪征服了西西里和意大利南部的一部分，并在那里创建了一个非常有意思的文明，即诺曼底的行政制度中最先进部分和撒拉森人习

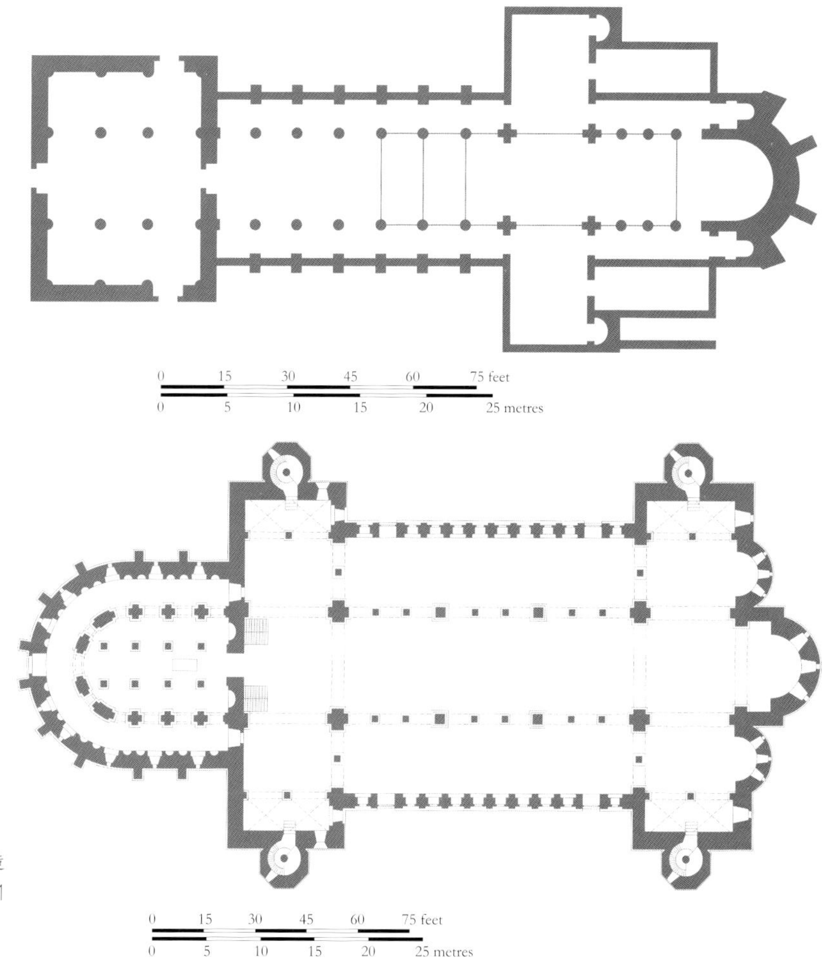

上图：图尔，圣马丁大教堂，深色部分于 997 年开始建造
右上图：克吕尼第二［Cluny II］，修道院教堂，于 981 年举行祝圣仪式
右图：希尔德斯海姆，圣米迦勒教堂，约 1000 年

俗中最先进部分的结合。与此同时，他们还征服了英格兰，在那里用自己更先进的生活方式取代了在他们之前来到英格兰的北方侵略者的生活方式。建筑上的诺曼底风格，作为西方早期罗曼式风格最具一致性的一个类型，在 11 世纪深深地影响了法国；在英格兰，它的影响则不止这些，英格兰中世纪建筑直接从它发展而来。在讨论罗曼式风格的时候，就必须将英格兰诺曼式大教堂和修道院教堂考虑在内。法国作者总是忘记 1040 年左右在瑞米耶日［Jumièges］（见第 22 页）和 1056 年左右在卡昂［Caen］开始的风格在温彻斯特、伊利、杜伦等地所取得的成就。

新的原则是各开间用下顶地面、上顶天花板的高高的柱子分隔，水平的天花板无处不在；由于拱顶艺术，中厅的宽度已越来越小了。因此，建筑的表现形式再次展现出确定性和稳定性。摇摆不复存在——正如征服者威廉征服英格兰并使之诺曼化的无情政策一般。无论是宗教建筑还是世俗建筑，在这些早期的建筑中建筑师所使用的每种形式都是如此直接、巨大、极其有力。比如诺曼人从法国带来的另一种建筑形式——城堡主楼［keep］与诺曼教堂一样简洁，一样对装饰不屑一顾。最早可确定年代的城堡主楼是位于卢瓦河边的朗热［Langeais］的城堡主楼，它建于 992 年。而最大的城堡主楼在英国——伦敦的白塔［the White Tower］（118 英尺乘以 107 英尺，约合 35.97 米乘以 32.61 米）和埃塞克斯的科尔切斯特城堡主楼［the keep of Colchester］（152 英尺乘以 111 英尺，约合 46.33 米乘以 33.83 米）。两者都建于 11 世纪的后三分之一的时间。城堡主楼不加装饰固然有防御的原因，但也是表现方式的问题，即审美的问题。与温彻斯特大教堂［Winchester Cathedral］的耳堂（约1080—1090年）等建筑的比较即可证明这一点。在温彻斯特大教堂耳堂中，实墙虽然在底层和廊台层的拱廊以及天窗前的走廊敞开，但仍然是主要的存在。我们在各处都能感到它强有力的存在。高耸的柱身被墙面所束缚，这些柱子本身也非常巨大，如同粗壮的树干。廊台层开口边的柱子又短又粗壮，柱头为粗陋的体块，这最为简单地表现了截面为圆形的物体与截面为方形的物体在此处相连接。如果不采用基本体块的柱头形式，那么取而代之的是凹槽［fluting］，即深受未来的盔格鲁-诺曼柱头喜爱的母题最原始的形式。这种简朴的形式在11世纪非常典型，最简朴的形式造就了简朴的表达。

在世纪末，新的变化开始出现，它们都指向一种新的变异。更复杂、变化更多、更生动的形式无处不在，它们或许在力量上有所不足，但在表达上更具个性。这是克莱尔沃的圣伯纳德［St Bernard of Clairvaux］（1153年去世）的时代，他称自己的目标是成为一个感动心灵而非解释《圣经》的传教士（而他确实是中世纪最伟大的传教士之一）；这也是阿伯拉德（1142年去世）的时代，他首创了对个人的爱情和学术问题的传记式记录；在英格兰则是亨利二世和托马斯·贝克特［Thomas Becket］（1170年去世）的时代。他们是作为人类出现在我们面前的；而征服者威廉［William the Conqueror］则是一种不可阻挡、毫不留情的自然现象。就在1100年——西方基督教徒以十字军的名义驰骋各地之前，建筑领域已经开展了一些开创性的工作，已经从早期罗曼式过渡到了盛期罗曼式。杜伦

上图：海丁汉姆城堡，埃塞克斯，约1140年
右图：伊利大教堂，中厅，12世纪
对页：温彻斯特大教堂，北侧耳堂，约1080—1090年

Donations for the Cathedral
Flowers may be made here.
Thank You

大教堂是英格兰至关重要的不朽之作。它于1093年开始建造，东侧部分的拱顶于1104年建成，中厅约于1130年建成。中厅看上去比实际更高，这是因为它用肋拱顶［rib-vault］取代了直到当时、甚至在之后一段时间在英格兰较为常见的平顶。我们的眼睛沿着柱子向上移动，到墙面终止处并没有终止，而是继续随着拱肋往上移动。杜伦大教堂歌坛的拱顶（现已翻新）大概是欧洲最早的肋拱顶。这也成就了杜伦大教堂在建造史上的卓越地位。

工程技术自罗曼式风格最开始出现到1100年之间有了长足的发展。在巴西利卡教堂的石中厅中建造拱顶一直是工匠们的追求，这既有教堂屋顶防火安全的原因，也有外观的因素。虽然罗马人早就掌握了建造大规模拱顶的技术，但西方在11世纪中叶之前只有带拱顶的后殿、筒形或交叉筒拱顶的侧廊、狭窄的不带侧廊的筒形拱顶中厅（如纳兰科圣玛丽教堂）以及较小的带侧廊的筒形拱顶中厅。[12] 最终，为主要的教堂较宽的中厅建设拱顶的技术还是被掌握了。与通常的情况一样，一项创新完整地表达了一个时代的精神。几位天才的建筑师几乎同时在当时的几个建造活动的中心独立地掌握了这一技术。勃艮第地区仍然对巨大的筒形拱顶情有独钟。法国最早的能确定时间的筒形拱顶可以追溯到11世纪初（如位于图尔尼的教堂前室［the ante-church］的二层）；克吕尼这座欧洲最雄伟的修道院于1100年重建，它的拱顶跨度达到40英尺（约合12.19米），高度达98英尺（约合29.87米）。莱茵河上的帝国大教堂——施派尔大教堂［Speier］直到12世纪80年代才建成了她最早的交叉筒拱顶，但要更宽（45英尺，约合13.72米）、更高（107英尺，约合32.61米）。此外，施派尔大教堂的拱顶似乎是中世纪欧洲最早的大型交叉筒拱顶，然后就是杜伦大教堂。早期拱顶的建造时间至今仍有一些争议（特别是米兰的圣安布洛乔教堂［S. Ambrogio］，它的肋拱顶完全可以列入先锋之作，但一些人认为它是在1125—1175年之间建造的），但11世纪下半叶强大的首创精神始终是不容置疑的。

杜伦大教堂的拱顶最值得注意的一点是它用肋拱顶取代了没有拱肋的十字拱顶，这作为哥特式风格的主导动机之一为世人所接受。肋拱顶的结构优势主要在于提供了一种新的可能，即可以先建造拱肋和其他拱券，它们可以在单独的模架［centering］上独立建造，然后再在拱肋之间的拱腹内用更轻的材料进行填充。后文将对此展开专门的论述（第45—46页）。正如约翰·比尔松［John Bilson］所述，杜伦大教堂的肋拱顶完全实现了这些优点，[13] 尽管如此，它并不属于哥特式风格。技术的创新从不直接构成一个新的风格，虽然它们可以受到所有人的欢迎，也可以被每个人所用。杜伦大教堂的设计师之所以会引入肋拱顶这个如此生动的特征，一定是因为它是如此生动，代表了追求表达的趋势的最终实现，而这一趋势在超过100年的时间里推动了罗曼式建筑的发展。现在整个开间不仅通过分隔墙面的线这种二维的形式，还通过横穿的对角线拱券这种三维的方式形成整体。两个拱券相交之处，即后来的建筑师往往会加入圆形凸饰［bosses］的地方，则是每个形成整体的开间的中心。假如我们向前穿过大教堂，不会像在早期基督教教堂中那样毫不停顿地被推向圣坛，而是会在一种新的有规则的韵律中从一个空间分区走向另一个空间分区。

杜伦大教堂中的肋拱顶的确赋予整座建筑一种机敏感，这与11世纪建筑内部由笨重的墙所带来的压迫感非常不同。这种机敏感体现在拱廊［arcade］和其中的装饰线条［moulding］更有活力的表现中，也体现在一些锋利的装饰形式，特别是锯齿形的采用上。尽管韵律加快了，杜伦大教堂仍远不是戏谑或热闹的。拱廊的圆形柱墩仍然具有压倒性的力量，它们巨大的体量又被基本装饰所强调，比如表面上精细刻划的菱形花纹［lozenges］、锯齿形和凹槽［flute］。附带一提，杜伦大教堂的所有装饰都是抽象的，这只是英格兰和诺曼底的诺曼式建筑的特征，而不是罗曼式建筑的普遍特征。德国在10世纪末创造出了一种更加抽象的柱头，被称作方块式柱头［block capital］，又被不那么形象地称作垫块式柱头［cushion capital］。而法国、西班牙和意大利从10世纪开始就出现很多有叶子、人物和场景装饰的柱头案例，并在11世纪中叶达到非凡的高度（如圣佩德罗德拉教堂中殿［San

对页：杜伦大教堂，中厅，1093—约1130年

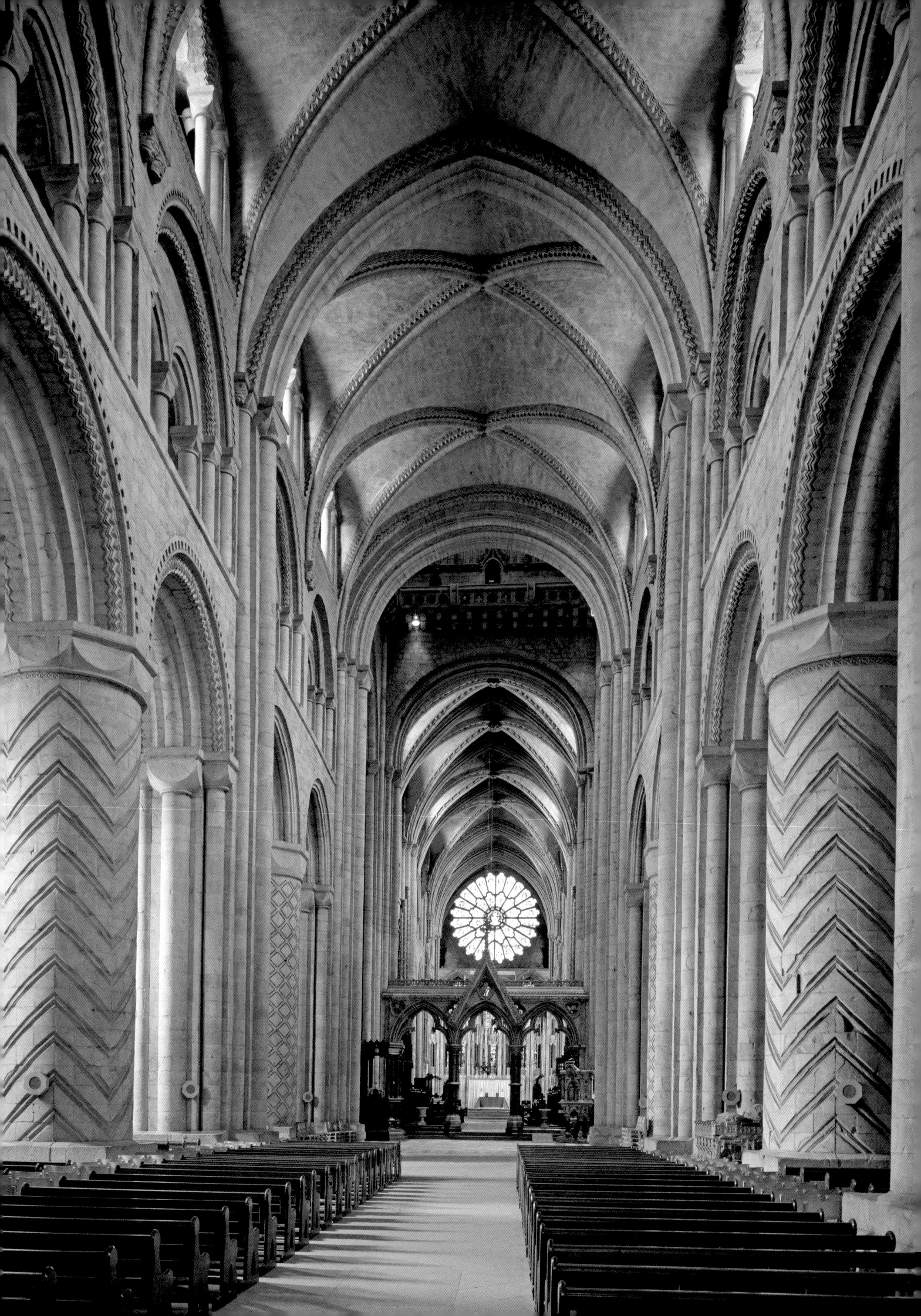

Pedro de Nave］、哈卡大教堂［Jaca］、莱昂圣依西多禄教堂［San Isidoro Leon］、卢瓦尔河畔圣伯努瓦教堂［St Benoît-sur-Loire］）。而英国最著名的案例就在约 1120 年建造的坎特伯雷大教堂的地下室中——真是再典型不过了。坎特伯雷大教堂可以说是一个通道，上一种欧洲大陆风格曾于 600 年左右从这里传播至英国，而下一种欧洲大陆风格将于 1175 年在这里登陆。这里的柱头有叶子装饰，一些甚至有野兽的装饰。但是这些并非受到自然的直接影响。它们或是源自存放在石匠小屋中的样本簿，或是基于泥金装饰手抄本、象牙封面的书籍以及石匠以前的作品等等。那时原创性这一概念仍不为人所知，对大自然的观察也同样如此。风格作为学科的限制性力量，具有像宗教权威那样无可匹敌的统治力。尽管如此，杜伦大教堂看上去比温彻斯特教堂更具人性，而 20 世纪的柱头看上去也比 11 世纪的柱头更具人性，正如圣伯纳德的布道比之前的神学家更具人性，也更有个性。

杜伦大教堂的外部是英国最壮观的景观之一。大教堂位于主教城堡［Bishop's Castle］一侧，高高地耸立在树木繁茂的陡坡之上，雄伟的塔楼位于交叉部之上，西侧的双塔较为纤细，以平衡交叉部上的塔楼的重量。它们现在的式样并非诺曼式的，西侧双塔建造于 13 世纪，正中的塔楼（原本带有尖顶）则建造于 15 世纪。这些塔楼从一开始就在建造计划之中，在实际建造中则建成了与绍斯维尔大教堂［Southwell］类似的斜度合适的尖顶。和建筑内部一样，罗曼式教堂的外观与早期基督教教堂差别极大。在新圣亚坡理纳圣殿中，建筑外部几乎毫不重要——即便要建造塔楼，它们也与教堂分开。而一些加洛林王朝的建筑和绝大多数规模较大的罗曼式教堂的设计则与此不同，设计者希望将建筑外部和内部都设计得丰富、雄伟。希尔德斯海姆的圣米迦勒教堂就是现存真正的罗曼式建筑外部的最早案例，它有两个歌坛，两个十字部上各有一个塔楼，两个耳堂两端各有一个楼梯间角楼［turret］。

上图：坎特伯雷大教堂，地下室，带有装饰的方块式柱头，约 1120 年
右图：杜伦大教堂，1093—约 1130 年

希尔德斯海姆，圣米迦勒教堂，约 1000 年

总体而言，德国对于 11 世纪早期艺术和建筑的发展起到了至关重要的作用。这一时期是奥托王朝和法兰克尼亚王朝的时期，亨利四世尚未在克吕尼改革派教宗面前自寻其辱。意大利或法国没有什么艺术品能与希尔德斯海姆大教堂［Hildesheim Cathedral］的青铜大门相提并论，建筑界也是如此。如前所述，施派尔大教堂拥有欧洲最早的拱顶式中厅。这些拱顶是对已经建成的教堂的加建，1030—1060 年左右建造的木制平顶依然存在。屋顶的主梁落在高高挺立的柱子上，每个开间都完全相同。柱子之间靠墙建有装饰拱券［blind arches］，形成一条拱廊，在下部通向侧廊，在上部则是天窗——这一雄伟、朴素的主题无疑来自于特里尔的晚期罗马帝国的建筑。同样大胆和朴素的则是科隆同时代最主要的工程——卡比托利欧圣玛利亚教堂［the church of St Mary-in-Capitol］（约 1030 年开始建造）。它带回廊的东侧半圆形后殿被重复用作耳堂南北两端的末端主题，形成三叶草的形状，两边为被筒形拱顶覆盖着的大侧翼，上面用最少的雕刻装饰从雄伟的建筑整体转移注意力。而这一整体既强烈地指向拜占庭，也指向文艺复兴。

欧洲建筑未来另一个更为重要的元素似乎也创造于 11 世纪的德国：双塔立面，它最早出现在斯特拉斯堡大教堂［the cathedral of Strassburg］1015 年的外形中。然而，这一主题马上被法国最活跃的省份诺曼底所采用，并通过瑞米耶日修道院（1040—1067 年）以及征服者威廉在卡昂的两座修道院（圣三一修道院［La Trinité］，约 1062 年开始修建；圣埃蒂安修道院［St Étienne］，约 1067 年开始修建）传播到英国。

或许我们完全不应该讨论 11 世纪或 12 世纪的法国。法国当时仍然领土割裂、内部互相倾轧，因此没有普遍有效的建筑流派；但由于诺曼国王的统治，英国已经出现了这样的建筑流派。法国最重要的建筑流派包括诺曼底、勃艮第、普罗旺斯、阿基坦（或者更广泛地说整个西南）、奥弗涅、普瓦图等流派，它们相对缺乏变化的风俗则受到了一股从法国西北一直通向西班牙西北端（即沿着最主要的朝圣之路前进）的潮流的冲击。朝圣是中世纪主要的文化交流途径之一，对教堂规划建设形成了鲜明的影响。从沙特尔经奥尔良、图尔、普瓦捷、桑特到西班牙，从维泽莱经勒皮和孔克、或经佩里格到穆瓦萨克然后到西班牙，从阿尔勒到圣吉尔再到西班牙，都能看到这一影响。最终的目的地是与耶路撒冷和罗马一样知名的圣地——圣地亚哥德孔波斯特拉。克吕尼修会与朝圣之路的发展关系密切，但奇怪的是，主要的朝圣教堂，如利摩日的圣马夏尔教堂［St Martial］（1095 年基本建成，现已损毁）、图卢兹的圣塞尔南教堂［St Sernin］（约 1080 年开始建造，拥有最壮观的建筑外部，见第 23 页）和圣地亚哥德孔波斯特拉大教堂［Santiago de Compostela］（1077 年开始建造），都有一些共同的、与克吕尼修道院教堂不同的特点。它们都很高很暗，拱廊上为廊台，廊台上为筒形拱顶，也就是说没有天窗。它们的东部则由图尔的系统发展而来，包括回廊和放射形礼拜堂，而这些的确被认为源自图尔圣马丁大教堂的模式。

卡昂，圣埃蒂安修道院教堂，约 1067 年开始建造

尽管如此，需要再次重申，克吕尼修道院教堂肯定不属于这一模式。它重建于 11 世纪末（主祭坛于 1095 年举行祝圣仪式）和 12 世纪初，而在 1810 年被法国人自己损毁。这座教堂有两个耳堂（这后来也成为英国大教堂的普遍做法），每个耳堂的十字部上都有一个八边形塔楼。其中更为重要的是靠西的那个耳堂，在十字部的左右两侧还各有一个八边形塔楼，每个侧翼各有两个朝东的半圆形后殿。靠东的耳堂也有四个半圆形后殿。此外，圣坛后殿［the chancel apse］建有回廊以及五个放射形的礼拜堂。因此，从东面看教堂时，人们会看到比例经过精心设计的阶梯状的景观，从低到高依次是低矮的放射形的礼拜堂、回廊、主要的半圆形后殿、圣坛的屋顶、靠东的十字部上的塔楼、靠西的十字部上最高的塔楼。这一建筑是如此复杂，如此像复调，可以说它是之前几个世纪的西方人所无法想象的，也会被希腊人所憎恶。但它无疑是中世纪基督教最得意时刻的完美体现，此时克吕尼改革派已经征服了教皇的宝座，让教皇获得了超越国王的权力，并号召欧洲骑士参与了第一次十字军东征（1095 年），为圣地而战。

克吕尼修道院还有一个使它区别于朝圣之路上那些教堂的母题，这是勃艮第的地区性母题，即带有尖拱拱廊的立面、装饰性高拱廊［triforium］（即没有廊台）和天窗。筒形拱顶中的横向拱同样也采用尖拱，这可能是欧洲最早的案例。建筑细部，特别是高拱廊，明显借鉴了古罗马的先例，而在勃艮第地区研究古罗马遗迹也的确不是难事。带凹槽的壁柱、尖拱、筒形拱顶和代替廊台的高拱廊等古罗马母题同样也是 12 世纪初的欧坦大教堂［Autun Cathedral］的特征，而差不多同一时期位于维泽莱的圣玛德莱娜教堂［the church of the Magdalen］甚至连高拱廊

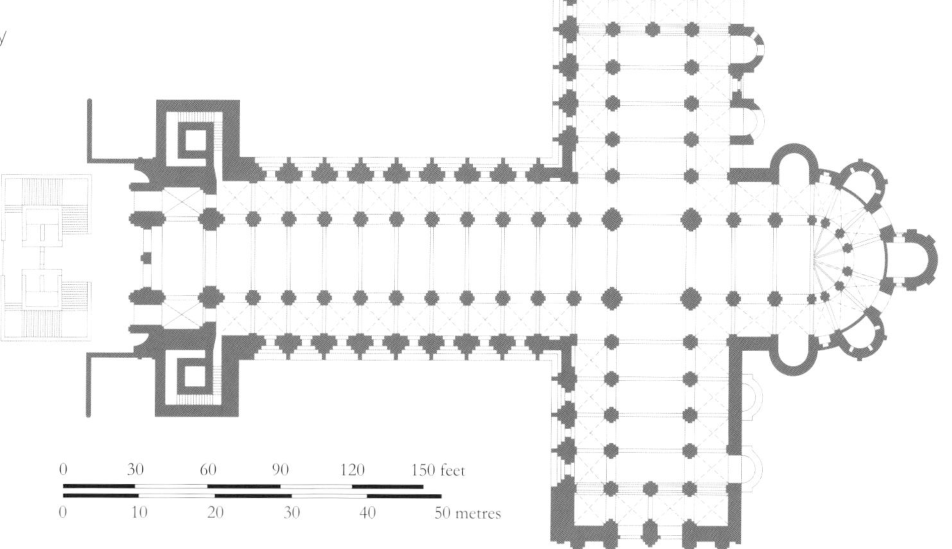

上图：图卢兹，圣塞尔南教堂，中厅，约于 1080 年开始建造
右上图：克吕尼第三修道院教堂［Cluny III］，1088—约 1130 年，八边形塔楼
右图：圣地亚哥德孔波斯特拉大教堂，于 1077 年开始建造

上图：维泽莱，圣玛德莱娜教堂，12 世纪初
对页：圣塞文梭尔加尔坦佩教堂，12 世纪初

都没有，只有拱廊和大天窗。圣玛德莱娜教堂的拱顶采用施派尔大教堂的样式，建造成交叉筒拱顶。教堂据称葬有玛德莱娜的遗体，因而成为重要的朝圣之地。它俯瞰着依山而建的小镇，主要的入口设有一个带侧廊的前厅，即一个三开间的门廊［galilee］（一种克吕尼母题），之后的大门可以说是最疯狂的罗曼式人像大门［figure portal］之一。中厅则完全没有这种狂热。它后来在远处修建了较为明亮的歌坛，前厅和十字部之间相距约 200 英尺（约合 60.96 米），中厅拱顶异常地高，拱券则灰粉相间，数不胜数的柱头在讲述着神圣的故事。这座教堂不但比例优雅，而且非常雄伟，丝毫不比杜伦大教堂逊色。

勃艮第流派非常重要，但尚未完全统一，而法国其他的地区性流派则特征更鲜明，且更具一致性。奥弗涅的教堂很像朝圣教堂，尽管深色的熔岩让它们看上去更阴郁静谧。它们的地区性特征包括：采用四个放射形礼拜堂，而非三个或五个；将耳堂内部的开间抬高，从而为十字部的塔楼提供南北向的拱座支撑。但这些特征都不太重要。其他的流派则更具个性。普罗旺斯的教堂较为高瘦，中厅上采用尖的筒形拱顶，或是没有侧廊，或是侧廊狭窄并采用筒形或半筒形拱顶。教堂中没有廊台，但设有天窗。装饰细节鲜明地体现了复兴古典主义的意图，与勃艮第相似，甚至更甚。这在有丰富的古罗马遗迹的省份可谓不足为奇。

在诺曼底，直到 11 世纪末（即杜伦大教堂肋拱顶的时代），教堂主要的空间仍由木屋顶覆盖。在瑞米耶日修道院教堂（第 22 页）和卡昂的圣埃蒂安修道院教堂中有宽敞的廊台和高大的天窗。如前所述，主梁由像桅杆一般从地面直杵屋顶的柱子支撑。

卡昂圣三一修道院教堂圣坛上的交叉筒拱顶建于 11 世纪末，似乎是最早的拱顶。这种拱顶形式在不久之后被杜伦大教堂的肋拱顶所取代。但在取代圣三一修道院和圣埃蒂安修道院的平顶时，肋拱顶采用了六分［sexpartite］而非四分［quadripartite］拱顶的形式。这使得开间可以

威尼斯，圣马可大教堂，始建于1063年

为正方形，正如采用交叉筒拱顶时一样，但能同时提供六处而非四处支撑。这种六分拱顶可以回溯至约1115—1120年。

一种完全不同的体系在普瓦图发展起来。在这一地区，教堂的侧廊既狭窄，又跟中厅一样高，换言之，教堂既没有廊台，也没有天窗。这种教堂在德语中被叫作厅堂式教堂［the hall church］，虽然显得昏暗、荒凉，但是也因此拥有了令人印象深刻的单纯的外观。其中最富感染力的是圣塞文梭尔加尔坦佩教堂［St Savin-sur-Gartempe］，它的中厅和侧廊上方覆盖着相互平行的筒形拱顶，其间由拱廊分隔，拱廊由极其高大、简单的圆柱墩组成，从某种程度上可以说是具有威慑性的排列。教堂的建造年代是12世纪，晚于同样喜欢由高大的圆柱墩构成拱廊的英国西部的教堂（如建于1087年的图克斯伯里修道院教堂［Tewkesbury］、格罗斯特大教堂［Gloucester］等）。这是让人印象最为深刻的母题，确定它的起源也是很多人的希望。

最后，还有一种重要的法国地区性流派，与其他的流派非常不同，这便是以昂古莱姆和佩里格为中心的阿基坦流派。这一流派的教堂大多没有侧廊——只偶尔有与中厅高度相同的侧廊，由几个带穹顶的开间构成，有的有耳堂、半圆形后殿、放射形礼拜堂，有的则没有（但从不建造回廊）。这些教堂的穹顶严肃雄伟，无与伦比。只要采用穹顶，就会产生集中式的趋势，这一趋势在佩里格的圣弗龙大教堂［St Front］中达到巅峰。建造一座完全集中式的建筑的决定是在1125—1150年间做出的——这在中世纪中期可谓极其罕见，即去除有耳堂而无侧廊的阿基坦式教堂中厅的西侧开间。这样，便形成了希腊十字，即正中心的一个正方形加四臂的四个正方形。每个正方形各自建有较短的侧翼，上面覆盖着巨大的穹顶。建筑内部（建筑外部重建得很糟糕）经典地表现了罗曼式风格的纯净和坚决。[14]除了墙边的拱廊，整个建筑内部都没有雕塑装饰。这一形式可以追溯到查士丁尼，由他的陵墓、现在已不复存在的圣使徒教堂［the church of the Holy Apostles］创立。在1063年重建圣马可大教堂［St Mark's］时，威尼斯人将该形式传承下来。我们无法确定佩里格的圣弗龙大教堂是受到了拜占庭还是威尼斯的影响，但圣马可大教堂内部给人的印象则与圣弗龙大教堂完全不同。威尼斯是最具东方风情和最浪漫的欧洲城市，也是通往东方最强大的贸易中心，因此给自己最雄伟的教堂赋予了所有东方的神奇力量：镶嵌画、华丽的柱头、分隔中心和侧翼的拱廊、我们在拉文纳曾经看到过的隐藏的空间关系。圣弗龙大教堂摒除了所有令人疑惑的魅力，显得纯净和彻底，只是为了凸显其建筑的高贵，而非其他。圣马可大教堂是东方的建筑，而佩里格的圣弗龙大教堂则是西方的建筑。圣弗龙大教堂不加修饰这一点从某种意义上而言也非常“古罗马”，难怪文艺复兴时期的意大利人将它的底层平面以

上图和左图：佩里格，圣弗龙大教堂，12 世纪中叶

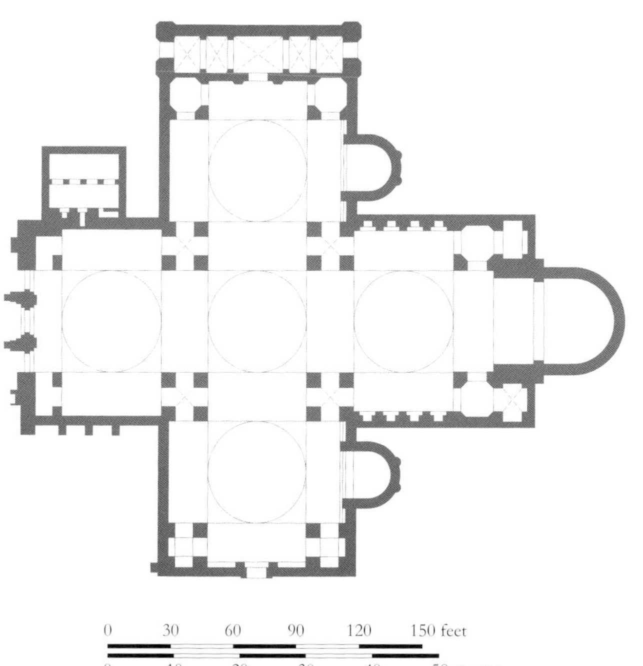

几乎完全相同的形式重新创造了一遍。

如果说这里似乎有线索能将罗曼式风格与文艺复兴风格直接连接，那么罗曼式风格和哥特式风格之间就有更多的直接联系。它们见于勃艮第和普罗旺斯所采用的尖拱券，法国西南地区的穹顶教堂和杜伦大教堂的中厅，隐藏在侧廊屋顶下、仍能满足支撑拱顶功能的飞扶壁的采用（如图卢兹的圣塞尔南教堂、奥弗涅的教堂、杜伦大教堂的中厅），当然还有拱肋的采用。

另外，还有一个更为直接的联系，即人像大门，它于 12 世纪发展起来。在 11 世纪至 1100 年左右，西班牙不仅在人像柱头，而且在主要人物雕塑上引领欧洲。锡洛斯圣多明各教堂修道院［S. Domingo de Silos］的回廊院落［cloister］则是让人印象最为深刻的案例。人像极具风格，

上图：圣吉尔加尔修道院教堂，约 1135 年
右图：沃尔姆斯大教堂，约 1170—约 1230 年
对页：圣地亚哥德孔波斯特拉大教堂，于 1077 年开始建造

身材修长，头部很小，姿势很有表现性，双脚摆放的位置看上去就像正在跳仪式性舞蹈一样。这一风格在法国南部得到发展，尤其是 1115—1125 年的穆瓦萨克［Moissac］。在这里，两扇大门被一根刻有相互交织的动物图案的柱子或间柱［trumeau］所分隔，大门的左右两侧各有一段片墙，各段片墙上用浮雕形式刻有一尊同样采用这一情感强烈的风格的圣像。与此同时，人像大门也在勃艮第发展起来。1130—1135 年的欧坦和维泽莱是最重要的案例。在之前提到过的维泽莱的圣玛德莱娜教堂，两扇大门的左右两侧各有一对正在互相争论的先知像。它们同样采用浮雕形式，但由于所在的墙面互相垂直，看上去似乎形成了完全独立于墙面的组合。

在约 1135—1140 年间建造的圣丹尼斯修道院教堂［St Denis］中，这些人像真的离开了墙面，它们就像柱身或柱子那样与墙面分离。[15] 但正如我们马上将看到的，圣丹尼斯并不是一座罗曼式建筑，而是一座哥特式建筑。但是，这些人像仍然完全是罗曼式的。与 1145 年左右建造的沙特尔主教座堂［the Portail Royal of Chartres］中的人像一样，它们身材修长，正面朝外，平行的衣纹很风格化，头部很小。在马特奥大师［Maestre Mateo］于 1188 年设计的圣地亚哥德孔波斯特拉大教堂的荣耀之门［Portico de la Gloria］中，布景仍然是罗曼式的，同类的立柱人像围绕大门矗立，显得更粗壮和坚固。

圣地亚哥德孔波斯特拉大教堂是西班牙最主要的罗曼式建筑。正如之前所见，它属于法国朝圣教堂，而银灰色的花岗岩让它比其他位于法国的朝圣教堂更让人印象深刻。

关于西班牙我们就说这么多，或者就说这么少。关于法国我们也就说到这里。德国当时最高的成就是在希尔德斯海姆发展而成的一系列主题，而位于莱茵兰中部的大教堂和修道院教堂，特别是施派尔大教堂、美因茨大教堂［Mainz］、沃尔姆斯大教堂［Worms］、玛利亚拉赫修道

佛罗伦萨，圣米尼亚托大殿，11—12 世纪

对页上图：米兰，圣安布洛乔教堂，12 世纪中叶
对页下图：比萨，大教堂和斜塔，13 世纪

院［Laach］，通过无穷无尽的比例和细节变化精彩地展现了十字部上的塔楼和楼梯塔楼、双耳堂和双圣坛的风采。德国罗曼式建筑的第二个主要流派是科隆流派。我们已经对萨克森流派进行了介绍，而其他的流派则更具地方性。直至 1940 年，科隆拥有数量无可匹敌的 10—13 世纪早期的教堂。它们的损毁则是战争带来的最惨重的损失之一。它们的标志（卡比托利欧圣玛利亚教堂之后）是完全集中式的东端，其中耳堂和圣坛以相同的半圆形后殿为结束。建筑外部与莱茵河更上游的建筑一样辉煌和多变。

意大利北部也有一座同样类型的教堂：位于科莫的圣费德雷大教堂［S. Fedele］。有人试图建立科隆对科莫的依赖关系，但现在可以确定的是，如果两者之间有任何关系，它也是以另一种方式起作用的。从其他方面而言，伦巴第和莱茵地区的关系依然有争议。没有人能否认它们之间的关系，但类型和主题的优先顺序是无法毫无疑问地建立的。对这一问题最可能的解答是在帝国战役进入意大利的各线路中不断地有思想的交流和工匠的交流。或许萨克森和莱茵河流域指向了 11 世纪的结束，而意大利北部则位居 12 世纪。那时，伦巴第石匠们估计已经走向各地，正如他们在巴洛克时期将重演的那样。在阿尔萨斯和瑞典，我们都发现了他们的痕迹；在巴伐利亚，我们还发现了一个科莫人于 1133 年留下的痕迹。这一伦巴第-莱茵风格的主导动机是驼廊［dwarf-gallery］，即高居屋檐之下的小拱廊墙壁（特别是后殿墙壁）装饰。

从平面而言，意大利北部则较缺乏魄力。一些最著名的教堂甚至没有凸出的耳堂，换言之，更接近早期基督教的传统。比如摩德纳大教堂［the cathedral of Modena］和米兰的圣安布洛乔教堂等就是如此。其中，圣安布洛乔教堂最为壮观，包括它的中庭、朴素的正立面、低矮的中厅、巨大的柱墩、宽广的穹顶式的十字拱顶和粗壮的原始的拱肋（见第 28 页）。总体而言，这些伦巴第式大教堂的建筑内部特征包括十字拱顶或肋拱顶、侧廊的廊台、十字部上的多边形穹顶，建筑外部特征包括平面为圆形或正方形的孤立的塔楼，以及之前提到过的小型拱廊。这些装饰性拱廊最极端的案例是位于托斯卡纳的比萨大教堂［the cathedral of Pisa］的正立面和斜塔，两者都建于 13 世纪。

总的来说，比萨大教堂更多给人以东方的异域风格而非托斯卡纳风格的印象。同样具有异域风情的是带有拜占庭特色的威尼斯风格，与阿拉伯有关联的西西里风格。想要了解最“意大利”的意大利罗曼式建筑，就不得不看看佛罗伦萨的圣米尼亚托大殿［S. Miniato al Monte］。虽然建造得很早（其底层可能与温彻斯特大教堂的耳堂同时期建造），但它的处理非常精巧，对雕塑装饰加以文明的克制，比北部任何地方的建筑都更容易受古代精神的影响，可以说是托斯卡纳的智慧与古罗马的简单和镇定的第一个结合。

3

早期和经典哥特式风格

约 1150—约 1250 年

上图：索尔兹伯里大教堂，于1220年开始建造
对页：巴黎，巴黎圣母院，12世纪末叶

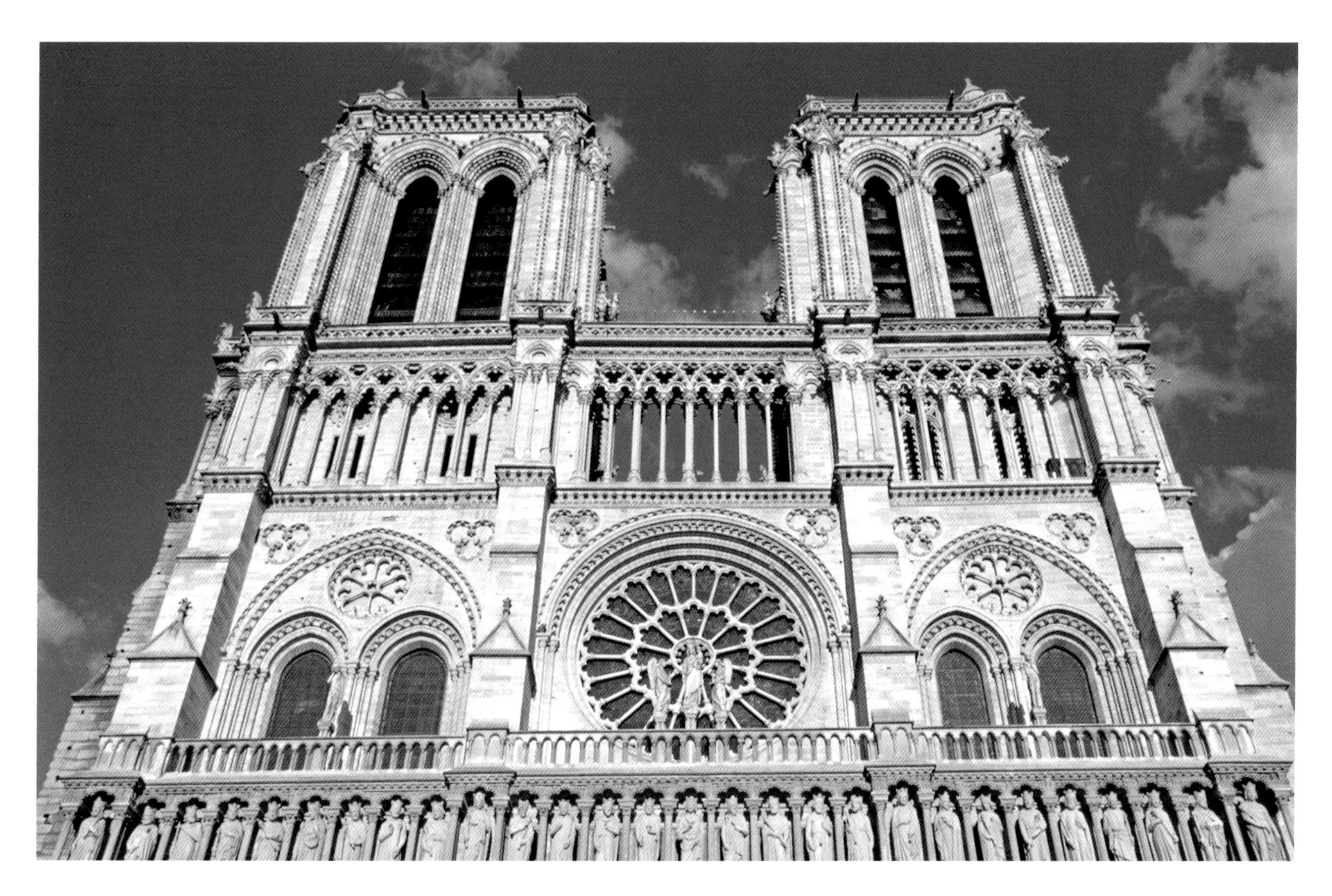

位于巴黎附近的圣丹尼斯修道院教堂的新歌坛于1140年开始建造。1144年，在这里举行了祝圣仪式。法国两位国王的强大顾问絮热院长［Abbot Suger］则是这一工程的灵魂人物。欧洲几乎没有哪座建筑在概念上如此具有革命性，在施工上如此迅速和果断。在12世纪，对于一个大型修道院教堂的重建而言，四年时间极其短暂。无论是谁设计了圣丹尼斯修道院教堂的歌坛，我们都可以很确定地说，他创造了哥特式风格，尽管哥特式风格的特征之前已经分散地存在，在法国的中心、圣丹尼斯周边各省甚至在一定程度上一致地发展着。

哥特式风格的特征广为人知，事实上因为过于广为人知而导致绝大多数人忘记了一种风格绝非特征的聚集，而是一个不可分割的整体。尽管如此，我们还是不妨概括一下这些特征，并重新考察它们的意义。这些特征包括尖拱、飞扶壁和肋拱顶。正如我们之前所见，没有一个特征是哥特式风格的发明。但是，基于一个新的审美目的将这些母题进行组合，则毫无疑问是创新之举。新的审美目的是让大量毫无生气的砖石富有生机，加快空间运动，将建筑简化为类似于受神经支配的作用线系统。这些审美上的优势对理解哥特式风格而言，要比拱肋、飞扶壁和尖拱可能的技术优势重要得多。技术优势也并非不存在，但维奥莱・勒・杜克［Viollet-le-Duc］和他不计其数的追随者却过高地评价了它们的作用。

技术优势一共包括三个方面。首先，筒形拱顶压在支撑它们的墙的整体上，德国或维泽莱的罗曼式交叉筒拱顶却只压在四个点上。但是，罗曼式交叉筒拱顶要求正方形开间建造得令人满意。如果要建造一座罗曼式建筑——本质上是位于长方形开间上的圆形交叉筒拱顶，就需要采用三种不同直径的拱券，分别位于长方形的长边、短边以及对角线上。三种拱券中只有一个是半圆形的，其他两种或是被拉长或是被压扁。如果将短边的，即最明显的拱券处理成半圆形的，那对角线则要压扁一些，但扁的拱券在结构上非常危险。因为推力越接近竖直，拱券的安全性越强；推力越接近水平，其安全性越弱。如果推力为竖直方向，那拱券将完全处于安全状态；如果推力为水平方向，那拱券将马上裂成两块墙。

相比于半圆形的拱券，尖拱能让设计师更容易地获得想要的竖直推力，此外也让他们能在非正方形的开间上建造拱顶。这样就不需要采用拉长或压扁的方法，只需采用三个角度不同的尖拱。长方形开间还有另一方面的用处。在正方形开间中，四个支撑点相互之间的距离甚远，而整个拱顶的重量都在它们身上，因此可以说，它们承担了过大的保证建筑稳固的责任。而长方形开间则可以将支撑点的数目翻番，从而将每个支撑点所承担的重量减半。

此外，长方形的哥特式拱顶还建有拱肋，以增加交叉筒拱的强度，这也是一项技术优势。因为筒形拱顶或罗曼式交叉筒拱顶在建造时需要有木模架支撑其整个长度和宽度，但对肋拱顶而言，木模架只需要在砂浆凝固前支撑位于横拱［transverse arches］和位于对角线上的拱肋即可。在此基础上，横拱和拱肋之间的拱腹就可以只用轻质、可移动、容易快速拆除和重建的模架支撑。显而易见，这一方法可以节省木材。至于在拱顶建成之后拱肋能否让各拱腹相互独立，以及能否真正将各拱腹简化为膜的功能，仍然令人怀疑。的确存在不少建筑被炮轰或爆炸后拱肋完好无损而拱腹坍塌的情况，但同样也存在拱肋倒塌而拱顶依然屹立的情况。因此可以说，哥特式拱顶的主要目的是它非物质性的轻盈外观，而并非实际的轻质。换言之，这也是出于审美的考虑，而非物质的考虑。

多项技术和审美的创新在圣丹尼斯修道院教堂中首次融合为哥特式风格。肋拱顶覆盖了多种形状的开间，飞扶壁取代了呈放射状的礼拜堂之间的厚墙，从而形成通往回廊的一个连续的波浪形边缘。礼拜堂的侧墙完全消失。如果不是五肋拱顶，人们会觉得自己走在第二个更靠外的回廊之中，而边上则是进深特别浅的礼拜堂。教堂内部效果是轻盈的，空气自由流动，曲线灵活，充满具有活力的集中感。各个部分不再明显地互相分离。最近的考古挖掘显示，耳堂已不再像之前那样设计成凸出于中厅和圣坛墙壁之外的形式。谁是这一构想背后的伟大天才？是自豪地撰写了一本关于他的教堂的建造和祝圣的书的絮热院长本人？这不太可能；因为与罗曼式风格相比，哥特式风格本质上是以艺术家和工程师的合作、审美和技术特性的融合为基础的，只有知识结构渊博的人才能发明这一风格体系。这一时期正是专业化分工的开始，它不断地将我们的活动分割成越来越小的技能，发展到今天，赞助人已不再是建筑师，建筑师不再是建筑工人，建筑工人不再是石匠，更不用说建筑估算师、暖通工程师、空调工程师、电器专家和卫生设备专家之间的差别了。

负责建造圣丹尼斯修道院教堂和之后的法国、英国大教堂的是当时涌现出来的新一类建筑师，他们是工匠大师，也是受到认可的艺术家。有创意的工匠大师当然以前就有，而且很可能一直是绝大多数建筑的设计师。但是此时，他们的地位开始发生变化，这个过程是逐渐发展的。絮热在他的书中对圣丹尼斯修道院教堂的建筑师只字未提，也没有提及教堂的设计者。这似乎有些奇怪，他当然非常明白这座建筑师所建造的建筑是多么大胆的作品。若要解释他的沉默，我们就不能忘记经常被引用、但又经常被误解的中世纪的无名氏。这当然不是说大教堂会像树一样自己生长起来，每座教堂背后当然都有设计者。然而在中世纪早期，虽然他们的作品流芳百世，但是这些设计者的名字却被认为是不重要的。他们满足于做一个工匠，为比自己的名声更重要的事业而工作。但是，到了12世纪、特别是13世纪，个人的自信开始增长，个性开始得到赏识。兰斯大教堂和亚眠大教堂［Amiens Cathedral］的建筑师的名字以有趣的方式记录在中厅的铺地上。尼古拉·德·布希亚尔［Nicolas de Briart］牧师曾抱怨，石匠只是带着他们的工人到处游荡、发号施令，就能比其他人拿到更高的薪水，他甚至还加了一句“没有劳动”。一个世纪之后，法国国王成了被抱怨的这些人中某人儿子的教父，还赠予他一件非常贵重的用黄金制作的礼物，从而让他能够进入大学学习。絮热院长的时代过去了200年，这种亲密的关系才得以建立。

桑斯的威廉［William of Sens］是早期哥特式风格最伟大的石匠之一，他的作品——坎特伯雷大教堂的歌坛是帮助我们了解他的个性的最早的生动案例，它在英国具有革命性的地位，可以与圣丹尼斯在法国的地位相媲美。1174年，旧的歌坛被一场大火烧毁。曾亲历很多事件的大教堂编年史作者杰尔维斯［Gervase］记述了这一事件。修士们极其绝望，一段时间后他们开始询问“用什

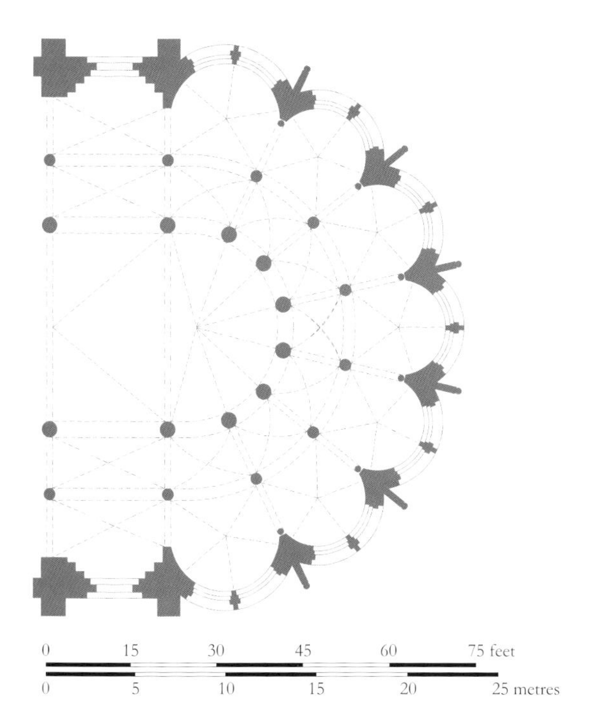

上图：圣丹尼斯，修道院教堂，东端，1140—1144 年
右图：圣丹尼斯，肋拱顶

么方法才能修复损毁的教堂”，“来自法国和英国的建筑师们被召集起来，但他们各持己见。一些人建议修复，而另一些人则坚持认为，如果修士们想保证居住安全，整座建筑必须推倒重建。这让他们悲痛欲绝。建筑师中有一位桑斯的威廉，他很有能力，是将木材和石料运用得最具创意的工匠。修士们选择他来负责这一工程，让其他建筑师离开。他与修士们一同居住了很多天，并仔细地测量了被烧毁的墙壁……（他）的确在一段时间中隐藏了他发现有必要采取的措施，以免我们在事实真相面前痛不欲生。但是他本人或借他人之力继续展开一切必要的准备。在他发现修士们的情绪开始有些稳定之后，便坦白如果修士们希望有一座安全且完美的建筑，那被烧毁的柱墩和它们所支撑的一切就必须推倒。最后，他们还是答应……推倒被烧毁的歌坛。（他）对从国外获得石材给予了关注。他为从船上装货和卸货、拖动砂浆和石头制造了最新颖的机械。他还为石匠们提供了用来切割石材的模型（切割成型的木模板）……”然后，记录者精确地告诉了我们之后四年每年各完成了什么。但是，在第五年初，威廉从 50 英尺（15.24 米）高的脚手架上摔了下来。他受伤严重，不得不“将完成工程的任务托付给一个有才华的修士，他曾经是那些粗野的石匠的监工……”尽管躺在床上，威廉仍然下达命令，“最初和最后应该做什么……最后，在发现外科医生的技术对他毫无帮助后，他回到法国，在家中辞世”，而一个英国继任者被任命。[16]

所以，这位对砖石和工程技术了如指掌、对他的雇主们很有外交才能且被他们所欣赏的工匠在异国他乡开展工程项目时，却从未忘记自己的家乡。在他的家乡——桑斯，一座新的大教堂在他前往坎特伯雷前 30 年开始建造，而它的一些特点也明显被坎特伯雷所模仿。

很幸运的是，至少还有一本关于另一位哥特建筑师的个性和作品的完全记录留存至今。这是由来自法国北部的康布雷［Combrai］地区的建筑师维拉尔・德・洪内库尔［Villard de Honnecourt］在 1235 年左右准备的一本笔记本，或者说一本教科书。这本教科书保存于巴黎的法国国家图书馆，是一份非常个人化的文献，即维拉尔对自己学生们的讲解。他承诺将在石工和木工、建筑和人像绘制、几何等方面给予学生们指导。这份关于 13 世纪的方法和态度的原始资料可谓无价之宝。维拉尔虽然是建筑师，却绘制了耶稣受难、圣母以及代表橄榄山［the Mount of

坎特伯雷大教堂，歌坛，1174 年之后建造

Olives］那一幕的睡着的门徒，而所有这些明显都是为石刻家们准备的。他也绘制了“骄傲与谦卑”［Pride and Humility］、“教会得胜”［the Church Triumphant］和“命运轮盘”［the Wheel of Fortune］等场景中的人像。也有一些世俗的场景，比如摔跤者、马背上的男人、国王和随从们等。此外，还有很多动物，其中一些异常地写实，其他的则颇为怪异。还有一些绘制人头和动物用的简单的几何图示。他记录了一些建筑局部，教堂歌坛的底层平面，拉昂大教堂［Laon Cathedral］的塔楼（他说：“我曾经去过很多国家，正如你在本书中所看到的那样，但是我还从未见过第二个这样的塔楼。”），兰斯大教堂的窗子（他说：“我在去匈牙利的路上画了它，因为这是我最喜欢的。”），以及洛桑的玫瑰窗［rose window］。他描绘了一个迷宫，画了叶子。他设计了一个尾端为叶形装饰的唱诗班席位［choir stall］以及一个带有三个福音传道士的诵经台［lectern］。他还绘制了装饰线条和木构造的简图，并自豪地加入了很多机械，一个锯木机、一个举重物的装置，以及头部会转动的诵经台上的雄鹰、给主教握在手中的可加热的金属球等自动装置。他甚至还记录了去除多余毛发的偏方。

由此我们可以看到哥特大教堂建筑师们的知识面之广、经验之足。他们作为新的哥特风格的提供者被邀请至国外，有一份 1258 年德国（温普芬［Wimpfen］）的记录告诉我们，一位修道院院长“请来了一位对建筑艺术最有经验、最近从巴黎过来［noviter de villa Parisiensi venerat］的石匠”。院长让他用方石［ashlar stone］建造一座“更法国式的［more Francigeno］”教堂。我们可以确定，这些在外奔波的石匠处处留心，对建筑、雕塑和绘画都予以同样热切的关注。他们了解人像和装饰的雕刻，也同样熟谙建筑建造，虽然他们的绘画技术仍然停留在非常初级的水平上。

圣丹尼斯修道院教堂的新颖之处就要归功于这样水准的石匠大师。很多主教和建筑师都有超越絮热院长和圣丹尼斯修道院教堂的志向。在 1140 年和 1220 年之间，新的大教堂开始以日益增大的规模在桑斯、努瓦永［Noyon］、桑利斯［Senlis］投入建设，而后巴黎圣母院（约 1163 年之后）、拉昂大教堂（约 1170 年之后）、沙特尔大教堂（约 1195 年之后）、兰斯大教堂（1211 年之后）、亚眠大教堂（1220 年之后）和博韦大教堂［Beauvais］（1247 年之后）等均建设起来。这些也绝非全部，法国境内还有很多类似的教堂。但是，我们在这里试图将论述限定于法兰西岛大区和周边地区——当时法兰西王国的中心地区，简要论述这些地区教堂的主要发展。这一发展如同古希腊神庙的发展一样连贯而简洁。

圣丹尼斯修道院只留下了歌坛和饱经整修的西面［the west front］。它属于卡昂大教堂的双塔类型，现已成为法国北部大教堂的范式［de rigueur］，但与卡昂大教堂不同的是，它由一个庄重的圆拱三重门［round-headed triple portal］装饰。在之前提及曾作为装饰的人像柱时，我们就提到过这扇大门。沙特尔主教座堂立刻效仿了圣丹尼斯修道院教堂。1145 年建造的教堂只保留了西侧入口，即王者之门［the Portail Royal］，其上的人像也在前一章中提及，它们辉煌有力，既紧张又生动。我们可以根据

圣丹尼斯修道院教堂遗留的痕迹以及正好同时代的桑斯大教堂，猜想圣丹尼斯修道院教堂和沙特尔主教座堂的中厅的模样。它们的廊台恰好与诺曼底的罗曼式教堂的廊台相似，这些诺曼底的罗曼式教堂对法国早期哥特式石匠的影响要远大于其他建筑。那时最早的哥特式立面为三层，有拱廊、廊台和天窗，当然还有肋拱顶。约 15 年后，努瓦永出现了一个重要的发明：墙面由高拱廊装饰，即位于廊台和天窗之间的较矮的墙上通道。这种做法将墙面分割为四个而不是三个分区，从而消除了之前很多建筑缺乏活力的问题。拱廊以组合式柱墩为主分隔，以圆柱为细分隔，两种支柱相互交替。与此相适应，拱顶为六分拱顶，就像约 1115—1120 年卡昂的罗曼式修道院教堂中的拱顶一样。这意味着，在两根横拱之间，肋沿着对角线连接组合式柱墩，而圆柱之上是与横拱平行的次肋［subsidiary rib］，在整个拱顶的正中与对角肋会合。该效果比我们所了解的罗曼式风格更加生动。

然而，建造之后两座大教堂的建筑师一定觉得努瓦永的墙壁、柱墩和拱顶留有过多罗曼式风格的沉重感和稳

上图：兰斯大教堂。出自维拉尔·德·洪内库尔的教科书，约 1235 年

下图：一对摔跤者，西多会式的平面，康布雷大教堂平面。出自维拉尔·德·洪内库尔的教科书，约 1235 年

定感。相互交替的支柱以及六分拱顶，特别是后者，形成了方形的、也就是稳定的开间。因此，在拉昂，建筑师对相互交替的支柱进行一些尝试之后，将所有的柱墩都建为圆柱，虽然上层仍然保留了位于圆柱之上的五根一组和三根一组的细柱身，六分拱顶也依然存在。环绕柱身的轴环［shaft-rings］或者环状线脚［annulet］仍然对水平方向加以强调。建筑师有意识地避免在中厅行走的人们在主要支柱边驻足停留，这是关键性的一步。巴黎圣母院更是再进一步。圆柱墩上的柱身不再有区别，环状线脚也不复存在。但墙壁似乎仍然是四个分区，包括廊台，天窗下用一排圆窗来代替高拱廊。然而，到此时，比例已经发生了很大的变化，足以展现这些渐进式的变化背后的趋势。廊台的拱廊在歌坛处设有成对出现的开口，符合诺曼式建筑的传统，但每个开口内为并列的三个拱券。也就是说，稍迟建造的中厅中的廊台开口都非常细长，而分隔它们的小柱［colonnette］更是极其纤细。

比巴黎圣母院的立面更为大胆的是它的底层平面。在桑斯和努瓦永，一种轻微的集中化的趋势已经开始显现，比如桑斯大教堂延伸到耳堂和回廊之间的圣坛，努瓦永大教堂南北两侧半圆形的耳堂尽端。在巴黎圣母院中，建筑师将耳堂设置在西侧双塔和东端之间差不多正中的位置。他在中厅和圣坛采用了最有雄心壮志的平面，即双重侧廊［double aisles］的平面，与罗马的老圣彼得大教堂和克吕尼修道院教堂相似。它的耳堂只是稍稍超出外侧的侧廊，最初甚至都没有放射形的礼拜堂。现在的礼拜堂以及目前位于中厅的飞扶壁和圣坛之间的礼拜堂都是后来加建的。如此形成的空间韵律要比罗曼式大教堂或努瓦永大教堂更加和缓。它不再被分割为多个空间单元，让人们不得不在心理上对其进行叠加，好像需要计算空间总量一般，而是集中在一些部分，事实上是三个部分上：西部、中部和东

左下图：努瓦永大教堂［Noyon Cathedral］，12世纪中叶，中厅立面
中下图：拉昂大教堂，1170年后，中厅立面
右下图：巴黎圣母院，约1163年开始建设，中厅的原始立面
对页：拉昂大教堂，中厅，1170年后

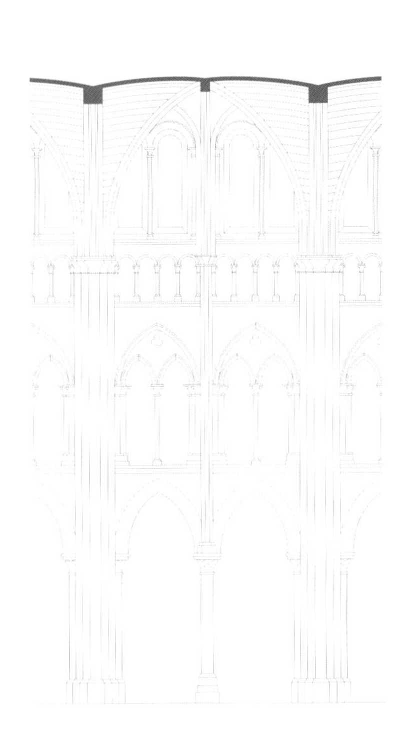

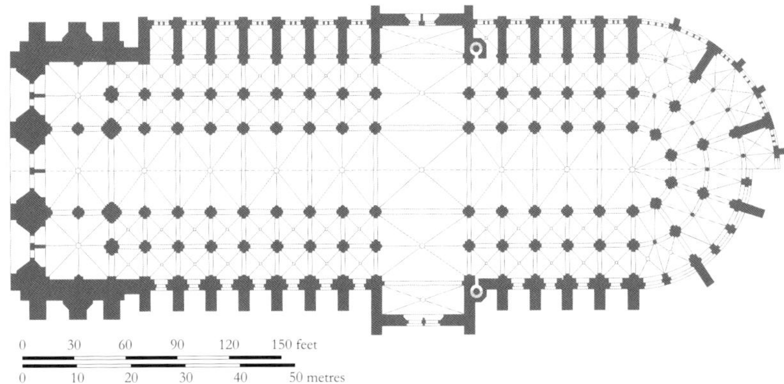

上图：巴黎圣母院，中厅，12 世纪末（见第 45 页）
左图：巴黎圣母院，约 1163 年开始建设，底层平面（上），二层平面（下）

部。耳堂是平衡的中心。立面和环绕后殿的双重回廊是两种尺度。间距较窄的拱廊柱子的均匀感是空间韵律中最为重要的一环，它强制性地把人们导向祭坛，就像早期基督教巴西利卡中的柱子一样。

从圣丹尼斯大教堂到努瓦永大教堂，再从努瓦永大教堂到巴黎圣母院，运动不断发展，并在 12 世纪末后设计的大教堂中趋于成熟。早期哥特式风格转变为盛期哥特式［High Gothic］风格。沙特尔大教堂在 1194 年的大火之后重建。新的歌坛和中厅终于不再采用六分拱顶，回归了只有对角肋的拱顶。但是，罗曼式肋拱顶架在正方形或近似正方形的开间之上，现在的开间进深大约是之前的一半。因此，向东的运动速度立刻加倍。柱墩仍然是圆的，但每侧都有一根圆形的附加柱［attached shaft］。通往中厅，附加柱一直延伸到拱顶开始之处（瑞米耶日修道院、温彻斯特教堂的附加柱就已如此）。所以，圆柱不再孤零零的。拱廊上也没有什么抵抗竖向的走势。而又宽又高的廊台已经不复存在，只剩下一个较矮的高拱廊，将拱廊和高高的天窗划分开。这些创新构成了盛期哥特式风格。沙特尔大教堂的平面不如巴黎圣母院激进，但耳堂也位于西面和歌坛正中。

这里我们需要讲一下布尔日大教堂［Bourges］，它虽然是法国哥特式大教堂中最让人印象深刻的一座，但却奇特地相对独立于主流之外。大教堂于 1195 年开始建造，它的平面沿袭了巴黎圣母院的平面，设有双重侧廊和双重

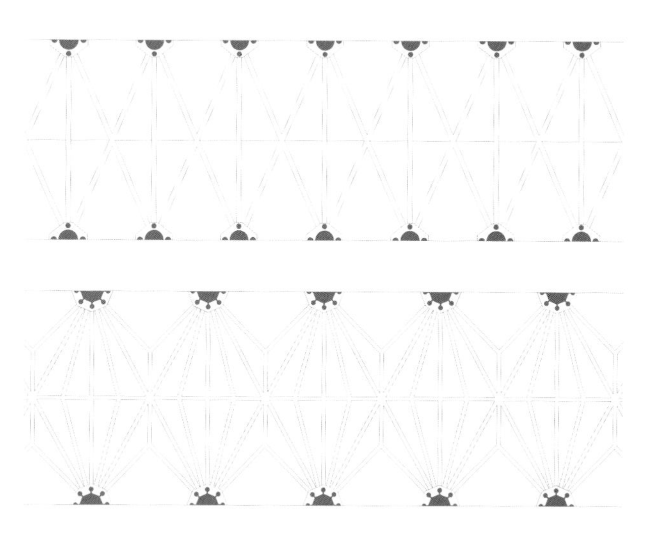

上图：沙特尔大教堂，中厅，约 1195—约 1220 年
右上图：沙特尔大教堂的中厅拱顶，约 1195 年开始建设；林肯大教堂的中厅拱顶，1192 年开始建设
右下图：中厅侧立面

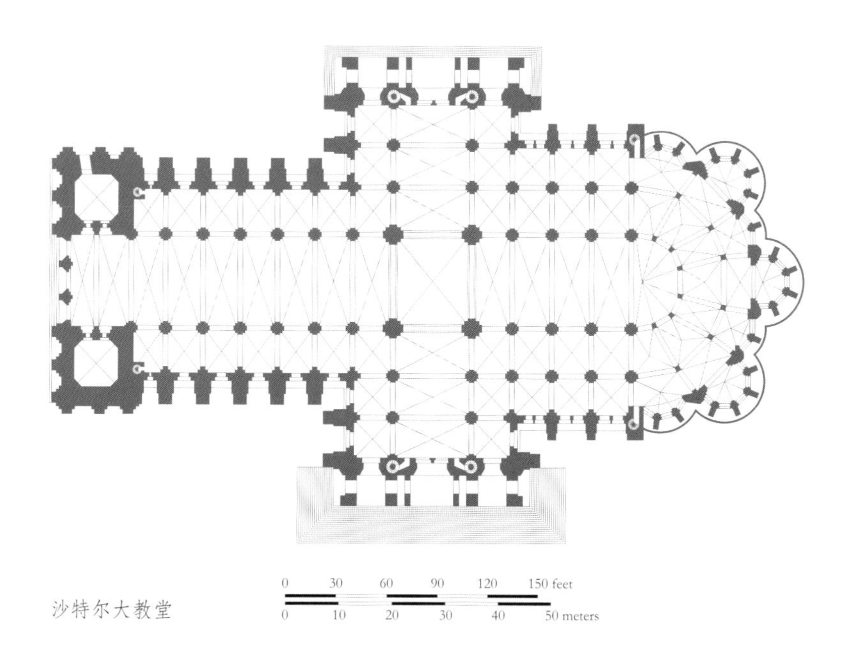

沙特尔大教堂

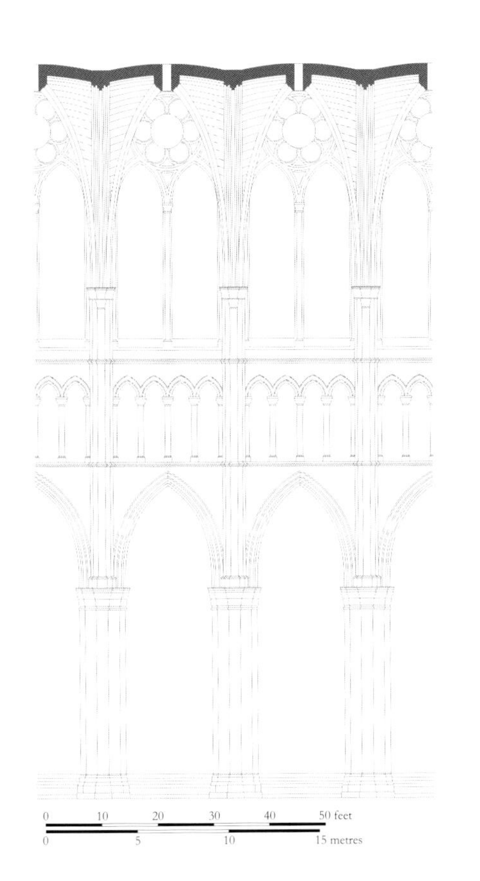

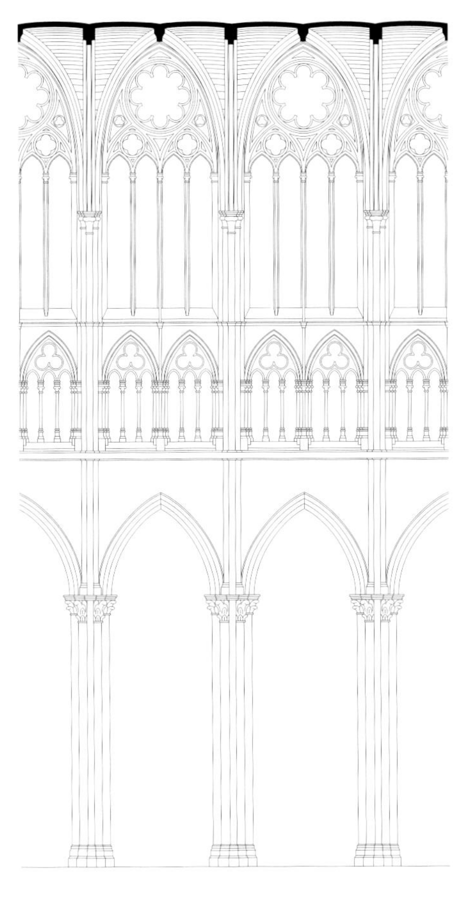

最左图：兰斯大教堂，1211 年开始建造，中厅立面
左图：亚眠大教堂，1220 年开始建造，中厅立面
对页上图：亚眠大教堂，中厅
对页下图：科隆大教堂，1248 年开始建造，中厅

回廊，完全没有耳堂。它的拱廊极高（柱墩高 56 英尺，约合 17.07 米），柱墩包括正中的圆柱和侧面的附加柱，用高拱廊取代了廊台，这些都符合重建的沙特尔大教堂所代表的盛期哥特式风格，其发展平行于沙特尔大教堂的发展，而不是沿袭于它。但教堂采用了六分拱顶，还特别对水平线条加以强调，以抗衡拱廊的垂直感，这些则属于早期哥特式风格。它的外侧廊比内侧廊更低，这样在主要的高拱廊之外，还可以在内侧廊之上建造一条高拱廊。于是，建筑的侧立面出现了五段水平划分，而不是三段：外拱廊、外拱廊上的高拱廊、主拱廊、主拱廊上的高拱廊、天窗，形成了一种奇特而又丰富的效果，与沙特尔大教堂的纯朴非常不同。

在沙特尔大教堂采用了新的柱墩、三层立面和四分拱顶之后，兰斯大教堂、亚眠大教堂和博韦大教堂只是对这些做法加以改进，并且更加大胆、极端地加以运用。这三座教堂分别于 1211 年、1220 年和 1247 年开始建设。它们的平面和室内均达到了一种平衡，虽然并非希腊神庙那种快乐的、看上去毫不费力的、坚不可摧的平衡。盛期哥特式风格的平衡是两股方向相反、同样强大的力量所形成的平衡。人们对盛期哥特式教堂的第一印象是其惊人的高度。桑斯大教堂的高宽比是 1.4:1，努瓦永大教堂的高宽比为 2:1，沙特尔大教堂为 2.6:1，巴黎圣母院为 2.75:1。到了亚眠大教堂，高宽比达到了 3:1，在博韦大教堂更是达到了 3.4:1。1248 年开始建造的科隆大教堂又超越了博韦大教堂，高宽比达到了 3.8:1。[17] 努瓦永大教堂的净高约为 85 英尺（约合 25.91 米）。巴黎圣母院的高度达到了 115 英尺（约合 35.05 米），兰斯大教堂的高度为 125 英尺（约合 38.1 米），亚眠大教堂的高度为 140 英尺（约合 42.67 米），博韦大教堂的高度则达到了 157 英尺（约合 47.85 米）。由于各个组成部分都非常纤细，这些教堂中向上的力量与早期基督教教堂中向东的力量相比，不但毫不逊色，甚至更为强劲。其实，向东的力量也丝毫没有减弱。狭窄的拱廊和形状统一的柱墩似乎完全没有导致方向上的变化，它们陪伴在人们左右，紧密排列，迅速闪现

和消失，就像铁路两旁的电线杆一般。不过，在行进过程中，人们最初并没有驻足欣赏的时间。但是耳堂会让人们停下脚步，向右和向左凝望。在这里，人们停下了脚步；在这里，人们首次尝试欣赏建筑整体。早期基督教教堂并没有给人们提供这样的机会，在罗曼式教堂中人们也只是缓慢地从一个开间走到另一个开间，从一个房间走到另一个房间。在亚眠大教堂，这样的停顿只有一次，而且也很短暂。然后仍然是圣坛处的中厅和侧廊紧紧环绕着我们；直到来到后殿和回廊，我们才得到了最终的休息。这里聚集了恢宏的力量，一系列向东推进的力量通过后殿间距很近的柱墩和狭窄的东窗一直达到拱肋和拱顶圆形凸饰那令人眩晕的高度，完成了最终的向上运动。

这一系列的描述尝试对空间体验做出分析，当然也忽略了一个事实，在 13 世纪，一个去教堂的平凡信众并没有机会进入圣坛。日益明显的是，从 11 世纪诺曼底大教堂、杜伦大教堂开始的这一发展进程，经过圣丹尼斯修道院教堂、努瓦永大教堂、拉昂大教堂、巴黎圣母院和沙特尔大教堂那一个个看上去很微小、实际却很显著的变化，最终在兰斯大教堂、亚眠大教堂和博韦大教堂取得伟大的成就。需要重申的是，最终形成的绝不是宁静的形式。其中蕴含着由两个主要方向或维度所形成的张力，极具创意的伟大壮举又将这种张力转化为一种不稳定的平衡。一旦人们感觉到了这一点，就能在各个细节中辨识出它。柱墩更细了，挺立着，是向上的推动力的一部分。推动力的节奏确实加快了。在兰斯大教堂中，柱墩以一条由叶饰柱头［leaf capital］构成的较宽的条带作为收尾，五根拱顶细柱屹立其上。在亚眠大教堂中，三根拱顶细柱中正中的那根是环绕圆柱墩的一根附加柱的延续，两者之间只有一条细的柱顶板［abacus band］作为分隔。柱墩和细柱仍然保持了圆形、粗壮、匀称的特征以及精美逼真的叶形装饰。拱廊的装饰线条锐利多样，有涡卷、较深的凹陷、高光以及沉暗但精确的阴影。天窗为面积很大的玻璃窗。玻璃窗由形状有力的细柱和几何形花饰窗格［the geometrical tracery］进一步细分。采用花饰窗格是哥特式风格的一大发明，特别能说明问题，它的发展可以从沙特尔大教堂追溯到兰斯大教堂，再从兰斯大教堂追溯到亚眠大教堂。在亚眠大教堂之前，花饰窗格只是将图案在墙面上刻出，墙面看上去仍然是一个完整的面。在兰斯大教堂，我们第一次看到棱式花饰窗格［bar tracery］，而不是板式花饰窗格［plate tracery］。前者强调的是图案的线条，而不是后者所强调的墙面。每两扇窗户顶上设有一个带有六叶装饰的圆窗，用静止的方式作为强力动作的收尾。亚眠大教堂丰富了兰斯大教堂的做法，用四扇窗户和三个圆窗取而代之。拱顶同样显得生机勃勃。每个圆形凸饰都展现了哥特式风格的均衡感，经由柱子、拱肋传导的四条能量在这里打成一个结实的结。

在 12 世纪末、13 世纪初，哥特式大教堂的外部和内部完美和谐，最起码从设计上而言是这样的，毕竟几乎没有一座大教堂是完全按照设计建造的。参观者甚至学生都很少认识到这一点。拉昂大教堂是唯一一座（除了比利时南部的图尔奈大教堂［Tournai］）能真实展现法国大教堂设计原貌的大教堂。它有五座塔楼（根据设计应该有七座）：两座位于西面，一座更为敦实的位于交叉部上，另外两座分别位于耳堂之上。沙特尔大教堂原本设计有八座塔楼，兰斯大教堂则有六座。教堂外部强烈的垂直感是哥特式风格在法国取得的创新，可以说更多地传承了莱茵兰的罗曼式风格，而非法国的罗曼式风格。直到 1220 年左右的巴黎圣母院，这一垂直感似乎才遭到质疑。巴黎圣母院著名的外立面（见第 45 页）将塔楼设计为平顶，但各种证据表明，其他刚才提到过的大教堂的塔楼上均设有塔尖。塔尖是对天空的追求之最高表达，是哥特精神的产物。罗曼式的塔尖最多只是金字塔形或圆锥形的屋顶。南侧塔楼上的尖顶在法国首次出现于沙特尔大教堂，在英国则首次出现于牛津大教堂［Oxford Cathedral］。之前提到过，维拉尔·德·洪内库尔对拉昂大教堂的塔楼设计加以称赞，这很好理解。对兰斯大教堂而言，人们必须通过已经拆除的圣尼凯斯教区教堂［St Nicaise］的立面图，才能认识到塔尖将会对它的外观产生多大的影响。一张留存至今的斯特拉斯堡大教堂的立面图（被称作设计 B）便是证明。只有在脑海中将其加上拉昂大教堂未建造的两座塔楼和七个塔尖，才能接近哥特式教堂外部的理想形式，其壮观程度可与其内部相媲美。

拉昂大教堂，西立面，1225年左右建成

一个常见的说法是，构成哥特式教堂外部的主要元素——最初出现于12世纪60年代的巴黎圣母院和70年代的坎特伯雷大教堂的飞扶壁，只是为了在结构上能满足神秘的不断追求向上的建筑内部的需要。事实却并非如此。它们那富有魅力的复杂图案并不是异想天开、不负责任的，而是根据逻辑发展而来的，确实也是同样主宰建筑内部的强大张力的表现。

强大张力的平衡是西方精神的经典表达，正如公元前5世纪的神庙是希腊精神的经典表达一样。当时是放松和喜悦的平衡，现在则是不断活动的，停顿下来只是某一瞬间的事。要掌握对比和分享平衡，需要持续不断的努力。和巴赫的赋格曲一样，哥特式教堂需要我们投入全部的情感和智慧。我们一会儿沉醉于透明的彩色玻璃那神秘的红宝石色和天蓝色，一会儿又被纤细却足够粗壮的线条的精确走向唤醒。这些大型教堂的秘密何在？是在于它们那不可思议的室内——那些高度惊人的巨大的石拱顶、玻璃构成的墙面、看上去过于细高以至于无法支撑它们的拱廊吗？古希腊的建筑师取得了让人立刻信服且永远信服的荷载和支撑之间的和谐；哥特风格的建筑师由于具备不断探险和创新的西方精神，在结构上更为大胆，总是被尚未尝试过的新鲜事物所吸引，以实现内部结构的精神与外部空间的理性的对比为目标。在大教堂内部，我们无法、也不需要理解统领整座建筑的规则。在建筑外部，我们看到的是复杂的结构机制的忠实展现。飞扶壁和扶壁虽然不是没有复杂图案的魅力，但主要诉诸理性，传达出类似于剧院常客看到幕后的舞台装置时的感受。

人们很难明确地指出哥特式大教堂究竟在何种程度上重新回应了西方思想于13世纪所取得的成就，即经典的经院哲学的成就。经院哲学是中世纪神学和哲学相互融合的独特产物。它是与罗曼式风格一同发展起来的，在11世纪之前的几个世纪，基本上只是简化、重组，或到处修改神父和罗马的哲学家和诗人的学说。12世纪，随着哥特式风格的创建和传播，经院哲学也发展到与新的大教堂一样高深和复杂的程度。13世纪上半叶，一系列世俗和宗教的知识概要开始出版，比如圣托马斯·阿奎那［St Thomas Aquinas］的《神学大全》［*Summa*］、大阿尔伯特［Albert the Great］和圣文德［St Bonaventura］的著作、博韦的樊尚［Vincent of Beauvais］的《大宝鉴》［*Specula*］以及诗歌领域的沃尔夫拉姆·冯·埃申巴赫［Wolfram von Eschenbach］的《帕西法尔》［*Parsifal*］。这其中的鸿篇巨著之一——英国多明我会的巴塞洛缪斯·安格库斯［Bartholomaeus Anglicus］1240年左右所写的《物之属性》［*De Proprietatibus Rerum*］，在开篇第一章论述了本质、统一和上帝的三位一体；在第二章谈论了天使；第三章才谈到人、人的灵魂和感觉。之后的章节谈到了元素和气质，解剖学和生理学，人类的不同阶段，食物、睡眠和其他生理需要，疾病，太阳、月亮、星星和星座，时间及其划分，物质、火、空气、水，空中的鸟类，水中的鱼类，地上的野兽，地理学，矿物质、树、色彩和工具等。博韦的樊尚将1250年左右撰写的著作分成

兰斯大教堂，西立面，1235年左右和13世纪后半叶，上部的廊台和塔楼，15世纪

了自然宝鉴、学理宝鉴和历史宝鉴。自然宝鉴从上帝和创世纪开始论述，历史宝鉴则从人类的堕落开始，一直讲到最后的审判。大教堂除了作为体现当时的时代精神的严格意义上的建筑纪念物之外，也是另一部《神学大全》和《大宝鉴》，或者说一部刻在石头上的百科全书。圣母站立在兰斯大教堂主入口的中心立柱上。大门侧壁设有人像，描绘了“圣母领报”[Annunciation]、“圣母访亲”[Visitation]和“圣母进殿”[Presentation]等情景。三个大门的山墙[gable]上则分别是“耶稣受难”[the Crucifixion]、“圣母加冕”[the Coronation of the Virgin]和“最后的审判”[the Last Judgement]。但是，在哥特式大教堂中，基督、圣母和圣徒的人生经历也可见于窗户的彩色玻璃，以及柱础、侧壁、拱石之上。在高处的扶壁对面还有能根据特征辨认身份的圣徒，如拿着钥匙的圣约翰、手拿三个金球的圣尼古拉、与高塔一起出现的圣白芭蕾[St Barbara]、与龙一起出现的圣玛加利大[St Margaret]，以及《旧约》中的场景和人物，如上帝造人、约拿和鲸鱼、亚伯拉罕与麦基洗德、被认为预言了基督降临的古罗马女先知[Sibyls]、聪明的处女和愚蠢的处女[the Wise and the Foolish Virgins]、自由七艺[the Seven Liberal Arts]，一年中的月份和活动——嫁接树木、剪羊毛、收割、宰猪、黄道十二宫的标志以及各种元素。世俗和神圣的知识都浓缩于这一部知识概要之中，但正如圣托马斯[St Thomas]所言，这都“应上帝的旨意”。约拿之所以被表现出来，并非因为他出现在《旧约》之中，而是因为他在鲸鱼腹中的三天代表了基督的重生，正如麦基洗德给亚伯拉罕面包和酒代表了最后的晚餐。对中世纪的头脑而言，一切都是象征，外表背后才是真正重要的意义。双剑的比喻——皇帝的剑和教皇的剑是政治理论的象征性表达。在纪尧姆·杜兰[Guilielmus Durandus]看来，十字形教堂代表了十字架，而塔尖上的风向标则象征着将熟睡者从夜的罪恶中唤醒的传教士。他说，砂浆里有石灰，即爱情；沙子，即爱所承担的尘世的辛劳；以及水，它将天国之爱与我们的尘世相融合。

我们需要记住这些，只有这样才能认识到这个世界对我们而言是多么不同，尽管我们对大教堂和其中的雕塑保有热情。在雄伟的厅堂中，我们的反应容易过于浪漫、朦胧、伤感；而对13世纪的牧师而言，一切可能是非常理性的。理性，却又超脱。恰恰是这一对立，在当前不可知论盛行的时代将我们击败。在13世纪，无论是主教还是修士，无论是骑士还是工匠，都在按照适合自身的程度坚信：世界上的一切都是上帝创造的，都从它神圣的意义中获得意义和唯一的趣味。中世纪真理的概念与当前完全不同。真理不能被证明，只需符合被广泛认可的启示。研究的目的不是为了发现真理，而是要更深入地洞察已经确立的真理。因此，权威对中世纪学者的重要性要远远超过现在，而中世纪的艺术家对可模仿的“范例”的信念也远超过现在。原创性和对大自然的研究都无关紧要。即便如维拉尔·德·洪内库尔的著作，十页中也有九页是抄袭之作。创新是逐渐产生的，它的刻意程度要远低于我们的想象。

然而，哥特式风格无疑是一项刻意的创新，是个性强烈和自信的杰作。它的形式允许我们做出如下假设：作为13世纪的主要创新，哥特式风格与罗曼式风格和之前几个世纪完全超脱的态度迥然不同。事实上，经院哲学也证实了这一点。圣彼得·达米安[St Peter Damiani]在11世纪上半叶曾经说过：“这个世界充满陋习，如此肮脏，任何圣洁的心灵只要想到它就会被玷污。”现在博韦的樊尚却惊呼：“这个世界最卑微的美也如此伟大！当我看到他的创造是如此伟大、美丽和永恒时，我的精神为这个世界的创造者和统治者感到如此甜蜜。”根据圣托马斯·阿奎那（或一个他的哲学的紧密追随者）的观点，美“由各种背离的元素形成的某种和谐构成”。

但是，被称赞的一直不是——或者说还不是——尘世之美，而是上帝的创造之美。我们可以全心全意地欣赏它，因为上帝本人“对一切事物都感到欣喜，因为每个人都与他的存在相一致”（圣托马斯）。于是，石材雕刻者可以描绘最可爱的树叶、荆棘、橡树、枫树和藤蔓。圣彼得·达米安写下那句话时，装饰仍然非常抽象，或者说极端程式化。现在，与柱子和拱肋一样，装饰中跳动着年轻的生命。但13世纪的装饰，即便是最自然主义的，也既不琐碎又不迂腐。它仍然居于从属地位，从不出跳，一直服务于更大的目标，也就是宗教建筑。

上图和下图：索尔兹伯里大教堂，约1220年开始建造

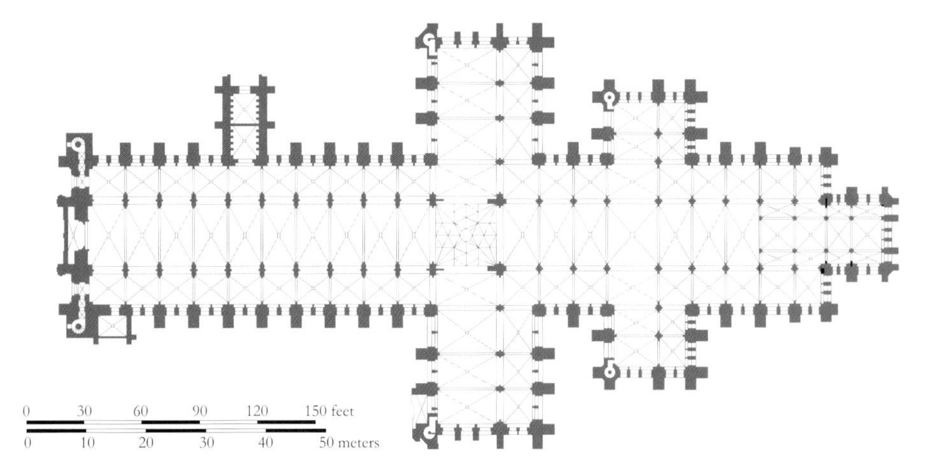

这在圣方济各《日为吾兄、地为吾妹、风为吾兄》［Brother Sun and Sister Earth and Brother Wind］的歌曲、温柔的新体［*dolce stil nuovo*］以及法国骑士史诗之前的时代是不可能的。最早的修会一直生活在与世隔绝的修道院之中，13 世纪的新修会——多明我会和方济各会则将修道院建在市镇之中，向市民传教。第一次十字军东征时，十字军是为解放圣地而召集起来的；1203 年第四次十字军东征中，十字军则被威尼斯人调至君士坦丁堡，他们出于商业利益需要这块地方；而在第五次十字军东征中，法国国王路易九世则是圣路易［St Loius］的化身，是一名真正的基督教骑士，是一名宗教理想和骑士精神燃烧得同样炙热的英雄。沃尔夫拉姆的《帕西法尔》是 13 世纪最伟大的史诗。在兰斯大教堂开工的那一刻，书中那位年轻的骑士被教导要"保持灵魂忠诚于上帝，不放弃对世界的控制"。他还被教导，他必须以"在喜与悲之中保持分寸"为指导。这听上去与古希腊的名言"万事有度"［Nothing in excess］颇为相似，但两者其实并不相同。正如在建筑中，取得平衡可以说是不知疲倦地为自我救赎而奋斗的人获得的最高奖励，这一高尚和正直的理想完全配得上雄伟的大教堂和它们入口处华丽的雕塑。在沙特尔大教堂，在圣戴多禄［St Theodore］的名字下，人们可以看到他——一位具有帕西法尔美德的骑士——站在南侧耳堂的门廊中。他还化身为一位无名的国王，出现在兰斯大教堂的一个扶壁的华盖下，坐在班贝格［Bamberg］大教堂的马背上，又与西方雕塑史上最美丽的年轻女性塑像——她们既有力又温柔——一同出现在瑙姆堡大教堂［Naumburg Cathedral］的歌坛周围。

在英国，亨利八世和克伦威尔的密使摧毁了大教堂内绝大多数雕塑。数量不多的遗存，比如温彻斯特大教堂中的无头人像，与法国 13 世纪的雕塑有着相同的特征和质量。但无论是韦尔斯大教堂的立面，还是林肯大教堂和威斯敏斯特教堂［Westminster］幸存的雕塑，都无法达到沙特尔大教堂和兰斯大教堂的标准。英国人并非擅长雕塑的民族。然而，他们的建筑，即他们发展而成的风格，却不但与法国大教堂一样精美，而且为典型的英格兰式，被称作早期英国式［Early English］风格。

林肯大教堂，1192 年开始建造，西立面

与各个国家的哥特式风格以及文化和礼仪一样，这种风格最初来自于法国。温文尔雅的英国哲学家索尔兹伯里的约翰［John of Salisbury］对法国和英国都非常熟悉，将法国称作"完全优雅和文明的民族"，而新的建筑风格被人们归为巴黎的诸多成就之一。但最早支持和传播哥特式建筑的是西多会，它是 12 世纪改革成立的新修会，圣伯纳德就属于该会。西多会之所以偏爱哥特式建筑，更多的是出于坚固而非美观的考虑。西多会在英国的住宅是最先采用尖拱券的建筑类型之一。而桑斯的威廉则在坎特伯雷引入了大教堂这一建筑形式，建筑细部具有法国特色。但是，坎特伯雷、林肯、韦尔斯、索尔兹伯里［Salisbury］和其他很多地方的大教堂中所出现的双十字耳堂在法国是非常少见的。不过，双十字耳堂并非英国的创新。它首先出现在西多会之前最有影响力的修会的中心——克吕尼大教堂中，当然不是 10 世纪建成之时，而是在 11 世纪末重

建后。双十字耳堂之所以在法国绝无仅有，但在英国却非常流行，主要是因为两个国家有着非常不同的建筑方法。我们之前看到，法国的哥特式风格都趋向于集中的空间形式，早期英国式并没有这一空间特点。索尔兹伯里等大教堂的东端和双十字耳堂均为正方形，仍然是各个单位的相加，一个部分与另一个部分相连接。如果我们先看一下林肯大教堂，再看看兰斯大教堂，其中的差别显露无疑。兰斯大教堂可以说是有力地聚合在一起，林肯大教堂则舒适地展开。同样的对比可见于西立面。英国的大教堂西立面相比之下显得无关紧要。加在中厅边的门廊有时会成为极其精美的独立的装饰性建筑，并成为主入口。有时，西立面也会发展出完整的立面，比如在韦尔斯大教堂和林肯大教堂，不过这与其背后的建筑内部毫无联系，只是一道竖立在大教堂前的屏风，而不是像法国的立面那样有逻辑地设计为内部系统的外在延伸。有人认为，英国建筑师之所以态度似乎相对保守，是因为有很多大型的诺曼式教堂保存了下来，他们需要利用原有建筑的地基和墙面进行重建。但这一唯物主义的解释与其他很多同类的解释一样，并不怎么成立。索尔兹伯里的地基是新建的，1220 年奠基时（亚眠大教堂于同年开始建造），地面上什么都没有，但是它却采用了与林肯大教堂同一类型的平面。因此，对“附加式”[additive] 平面的青睐只能解释为民族特色；一旦认识到这一点，我们就会发现它与雅芳河畔布拉福德 [Bradford-on-Avon] 教堂等盎格鲁-撒克逊式教堂的平面存在相似之处，也与早期英国式立面中特别的民族特点相协调。

坎特伯雷大教堂并不完全是英国式的，韦尔斯大教堂和林肯大教堂却是。韦尔斯大教堂在 1191 年之前开始建造，林肯大教堂则于 1192 年开始建造。如果将林肯大教堂于 1233 年左右或其后不久结顶的中厅与亚眠大教堂进行比较，那么民族差别可谓显而易见。但两座教堂都具有 13 世纪那高贵年轻却不乏严谨，充满活力却非常优雅的精神。林肯大教堂的开间很宽，亚眠大教堂的开间却很窄，柱墩比例合适，柱子并没有从底部直通顶部。支撑拱顶的肋由位于柱墩的柱头之上的托臂 [corbel] 支撑——从法国人的观点而言，这很不符合逻辑。高拱廊的开口和尖拱都又宽又低，低得让它们看上去如同圆拱一般[18]——这在法国批评家看来又是一个矛盾之处。对于按照亚眠大教堂或博韦大教堂的方式思考的人们而言，最让他们疑惑的是拱顶。因为法国的拱顶是开间体系符合逻辑的结果，而林肯大教堂的拱顶在分隔开间的横向肋 [transverse ribs] 和四根十字肋 [cross ribs] 之外，还有一根位于拱顶正中、与拱廊平行的脊肋 [ridge-rib] 以及所谓的中间肋 [tiercerons] ——它与十字肋始于相同的柱头，但却延伸至脊肋的其他的点上或垂直于脊肋。因此，林肯大教堂的拱顶形成了一系列星形，与法国的拱顶相比，更具装饰性，但缺乏逻辑。此外，这样的拱顶还有另一个更缺乏逻辑的方面。虽然在纸面上看，把林肯大教堂的拱顶界定成一系列星形是正确的，但是在教堂中看拱顶时，眼睛却不会这样解读。这部分是因为横拱不比肋粗壮，两者的轮廓完全相同，所以人们觉得拱顶并不是一个开间接着一个开间的形式，而是如棕榈树一般从左右的拱顶柱柱头上伸出、在脊肋相接的形式。于是，人们在教堂中前进的节奏不是由开间，而是由跳跃的点所决定的，拱廊高度的开间节奏被在拱顶高度的半开间节奏所打断，好似音乐中的切分音。

就这些而言，早期英国式风格似乎是民族特点的真正代表。这一民族特点至今都未发生很大的变化。对一致性和逻辑性、极端性和不妥协性的不信任感延续至今。现在，我们无法在诺曼式建筑中发现这些英国特征。需要在这里指出的是，在 13 世纪中叶，在民族意识觉醒的同时，还出现了其他现象。1258 年的《牛津条例》[the Provisions of Oxford] 是第一份用法语（或拉丁语）和英语两种语言撰写的官方文件，它宣布所有的皇家封地未来都不能给外国人，而所有皇家城堡和港口的指挥官未来都必须是英格兰人。众所周知，西蒙·德·孟福尔 [Simon de Montfort] 的起义是一场民族主义运动，而爱德华一世则在很大程度上受到了他的思想的影响。同一时期的欧洲其他国家也表现出与之相似的追求民族差异的倾向。这可能与十字军的经历相关。在十字军中，西方的骑士们虽然

对页：林肯大教堂，中厅，约 1215—1235 年

团结在相同的事业之中，但很可能也第一次认识到不同民族在行为、情感和习俗上的差异。

除此之外，十字军对建筑还产生了另一个直接影响，即为城堡的规划和建造带来了彻底的变革。城堡的防守不再遵循诺曼传统、依赖城堡主楼［the keep］，而是采用了同中心的护墙和间隔建设的塔楼的体系。这源于君士坦丁堡400年左右建设的巨大石墙，其中靠内的石墙高度更高，可达40英尺（约合12.19米）。这一体系被异教徒采用，之后在叙利亚和圣地被十字军继承。法国最早采用这一体系的案例是1196—1197年间由英格兰国王“狮心王”理查一世［Richard Coeur de Lion］建造的盖拉德堡［Château Gaillard］。伦敦塔［the Tower of London］由于曾先后由理查一世和亨利三世扩建，则是一个特别壮观的例子。而此处更为重要的是，在不少案例中，新的功能标准与新的审美标准一同出现。曾经被古罗马人运用于市镇和兵营［castra］的对称原则被重新发现，并被用于城堡的规划。这一原则是由法国人重新发现的。腓力二世·奥古斯都［Philip Augustus］位于巴黎的卢浮城堡［castles of the Louvre］和离巴黎不远的杜尔当城堡［Dourdan］的平面为方形或者近似方形，有四个圆形的角部塔楼，一边的正中为带有圆形塔楼的门房。1240年左右，腓特烈二世的工程师们在意大利南部建造了相似的城堡（卢切拉城堡［Lucera］、希拉库萨的玛尼亚奇城堡［Castel Maniaco Syracuse］、卡塔尼亚的乌尔西诺城堡［Castel Ursino Catania］），其中有的城堡依赖法国的原型，有的则与之不同。与此同时，13世纪，法国人和英国人出于军事或商业原因建造的新城也以规则的形状为目标。新温奇尔西［New Winchelsea］是英国保存得最好的实例，而所有新城中最雄伟的要数1270年左右建造的艾格-莫尔特［Aigues-Mortes］等，为棋盘式布局，建有直墙、角部塔楼和带有塔楼的门房。英国的城堡建得更晚一些，但1286—1290年间在威尔士建造的哈莱克［Harlech］城堡则是欧洲北部此类城堡中最为雄伟的一座。整个欧洲建造得最为成熟的一座新城为腓特烈二世

上图：蒙特城堡，约1240年
对页：特鲁瓦的圣乌尔班大教堂，法国，交叉部

的蒙特城堡［Castel del Monte］，其平面为八边形，其元素源自古罗马式和法国哥特式。

13 世纪的牧师会礼堂［chapter-house］是最适合与温奇尔西或哈莱克城堡的全面对称相比较的英国宗教建筑。同样，这种建筑形式非常英式，由于英国人在艺术上的自卑情结，在英国之外鲜为人知，没有得到足够的重视。1275 年左右建造的索尔兹伯里牧师会礼堂［Salisbury chapter-house］采用了集中式平面，八边形平面的正中有一根中心立柱，除了位于为牧师会成员准备的石长凳上方的拱廊，墙面几乎完全被宽敞的窗户所占据。在法国建筑中，这样的玻璃墙面展现出一种连结天国的神秘世界的狂喜之情；但索尔兹伯里牧师会礼堂的窗户比例和尺寸不小的圆形花饰窗格，却让建筑内部安全且愉快地与尘世相连。它的内部阳光充足、非常宽敞，让亚眠大教堂显得有些过于尖锐和过于兴奋了。

与此同时，早期英国式风格大教堂的每个母题也非常精美、清新和高贵，完全不亚于法式风格的大教堂。事实上，细节上的相似性一直在提醒着人们，13 世纪法国和英国的建筑背后所蕴含的精神是一致的。要感知这一点，人们只需要看一下索尔兹伯里大教堂的中心立柱、林肯大教堂中厅拱廊的立柱以及它们较为纤细的分离式柱身［detached shaft］和富有活力的卷叶饰柱头［crocket capital］（属于同样具有 1200 年左右的英国和法国特征的类型）；或者看一下英式尖顶窗［lancet window］的透明感和直立感（之所以说它是英式的，是因为它先将墙面假设为实墙，然后置于其上，这与法式直接将整面墙消解的做法不同）；再或者看一下绍斯维尔牧师会礼堂［Southwell chapter-house］柱头周边雕刻精巧的叶子，它们如此富有生命力，却遵循严格的建筑规则，处理简洁，既不过度装饰也不浮夸，其表面的精确性只有帕台农神庙中的经典古希腊艺术能与之媲美。

但是，经典时期只是文明史上的一个瞬间。在 12 世纪末，法国和英国最进步的人士早已掌握了这一风格。13 世纪中叶之后，两国最进步的人士已经厌倦了它，并开始了新的冒险。不过，在法国，强大的创作冲动很快就衰退了。这发生在巴黎的圣礼拜堂［Sainte Chapelle］——法国国王的礼拜堂（1243—1248 年）完成设计之后。礼拜堂被设计为一个除了矮护墙板之外全为玻璃的高房间。

在此之前，在 1231 年开始修建的圣丹尼斯修道院教堂的中厅、耳堂、整个上部以及之后的博韦大教堂的建设中，拱顶柱在拱廊的高度上毫无停顿地向上延伸，而高拱廊则装了玻璃。它不再对横向加以强调，也不再在某些区域采用坚固和深色的石材，立面则从三层变成了两层。法国的这一发展以特鲁瓦的圣乌尔班大教堂［St Urbain of Troyes］为尾声。这座令人赞叹的教堂建造于 1261—1277 年左右，结构构件前所未有地脆弱和纤细，作为主要的教堂沿袭了圣礼拜堂的体系。之后，在 1275 年左右，法国便懈怠了。在法国国王们新征服的地区，的确有不少大教堂建造起来，但它们只是延续了圣丹尼斯修道院教堂和博韦大教堂所创建的体系，并没有新的贡献。[19] 英国则将它的创作热情又保持了一个世纪。虽然英国人并未意识到这一点，但是英国 1250—1350 年之间的建筑在欧洲是最先进、最重要，也最具启发性的。

4

晚期哥特式风格

约 1250—约 1500 年

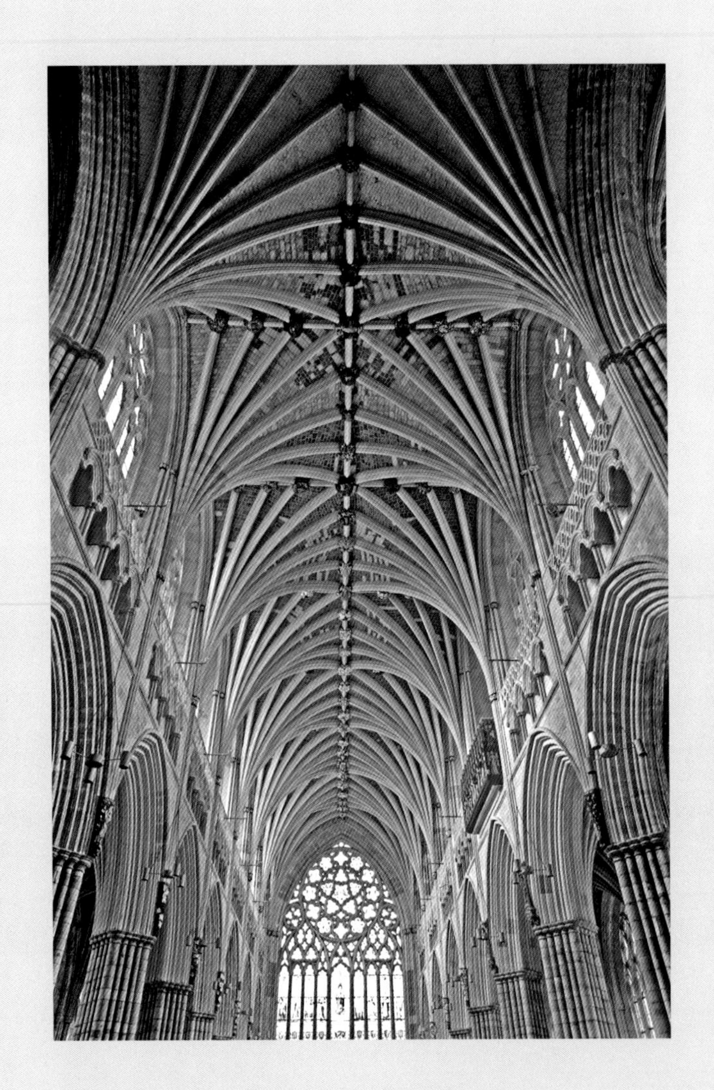

上图：埃克塞特大教堂，中厅拱顶，14 世纪初
对页：剑桥，国王学院礼拜堂，1446—1515 年

晚期哥特式风格虽然因主要采用尖拱券仍然属于哥特式风格，却与属于盛期哥特式风格的巴黎圣母院、兰斯大教堂和亚眠大教堂等雄伟的法国大教堂以及索尔兹伯里大教堂和林肯大教堂等英国大教堂完全不同。它是一个复杂的现象——由于实在太过复杂，可能在试图了解空间在哪些方面发生变化之前，先从装饰的变化入手更为明智。林肯大教堂清晰地体现了13世纪早期和末期装饰的不同。后歌坛［retrochoir］或天使歌坛［Angel Choir］于1256年开始建造，它的美丽无与伦比，但已不再是那种春季或初夏的清新，到处可见的丰富成熟的装饰具有八九月份收获和酿造的温暖与甜美。托臂和廊台柱身、柱头上豪华的叶片装饰，廊台的拱廊和花饰窗格丰富的线脚，以及更重要的天窗上的两层华丽的花饰窗格——一层在窗上，一层分隔墙内通道［wall-passage］与建筑内部，这些都是多么大的成就啊！

虽然这些建筑仍然具有广度和成熟度，但同期建造的其他同样先进的作品则开始趋向于复杂和难懂。与这种倾向相并行的既有同时代哲学的主导思潮——邓斯·司各脱［Duns Scotus］（约1270年出生）和他的学生奥卡姆［Occam］（约1347年去世）深奥难懂的思想，也有法国建筑的发展潮流。在法国，其结果总体而言相对贫乏和怀旧；但是在英国，却拒绝遵循任何以往的权威，创造出一种完全原创的形式。毕竟，奥卡姆曾经写道："无论亚里士多德会对此作何感想，我都不在乎。"丰富和愉悦的新风格更多地是装饰层面的而非严格建筑层面的，一种花饰窗格则是这种新风格最完美的表达，它被称作流线型花饰窗格［flowing tracery］，与1230—1300年左右流行的几何形花饰窗格形成对比。早期英国式风格的简洁——这也是所有经典阶段的共同特征——与盛饰式［the Decorated］无限的变化形成强烈的对比。曾经只用刻有三叶形、四叶形等圆圈装饰的地方，现在却有了尖的三叶形、S形或双曲线拱券、类似短剑的形状、尖椭圆形和完整的网状系统。

要从空间的层面来研究英国这一新的流派，人们必须考察一座西部的教堂和一座东部的教堂：布里斯托大教堂［the cathedral of Bristol］（当时为修道院教堂）和伊利大教堂［the cathedral of Ely］。布里斯托大教堂的圣坛于1298年开始建造，主要建造于14世纪的前25年。它与之前所有英国大教堂的区别体现在四个显著的方面。首先，它采用了厅堂加侧廊而非巴西利卡的形式，这意味着其侧廊的高度与中厅相同，因而没有天窗。这一类型的教堂立面曾见于法国西南的罗曼式建筑（见第36页），但当时并没有像此时这样做出以下尝试：创造出一个插入柱墩的统一的房间，以取代立面从侧廊到中厅错落有致的经典哥特式原则。对统一的房间的追寻源于食堂、寝室等修道

院建筑以及像索尔兹伯里大教堂这样的后歌坛。

将这种形式引入教堂主体，则让布里斯托的建筑师在这么早之前就如此自信地改变了柱墩和拱顶的形状。组合式柱墩是出现在法国、德国和荷兰的一个革新，只有一些次柱设有柱头，其他则毫不停顿地直接延伸至拱顶。拱顶则不对横拱加以强调，完全呈现出由主要、次要和第三层级的肋（即肋、中间肋和枝肋［liernes］）构成的星形。按照其定义，枝肋既不是从墙上的起拱石延伸出去的，也不是从主要的圆形凸饰延伸出去的，因而是一项重要的革新。此外，在巴西利卡式的哥特教堂中，中厅拱顶的重量是通过飞扶壁传导至侧廊屋顶，再通过扶壁传导至地面层的，在侧廊拱顶起拱的高度，支柱或支桥相互交叉，它们位于横拱之下，极具独创性，但仍显稚嫩。肋从它们的正中延伸出来，在中厅拱顶旁辅助形成了横向的筒形尖拱顶。这一设计可能是出于技术方面的考虑，当然，它在美学上的效果也最好。经典哥特式室内只试图在两个方向上影响我们：立面-祭坛方向和与之相垂直的方向，从而让我们看到一扇扇彩色玻璃以及位于其左右的花饰窗格。在布里斯托大教堂，我们的眼睛却一直被对角线向上和横穿对角线的方向所吸引。

韦尔斯大教堂则能让我们在更大尺度上研究这一效果。1338 年，为了支撑交叉部上的塔楼，在大教堂的中厅和交叉部之间建造了一个巨大的拱券或支柱，其设计和功能与布里斯托大教堂类似。布里斯托大教堂的建筑师在伯克利礼拜堂［the Berkeley Chapel］的前部小礼拜堂［antechapel］为同一空间母题提供了一个更为幽默的变体。在这里，平的石屋顶由拱券和肋支撑，拱券和肋之间

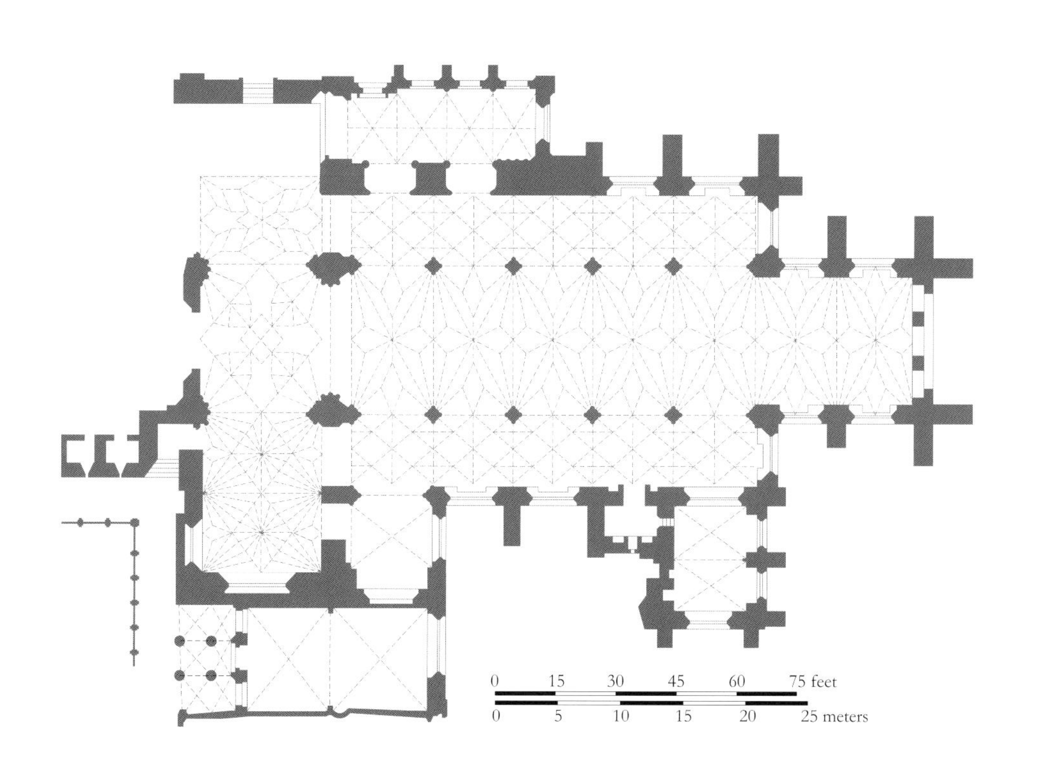

对页：林肯大教堂，天使歌坛，1256 年开始建设
上图：林肯大教堂，主教之眼，1325 年左右
左图：布里斯托大教堂，圣坛，1298 年开始建设

上图：布里斯托大教堂，中厅，最初的修道院创建于 1140 年
对页：韦尔斯大教堂，交叉部的滤网拱，1338 年

的拱腹被全部省略，于是人们可以透过空间中迷人的方格望向屋顶。这一设计背后没有结构方面的考虑，发明它的大师完全是为了营造出令人愉悦的迷惑感。经典哥特式的肋与拱券完全遵循分配给它们的空间层级，从不偏离至其他的层级。

新的理念在伊利大教堂中找到了最为合适的形式。在 1323—约 1330 年之间，教堂的交叉部按照八边形的形式进行重建。设计者很可能是该教堂的主要官员之一——沃尔辛厄姆的艾伦［Alan of Walsingham］，他之所以选取这一形状，一定是有意要打破 13 世纪的直角规则。对角轴线、大窗户、流线型花饰窗格破除了中厅、侧廊、耳堂和歌坛之间清晰的分隔线，而这曾经是经典哥特式教堂平面和立面的基础。有人认为亚眠大教堂和圣礼拜堂中的玻璃让房间向神秘的超凡世界开放，也打破了中世纪早期的逻辑。事实并非如此，大块的玻璃让封闭空间变得通透，但它仍然是封闭空间，它并没有能够真正让人们将目光投射到昏暗、难以识别的远处。伊利大教堂的八边形空间却恰恰具有这一令人惊奇而又模棱两可的效果。此外，石造的八边形顶上用木结构取代了常见的正方形交叉部塔楼。该木结构是由作为顾问而被召唤而来的国王的木匠威廉·赫利［William Herle］设计的，它与其下的石造八边形形成了一个角度，就像旋转了 22.5 度一样。一旦认识到这一点，伊利大教堂的惊人之处就又增加了一些。在八边形交叉部的做法出现之前，1264 年完工的锡耶纳［Siena］大教堂建有一个六边形的交叉部。虽然由于交叉部位置设置得很不规则，其周边的开间和拱顶形状也很混乱，这一做法看上去略显偶然，但依然取得了跟伊利大教堂同样令人惊奇的效果。

伊利大教堂的圣母堂［the Lady Chapel］（1321—1349 年）通过更微妙、更精细的方式达到了同样的目的。长方形的礼拜堂与大教堂主建筑分离，一般只有牧师会礼堂才会如此。四周环绕着精美的拱廊，较大的三维拱券或摆动的双曲线拱券［nodding ogee arches］中为带有卷叶的双曲线拱券［crocketed ogee arches］。拱肩上充满了双

上图：伊利大教堂，八边形交叉部，1323—约 1330 年
左上图：伊利大教堂，圣母堂，1321—1349 年
左图：伊利大教堂，圣母堂，细部

曲线的四叶装饰以及坐姿塑像。拱券上覆盖着茂盛的植物装饰，虽然不再像 13 世纪那样清新，但起伏多节的叶片、小细节的复杂性却让它显得更为复杂，非常奇怪的是，整体效果也更为统一。在一个杰出的案例中，植物生长的卷曲形状以及用植物伪装遮挡结构所带来的愉悦感，已经发展到了将整个窗户的窗棂和花饰窗格变成树干和树枝的程度。这个案例就是与伊利大教堂和布里斯托大教堂同时代的位于牛津郡多切斯特的带有耶稣家谱的玻璃窗［the Jesse Window］。基督的祖先塑像部分刻在石刻的树前，部分出现在树干与树枝或树枝与树枝之间板上的彩色玻璃中。

数十年以来，英国人喜欢将不同的媒介混合起来，逐一摆弄，就像他们喜欢从一种雕刻的植物装饰的形式过渡到另一种，而不是把各部分隔开，这也是绍斯维尔牧师会礼堂的叶片雕刻所遵循的规则。现在，人们看到的是永不停止的涟漪和流动，光影在浮雕装饰的表面掠过，令人着迷，但 100 年前的清晰感也已完全消失。

从这个角度而言，三维的 S 形曲线拱券是意义重大的母题，其作用与伊利大教堂的八边形交叉部以及布里斯托大教堂中没有柱头的柱墩、没有横拱的拱顶和侧廊的支桥相同——它让空间比早期英国式教堂的更具动感、更为复杂、更不纯朴。这种做法直接承袭自1290年左右建造的约克大教堂牧师会礼堂中墙面的三维处理方式。在那里，不同于约15年前建造的索尔兹伯里牧师会礼堂，环绕墙面的长凳背后没有封闭拱廊［blind arcade］，而是小型的多边形壁龛。虽然它们重复44次的凸起所带来的空间波动仍然过于微小，并不能打破墙的连续感，但只要人们意识到这种新趋势的来临，那看上去还是很明显的。英国运动中的新空间体验以如此复杂的方式呈现出来，欧洲大陆除了一两个特例，则试图用相反的方法达到相似的效果。其中最为重要的特例是上面已经提到过的特鲁瓦的圣乌尔班大教堂。在这座教皇自己出钱建造的建筑中，有着最早的S形曲线拱券（完全是单独出现，且很不重要），还有支撑拱顶的没有柱头的细圆柱，以及由设计各异的两层花饰窗格形成的复杂网格。建造布里斯托大教堂的大师一定知道特鲁瓦的圣乌尔班大教堂。但对法国而言，圣乌尔班大教堂其实是一个终结，而非开始。位于卡尔卡松的圣纳泽尔大教堂［the Cathedral of St Nazaire］于1270年开始建造，唯一可与之相比较的是建于14世纪早期的（科多尔省）圣蒂博尔教堂［St Thibault］的歌坛。欧洲大陆所有国家的主要潮流并非趋向于三维的复杂性，而是趋向于连续的宽度和简朴。

在西班牙、德国、意大利和法国，这些趋势主要与各种托钵修会的兴起相关。其中，方济各会和多明我会（或灰衣修士和黑衣修士）分别成立于1209年和1215年，自1225年起迅速传播开来，其速度可以与之前几个世纪的克吕尼会和西多会相媲美。甚至在1236年之前，图伊的主教艾尔·图登斯［El Tudense］在他的著作《历史》［*Historia*］中就曾这样写道："此时，灰衣修士和黑衣修士在西班牙全境修建建筑，并在这些建筑中不断地宣讲《圣经》。"修士教堂与其他教堂最大的不同在于，这些教堂内的布道总是那样激动人心。从其他方面而言，修士教堂的设计平面标准化程度并不如西多会教堂。与此相反，早在1252年，荷兰修士亨伯特·德·罗马尼斯［Humbertus de Romanis］就曾抱怨道："而我们的作坊和教堂有很多不同的形式和布局。"［*Nos autem quot domus tot varias formas et dispositiones officinarum et ecclesiorum habemus.*］但它们都很庞大、简朴和实用，极少体现出特别的宗教气氛。它们也不像东方小教堂那样需要很强的宗教气氛，因为绝大多数修士并不是牧师，它们需要的是宽敞的中厅，以容纳大量的信众前来听布道，或者用雷金纳德·皮科克［Reginald Pecock］在《压迫者》［*Repressor*］一书中的话来说，"宽大的教堂能同时容纳更大规模的人群来听布道"。

据说，托钵修会是人民的修会。他们不屑于其他修会居于田野、远离尘嚣、悠闲自在的生存方式，而选择定居于喧闹的市镇，在那里发展出感人至深的布道技巧作为宗教宣传的手段，达到了十字军时代以来从未达到的高度。因此，他们所需要的只是一个大礼堂、一个讲坛［pulpit］和一座祭坛。

最早的方济各会教堂建造于意大利。阿西西的圣方济各圣殿［S. Francesco］于1228年开始建造，是一间带有拱顶、无侧廊的房间，包括带拱顶的耳堂、多边形的圣坛，很大程度上是按照同时代位于安茹［Anjou］的教堂形式建造的。之后，意大利的方济各会和多明我会的教堂也采用带木屋顶和西多会式圣坛（特别是在锡耶纳）的无侧廊厅堂的形式，或者带侧廊的平屋顶的形式（圣十字圣殿［S. Croce］，佛罗伦萨，1294年），或带侧廊的拱顶建筑形式（新圣母大殿［S. Maria Novella］，佛罗伦萨，1278年；圣若望及保禄大殿［SS. Giovanni e Paolo］，威尼斯，13世纪末；圣方济会荣耀圣母教堂［Frari］，威尼斯，1340年）。但无论有没有侧廊或拱顶，每座教堂都是空间的统一体，柱墩（通常是圆形或多边形的）只是将其进行细分。这体现了一个很重要的新原则。在早期或盛期哥特式教堂中，中厅和侧廊是平行的空间运动的单独通道。现在，宽的开间和细的支柱让房间的整个宽度和长度显得浑然一体。同样的意图在法国则产生了图卢兹的双侧廊（或者说双中厅，如果这一说法更受青睐的话）形式的雅各宾教堂［the church of the Jacobins］（约1260—1304年），在西班牙则产生了宽中厅、无侧廊、只有扶壁间的小礼拜堂的修士教堂。这一类型似乎最初出现于巴塞罗那的圣凯特琳娜教堂［St Catherine］，该教堂于1243年开始建设。它后来成为被广泛接受的加泰罗尼亚式的教堂类型，即使是非修道院式的教堂，即使在细柱将侧廊分隔的地方（巴塞罗那大教堂［Barcelona Cathedral］，于1298年开始建造）也是如此。它也影响了法国，法国令人印象最为深刻的13世纪晚期的教堂——阿尔比大教堂［the cathedral of Albi］只能用加泰罗尼亚式的术语来解释。[20] 它于1282年开始建造，在外部看来是一个有力、紧凑的体块，没有任何扶壁和飞扶壁赋予经典哥特式建筑外部的繁琐表达。建筑内部原本设有通高的内部扶壁，廊台或阳台是后来建造的。开间较窄，拱顶为四分拱顶，其效果是从西面向带有辐射形小教堂的多边形东端形成很快的节奏。

无论建筑内部是怎样的，建筑外部非常简单，这也是德国（如埃尔福特［Erfurt］的教堂）和英国的修士教堂的典型特征。在英国，建筑外观往往带有中厅和圣坛之间的开间上的塔楼或塔尖，从而使其略显放松。在建筑内部，该开间由实墙在中厅、侧廊以及圣坛、圣坛侧廊中标记了位置。但从平面而言，整座教堂往往形成一个严整的长方形。可惜的是，只有为数不多的修士教堂能让我们观瞻。留存至今的教堂几乎没有一座维持原样，这也是该风格在14世纪的发展总是被低估的原因。在德国，建筑内部最初与意大利一样，也采用无侧廊的形式，但之后，主要是在1300年之后，则采用了布里斯托大教堂的这种厅堂加上与中厅等高的侧廊的形式。厅堂式教堂在德国有很长的历史，可以追溯到罗曼式风格，在一个案例中甚至可以追溯到1015年。因此，或许没有必要假设它与法国西南带侧廊的厅堂形式有关。该风格被采用之后，哥特式厅堂就直接被建造起来（如利林费尔德教堂［Lilienfeld］），估计（跟英国一样）受到餐厅和类似的修道院房间的影响。这一类型在13世纪下半叶和14世纪初传播开来。在1350年之后，厅堂式教堂［*Hallenkirche*］几乎成为理所应当之事。它的黄金时代始于位于施瓦本格明德的圣十字教堂［the church of the Holy Cross］，该教堂的歌坛于1351年开始建设。建筑师为“来自施瓦本格明德的”［de Gemunden in Suebia］海因里希·帕勒［Heinrich Parler］，他的儿子后来成为布拉格大教堂［Prague Cathedral］的石匠大师，布拉格当时是神圣罗马帝国的首都，也是新风格的主要中心之一。在巴伐利亚，最重要的大师是兰茨胡特的汉斯［Hans of Landshut］，通常（虽然是错误地）被称为汉斯·史特泰玛［Hans Stethaimer］。在所有法兰克建筑中，位于纽伦堡的圣劳伦斯大教堂［St Lawrence］最精美地展现了厅堂式教堂的可能性。它在格明德、兰茨胡特、纽伦堡以及在威斯特伐利亚和汉萨同盟的沿海市镇所采用的形式，通过极其纤细的圆形或多边形的柱墩，吸引人们的目光离开主要的哥特视线，即严格的东西方向视角以及向南或向北望向较低的侧廊的视角。正如在布里斯托大教堂，对角线的视角向各个方向延展。我们在教堂中漫步时，会感觉到空间在我们周围没有方向地流动。在很多案例中，较早建造的中厅里加建了晚期哥特式歌坛，完全没有美学上协调的考虑，这证明了建造大师们在有意识地做出发展。这些案例与英国的贝弗利大教堂［Beverley Minster］和威斯敏斯特大教堂等完全相反，在这些案例中，14世纪的建筑师完全延续了13世纪的做法，没有做出任何重大的变革。虽然这些建筑师也有自己的风格，即属于他们时代的风格，但在这些特殊的案例中，为了与既有的风格保持一致，他们更倾向于抛开自己的风格。这在英国比较显著，但是在德国，位于纽伦堡的圣劳伦斯教堂的歌坛以戏剧化的方式对德国的建造方式形成了最大的冲击。歌坛于1439年开始建设，由康拉德·海因策尔曼［Konrad Heinzelmann］设计。在中厅按照罗曼式或早期哥特式巴西利卡严格预定的线路前进，人们会因为突然进入歌坛那更宽敞、更通透的世界而感到惊奇和快乐，在那里支柱更细，包括中厅和与回廊宽度相同的侧廊。开间也很宽，拱顶还有丰富多彩的星形结构（与英国150年前创造的一样），压住了柱墩竖向向上的推动力。这些柱墩没有柱头（这也是英国优先采用的母题），所以自下而上的一股股能量可以不受阻拦地流入向四面八方伸展的肋。这一时期最新和最好的德国教堂——如位于因为银矿的发现突然暴富的上萨克森地区的安娜贝格教堂［Annaberg］，建有各边内凹的八边形柱墩，非常鲜明地显示了让中厅和侧廊的空间从各个方向向上冲击、反抗石材分隔的趋势。同样的柱墩还出现在科茨沃尔德的诸多教堂中（如奇平卡

纽伦堡，圣劳伦斯大教堂，1439 年由康拉德·海因策尔曼开始建造，由康拉德·罗里策建成

姆登）。另外，在布里斯托的伯克利礼拜堂的前部小礼拜堂中出现的飞肋也是德国晚期哥特式教堂中最大胆的特点之一，它们最早出现在布拉格大教堂彼得·帕勒［Peter Parler］的作品中（1352年的作品等）。

布拉格大教堂可能还是安娜贝格教堂的双曲线肋或三维肋的诞生地。这一母题最早也出现在英国的布里斯托圣玛丽红崖教堂［St Mary Redcliffe］南侧廊等14世纪早期的作品之中。布拉格相关的案例是布拉格城堡的弗拉季斯拉夫大厅［the Vladislav Hall of the Castle］（见第157页），它于1487—1502年由本尼迪克特·里德［Benedict Ried］建造，是中世纪最大的世俗厅堂之一，肋从墙上的柱子延伸出来的方式明显具有植物的特征。难怪在一些波西米亚和上萨克森的教堂中，柱和肋都被树干、树枝等自然主义的表现形式所代替，但正如我们已经看到的，这个母题在150年之前就已提前在英国出现。[21] 树干和树枝与雕刻图案上分裂和扭曲的织物融合得非常完美，大量出现在德国晚期哥特式教堂的建筑外部和内部。纽伦堡的圣劳伦斯大教堂再次成为雕塑、建筑细部和视线在空间中的动向和谐一致的范例。神龛［tabernacle］雄伟的石尖顶在不对称的位置向拱顶升起，维特·施托斯［Veit Stoss］巨大的木雕《圣母领报》从祭坛前的空间悬挂下来，圣母的表情愉悦，能够透光，人们可以看到光线从上方正中的窗户射向它。环绕建筑一周有两排窗户，它们与星形拱顶相似，也加强了水平方向的影响。简单的外墙和没有装饰的窗户与内部的森林密语［*Waldweben*］所形成的对比显然是晚期哥特式风格的精神特征，尤其是在德国，这是神秘的虔诚与良好的实用性相结合的产物，是在现世中对神圣生活的信仰，也是后来发展为路德的宗教改革思想的一系列思想的汇聚。路德在神龛和《圣母领报》被委托创作前就出生了。建筑内部波浪起伏，当人们身处其中，可能会觉得像在丛林之中失去了方向；建筑外部强大坚固，建有完整的墙和两排窗户。内外的对比预示着德国宗教改革的情绪，即在神秘主义的内省和全身心投身于这个新世界之间犹豫徘徊。此外，德国晚期哥特式风格的新教堂还有一个实用的优点，就像意大利修士们的无侧廊的厅堂一样：相比建有单独通道的老式教堂，它们更适合倾听长时间的布道。

但是，新的风格并不是单纯由实际的考虑创造出来的，也不能说是单纯由即将到来的宗教改革的精神创造出来的，因为这种风格只出现在西班牙和德国。15世纪的西班牙建筑很大程度上受到了德国的影响。来自科隆、纽伦堡的建筑大师们被召唤至布尔戈斯［Burgos］，并在那里建立了星形拱顶、网状拱顶等德国母题。不过，如果西班牙国内没有转向晚期哥特式风格的趋势，这些来自北部的石匠和石刻工匠不会如此成功。星形拱顶看上去只是穆斯林圆拱顶主题的一种变体，用飞肋构成各种各样的星形。在西班牙人看来，经典的法国十字拱顶的简洁以及经典的法国思想没有什么吸引力。与德国一样，西班牙鲜有

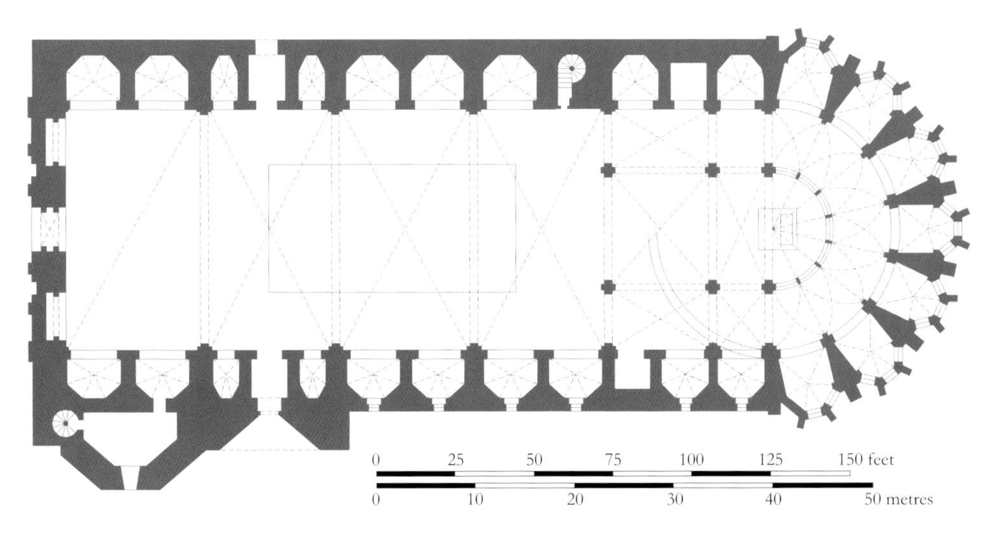

赫罗纳大教堂，歌坛，1312年开始建造；中厅，由吉列尔莫·博非于1417年开始建造

赫罗纳大教堂，歌坛和中厅

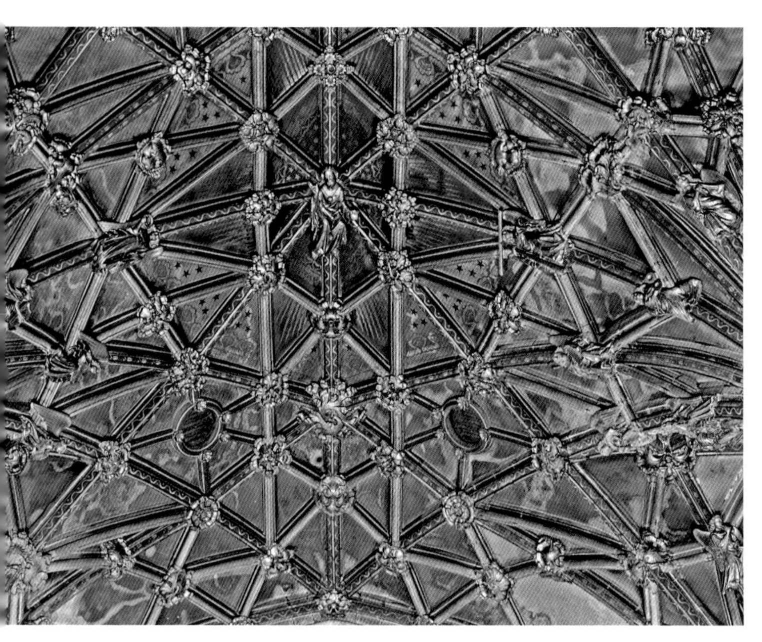

上图：格罗斯特大教堂，圣坛拱顶，约1355年
对页：格罗斯特大教堂，圣坛，1337—约1357年

模仿法国哥特式的建筑；与德国一样，西班牙的教堂也建有宽敞的侧廊，虽然它们要比中厅低一些（即巴西利卡式），教堂中还建有位于扶壁之间的侧面的礼拜堂，这是修士教堂的一个特点。赫罗纳大教堂［Gerona］或许最能体现西班牙人对于统一空间的强烈渴望。大教堂于1312年开始建造，其歌坛、回廊、辐射形的礼拜堂都是按照法国的方式建造的。当这些位于东面的部分建成后，工程由于某些原因停了下来，直到1416年，当时的主要泥瓦匠吉列尔莫·博非［Guillermo Boffiy］建议增建一个新的中厅。他大胆的建议是建造一个没有侧廊、宽度为后殿和走廊之和的中厅。大教堂的权威中有一些持反对意见，于是他们采用了一种极其现代的方法，任命一个委员会来做决定。委员会的成员为12名主要的建筑师，他们的决定被记录下来。七位成员支持在西面采用巴西利卡式的方案，但五位成员支持博非的想法。事实上，博非于1417年被委托着手执行他的方案。这是建造技术的杰作，中厅的跨度达73英尺（约合22.25米），是中世纪欧洲跨度最大的带拱顶的房间之一。中厅从某种意义上而言有些简朴，但很有力量。西面的一个房间与东面具有惊人的高度和宽度的三个空间单元形成鲜明的对比，它也是盛期哥特式风格向晚期哥特式风格转变最令人信服的证明。

一个阶段是何时结束，另一个阶段又是何时开始的呢？西班牙和德国的案例覆盖了15世纪，英国的案例则局限于14世纪初。一方面，赫罗纳大教堂和纽伦堡的圣劳伦斯大教堂之间的确存在明显的差异；另一方面，布里斯托大教堂和伊利大教堂也存在显著的不同。布里斯托大教堂和伊利大教堂都没有方正的建筑外部与流动的建筑内部空间之间的鲜明对比。英国即使在建造纽伦堡圣劳伦斯教堂歌坛时，也没有发展到这样极端的程度。不过，英国建筑风格在布里斯托大教堂和伊利大教堂建造后不久再次发生了改变，且变化显著。对欧洲大陆而言，盛期哥特式和晚期哥特式足以说明主要的阶段，但在100多年来的英国传统中，一般更倾向于把这段过渡期分为三个哥特式阶段：早期英国式、盛饰式和垂直式［Perpendicular］。早期英国式在天使歌坛开始盛行时结束；盛饰式就是布里斯托大教堂和伊利大教堂的风格；垂直式则与德国和西班牙的晚期哥特式相对应，也同样具有民族气势。一旦被思想坚定、头脑清晰的建筑师创造出来，垂直式便扫除了盛饰式所有难以预料的变化，逐渐成为一种长期且毫不冒险的发展，直截了当、冷静、清醒。人们试图将这一新的风格与1349年爆发的黑死病联系起来。这是错误的，因为它于格罗斯特大教堂早在1331—1337年建造的南耳堂和早在1337—1377年建造的歌坛中就达到了尽善尽美。诺曼式歌坛中粗壮的圆柱墩依然挺立，但是与廊台一起掩藏在一面隔屏背后，屏风被较细的竖直分隔和水平分隔划分为一排排镶板。西侧墙面上开了一扇巨大的窗户，除了一些主要的分隔外，只是一系列玻璃面板。数量众多的水平分隔消解了可能遗留的早期哥特式建筑的向上冲力。德国教堂中的双排窗户也具有类似的作用。不过，欧洲大陆采用实墙，英国垂直式却保留了玻璃墙面。不但墙体结构的变化没有德国或西班牙大，垂直式建筑的空间特征也似乎在约1240—1330年间法国建筑的再次影响下，恢复了盛期哥特式风格的明亮。只有在极少的情况下，巴西利卡式平面才会让位给布里斯托和德国那种空间上更有发展前景的带侧廊的厅堂平面。与很多大教堂或修道院教堂中垂直式的部分一样，格罗斯特大教堂唯一具有想象力的特点是拱

顶的装饰。它的拱顶展现出与德国和西班牙的拱顶一样丰富的想象力。事实上，德国和西班牙都没能在这么早就发展出布里斯托和格罗斯特这样复杂的图案，法国就更不用提了。从另一个角度来说，垂直式的拱顶装饰要比欧洲大陆晚期哥特式的拱顶装饰更为生硬，垂直式的花饰窗格与1500年左右的德国、西班牙、法国（或1320年的英国）的花饰窗格相比也是如此。格罗斯特大教堂的肋构成的图案与300年前的厄尔斯巴顿教堂那火柴棍似的图案一样抽象和有棱角，它们与伊利大教堂的华美、林肯大教堂的弹性和经典法国肋拱顶的结构逻辑性相去甚远。

垂直式的拱顶可以说完全没有结构逻辑性。肋相互交织形成的图案跟拱顶建造没有任何关系。主要的横向肋和十字肋已经无法与数不胜数的中间肋（即连结拱顶柱柱帽和脊肋上的连接点的肋）和枝肋（即既不从拱顶柱向外延伸，又不连接主要十字交叉点的肋）相区分。整个拱顶其实是一个建造坚固的筒形拱顶，上面有大量的装饰。筒形拱顶这一术语的采用也意味着，垂直式拱顶的效果与德国和西班牙星形拱顶的“盖子”特征一样，都强调水平方向。英国垂直式建筑的外部一般用低调的带栏杆的屋顶取代12世纪和13世纪高调的屋顶，这也证明了对水平方向的强调。

格罗斯特大教堂是英国式大教堂中最具一致性的一个案例。温彻斯特大教堂和坎特伯雷大教堂的中厅（主要建于14世纪末）则更不妥协。其他大教堂则几乎没有中世纪晚期的主要作品。要寻找1350—1525年英国建筑的精华之作，不应该去大教堂和修道院教堂，而应该去庄园宅邸［manor-house］和教区教堂寻找最欢乐的组合，去皇家礼拜堂寻找最高的建筑标准。社会和历史的因素改变了建筑的相对重要程度。

首先以居住建筑为例，从哈莱克城堡的时代到肯特的

彭斯赫斯特庄园，肯特，可能于1341年开始建造

温莎城堡，圣乔治礼拜堂，于1481年开始建造

彭斯赫斯特庄园［Penshurst］开始建造的年代（似乎是1341年），其间是长达半个世纪的国内和平，这让郊区大住宅的主人放弃了军事防御的想法，而允许自己让家里变得更为舒适。早期城堡中极其紧凑的房间布局已经没有必要了。它的本质则得以保留——大厅是家庭生活的中心；大厅的一端为给贵族及其家庭设置的高桌［high-table］，另一端为入口和被遮挡的进出通道。大厅高桌的一端再过去是客厅［parlour］或接待间［chamber］，其上方可能设有阳光房［solar］；在被遮挡的另一侧则是厨房、餐具室、食品储藏室和酒类储藏室等。但在此基础上还增建了很多房间，大厅的窗户变得更大了，一扇窗户有好几开，在高桌一侧还设有凸窗［bay-window］。留存至今的最为雄伟的14世纪大厅是冈特的约翰［John of Gaunt］建于凯尼尔沃思［Kenilworth］的大厅。大厅长90英尺（合27.432米），宽45英尺（合13.716米）。当时一些宅邸肯定已经没有单独的餐厅，这在《耕者皮尔斯》［*Piers Plowman*］的文字中有所提及。这意味着向大厅不再作为所有人、无论主人和仆人的起居室和餐厅走出了第一步。但是，一直到彭斯赫斯特庄园完成设计将近300年之后，大厅才只作为前厅［vestibule］使用。

曾如此成功地主导了哈莱克城堡和博马里斯［Beaumaris］城堡的对称原则也花了同样久的时间才得以在英国住宅中恢复。在14世纪和15世纪，庄园宅邸，或就此而言德国的城堡［Burg］，是房间别致的集合。在15世纪和16世纪初，对称原则有时只体现在门房到大厅入口为一根笔直的对称轴。但大厅并不是主建筑精确的中心，它的入口总之也很奇怪。门房就算在靠外的建筑正中，两边的建筑也并不完全相同。这不受打扰的发展结果在英国和德国都极其迷人，但若要严格问询它们的美学质量，那肯定没有哈莱克城堡高。

13 世纪的英国大教堂和 15 世纪英国教区教堂的对比也体现了同样的变化。这主要是社会发展的影响。一个新的阶级兴盛起来，是这个阶级在德国和荷兰建造了一系列精美的教区教堂，而以诺加雷的威廉［the William of Nogaret］为代表的法国的具有商业头脑的皇家管理人员、意大利的美第奇家族及其友人和竞争对手、德国北部汉萨同盟的领袖们都属于这个阶级。在英国，林肯大教堂和韦尔斯大教堂是在“狮心王”理查一世在位期间设计的，而索尔兹伯里大教堂和新的威斯敏斯特教堂则是在被罗马称作神圣国王［the Saintly King］的亨利三世执政期间设计的。英格兰民族英雄西蒙·德·孟福尔由于一项过于教宗化的政策而起义反对亨利三世，而林肯大教堂的天使歌坛便是在这期间加建的。不到 100 年之后，于 1327 年加冕、1377 年去世的爱德华三世愉快地接受了伦敦泰勒商人行会［the London Guild of the Merchant Taylors］，即该市布商行会会员的荣誉。这很能说明问题，尤其是将其与荷兰、德国、托斯卡纳和加泰罗尼亚的商业和工业发展一起考量。在英国，爱德华三世的时代是企业高速发展的时代。佛兰芒纺织工被招入英国，贸易利益在英法百年战争的起起伏伏中起到了很大的作用。狄克·惠廷顿［Dick Whittington］与约翰·普尔特尼［John Poulteney］等人积累了大量的资本，而他们的乡村宅邸就是类似彭斯赫斯特庄园这样的庄园宅邸。事实上，中世纪晚期属于商人或他们后代的庄园宅邸的数量要超过我们通常的想象。旧贵族在玫瑰战争中被大量杀戮之后，新贵族在王国贵族中所占的比例迅速增长。直到亨利八世为自己年幼的儿子组建十六人摄政委员会时，16 个人中没有一个人成为贵族的时间超过 12 年。

因此，到 1500 年，最积极的艺术赞助人是国王和市镇。1291—1350 年左右，国王在威斯敏斯特宫［the Palace of Westminster］建造了圣史蒂芬礼拜堂［St Stephen's Chapel］。虽然礼拜堂在 1834 年被烧毁，但从现存的图纸来看，它是非常重要的一座建筑。在 15 世纪，亨利六世和亨利七世建造了伊顿公学礼拜堂［Eton College Chapel］（于 1441 年开始建造）和剑桥大学国王学院礼拜堂［King's College Chapel］（1446—1515 年）（见第 69 页），亨利七世和亨利八世建造了温莎城堡［Windsor Castle］的圣乔治礼拜堂［St George's Chapel］（于 1481 年开始建造），亨利八世在威斯敏斯特大教堂的东端建造了亨利七世礼拜堂［the Chapel of Henry VII］（1503—1519 年）。这些建筑的外观和平面都极其简单，却有大量精美的装饰。这样的对比在剑桥尤其尖锐。设计这样一座又长又高又窄的箱形学院礼拜堂，根本不需要空间方面的天才。中厅和歌坛没有任何区别。装饰也是不断重复的，比如同样的花饰窗格就重复使用了 24 次，扇形拱顶［fan vault］的镶板母题也是如此。这些建筑的设计者和欣赏者都是理性主义者，是勇气不亚于加泰罗尼亚人的骄傲的建筑师。在这里，这些建筑师遇到了和同时期的德国教堂同样的问题，但他们成功地将这种实事求是的精神与神秘感

上图：伊佩尔，布料厅，约 1260—1380 年
对页：剑桥，国王学院礼拜堂，1446—1515 年

威尼斯，总督府，约 1345—1438 年

和近似东方的装饰融合起来。站在中厅的西端，人们很难想象如此生机盎然的效果是以非常经济的方式取得的。扇形拱顶无论在何处使用，都能营造出极其华丽的气氛。但它其实是一种非常理性的拱顶，人们倾向于假设它是技师的发明。扇形拱顶的起源来自牧师会礼堂的拱顶设计，这一设计（在 14 世纪早期）发展为像棕榈树一般向歌坛那浮雕装饰明显的脊肋延伸的一束束肋的做法，后来又发展为埃克塞特大教堂［Exeter］中厅的拱顶的做法（见第 68 页）。这也是盛饰式最大胆时期的空间想象。然后垂直式逐渐发展起来了，将这种形式系统化并稳固下来，首先是在格罗斯特回廊的西侧走道（1357 年之后）。将所有肋的长度、间距和曲率调为相等，并在拱肩各处均设置统一的镶板，埃克塞特的棕榈拱顶就变成了格罗斯特的扇形拱顶。

似乎直到 15 世纪末，人们才开始尝试把只运用在小规模的回廊中的扇形拱顶运用到高度和宽度都更大的中厅中。不久之后，在 16 世纪初，伯里圣埃德蒙兹的泥瓦匠约翰·沃斯特尔［John Wastell］在国王学院礼拜堂中采用了扇形拱顶。他并不是国王御用的泥瓦匠，而只是得到了这项皇家工程的委托，这说明杰出泥瓦匠的地位和名声得到了很大的提升。但泥瓦匠的训练方式仍然与维拉尔·德·洪内库尔的时代相同。以 14 世纪末著名的泥瓦匠亨利·耶维尔［Henry Yevele］（1400 年去世）为例，他是御用石造建筑大师，但从现代意义上而言，他的主要身份仍然是一名成功的伦敦泥瓦匠、承包人和他的城市行会的杰出成员，而并非一名皇家建筑师。我们在一份文献中看到他的名字和乔叟一起出现，在另一份文件中则与狄克·惠廷顿的名字一起出现。因而可以想象，他穿着华贵的毛皮衬里的长袍（这恰巧是国王给他的薪酬的一部分），待在自己位于伦敦桥［London Bridge］圣玛格纳斯教堂附近的家中，或待在自己位于肯特的两座庄园宅邸中的其中一座。在他的作品中，之前已经提到过的威斯敏斯特大教堂诡异地模仿了 150 年前的风格，而威斯敏斯特大厅［Westminster Hall］（1394—1402 年）的砖石建筑则保留了下来。这些人是他们所在的行会和兄弟会中的显要人物，而正是他们建造了英国、荷兰、汉萨同盟和意大利的

斯瓦弗汉姆，诺福克郡，木屋顶，1454 年或之后

城市中的市政厅［town-hall］和行会会馆［guild-hall］。只需在鲁汶、伊佩尔、梅赫伦等市镇徜徉，人们就会彻底认识到中世纪末商业的强大力量。佛兰芒的大厅中让人印象最为深刻的是 13 世纪末开始建造的位于伊佩尔的布料厅［the Cloth Hall］。它采用正方形平面，气势雄伟庄严，但所有这一切都毁于第一次世界大战。但之后布鲁日、根特、布鲁塞尔、鲁汶、奥德纳尔德［Oudenaarde］、米德尔堡等地建造的市政厅则没有这么严肃，但同样充满自豪。在意大利，位于帕多瓦的法理宫［the Palazzo della Ragione］（1306 年及之后）规模宏大，无与伦比；锡耶纳的市政厅（1288—1309 年）构造齐整，塔楼高度惊人；威尼斯的总督府［Doge's Palace］（约 1345—约 1365 年；

上图：巴利亚多利德，圣保罗教堂，西立面，由科隆的西蒙（？）于1486年之后开始建造
对页：葡萄牙，巴塔利亚修道院，曼努埃尔风格的装饰

1423—1438年沿圣马可小广场继续建造）则辉煌壮观。

至于教堂建筑，前面已经提到，市镇的力量体现在教区教堂的优势和尺度上。这些教堂的塔楼是晚期哥特式建筑突出的特征之一，它们不再是那种适应于盛期哥特式时期的平衡视图的成组塔楼，而是高耸入云的独座塔楼。中世纪最高的塔尖是教区教堂——乌尔姆大教堂［Ulm Münster］的塔尖，高达630英尺（合192.024米）。安特卫普大教堂［Antwerp Cathedral］也是一座教区教堂，它的塔尖高达306英尺（约合93.269米）。[22] 在英国，劳斯和波士顿的教区教堂分别高300英尺（合91.44米）和295英尺（合89.916米）。英国各郡教区教堂的塔楼种类数不胜数，也让人颇为意外，毕竟对于一次性建成的教堂而言，它们的平面和立面都相对标准化。其中一些教区教堂占地面积比很多大教堂都大。布里斯托圣玛丽红崖教堂就是其中最为壮观的一座。萨福克郡朗梅尔福德、拉文纳姆、布莱斯堡和奥德堡以及其他地方很多富庶小镇的教区教堂不但可以容纳所有居民，还能容纳附近的村民。约克除约克大教堂［the Minster］外，还拥有（或者说在第二次世界大战前曾经拥有）21座保留下来的中世纪教堂；诺维奇则拥有32座中世纪教区教堂。

原有教堂不是已经完全损毁，就是进行了扩建，侧廊加宽了，中厅增高了，旧教堂还增建了新的侧廊或礼拜堂，最终使英国教区教堂形成了生动独特、逍遥自在、不拘一格的平面和立面。然而，虽然一些教堂可能最真实地反映了它们的市镇从盎格鲁-撒克逊时代到都铎时代的历史，但它们并没有真正反映任何时代的审美观。英国15世纪的富饶市镇主要的教区教堂理想中的样子可见于金斯林［King's Lynn］的圣尼古拉教堂［St Nicholas］。该教堂于1414—1419年间作为教区偏远地区的小教堂［a chapel of ease］被建造起来。整座建筑基于一个平面方案，该平面与同时代的皇家礼拜堂一样，都不复杂。它是一个162英尺（约合49.378米）乘以70英尺（合21.336米）的长方形，其中包括中厅、侧廊和带侧廊的圣坛。西侧和东侧之间并没有结构上的连接。只有旧建筑保留的塔楼、门廊和略向外突出的半圆形后殿打破了建筑轮廓的一致性。这种坚固、简朴无疑反映了由修士教堂带来的审美变化。这显然与德国教堂建筑外部风格一致。但在建筑内部，金斯林的圣尼古拉教堂、考文垂的两座教区教堂或赫尔城的圣三一教堂［Holy Trinity］完全没有纽伦堡的浪漫主义。它们都遵循传统的巴西利卡式立面，柱墩很细，装饰线脚生硬，花饰窗格为明确的垂直式风格。没有一个角落还留在神秘的半明半暗之中，或还有令人惊讶的景象。在英国教区教堂中，晚期哥特式设计师的梦想体现在木隔屏和木屋顶上。数量多到难以想象的隔屏最初将中厅和歌坛、侧面的礼拜堂和中厅礼拜堂、数量众多的公会礼拜堂［guild chapel］和公共空间分隔开，其中装饰最为

奢华的位于德文郡和东英吉利亚［East Anglia］。但英国教区教堂最大的荣耀是它们的木屋顶。木匠们建造的这些屋顶与泥瓦匠建造的哥特式石拱顶同样大胆，看上去也与大教堂东端的飞扶壁结构同样复杂，同样在技术上令人激动。木屋顶也有很多种类：连系梁［tie-beam］屋顶、拱支［arch-braced］屋顶、托臂梁［hammerbeam］屋顶（耶维尔的同事、御用木工大师休·赫兰德［Hugh Herland］曾于1380年将其用于建造威斯敏斯特大厅）、双托臂梁屋顶等。其中最天才的屋顶设计是尼德姆·马基特［Needham Market］无侧廊的教堂，它让人觉得整座三重侧廊的建筑漂浮在我们的头顶上，其下没有任何可见的支撑。欧洲大陆没有什么作品能与这个造船大国的成就相媲美。事实上，这些木屋顶让人很强烈地联想起翻转过来的船只龙骨。

这样的屋顶增强了英国教堂的结构丰富性，否则这会是英国教堂所欠缺的一种品质。但是，如果仔细观察这些屋顶，就会发现它们的椽、檩、支柱线条刚硬，整体显得有力、尖锐、棱角分明，与格罗斯特大教堂歌坛的肋和厄尔斯巴顿教堂的装饰一样英式。人们会直接把它们与法国、德国或西班牙和葡萄牙同时代的作品相比较。

即使在法国，英国盛饰式风格所吸收的一项原则直到15世纪才被接受。13世纪经典哥特式大教堂有着十分强大的令人信服的力量，它们的比例、四分肋拱顶、镶有玻璃的高拱廊等特征在14世纪甚至15世纪仍被普遍接受。装饰仍然被抑制，花饰窗格基本仍为几何形，英国盛饰式风格所允许的双曲线和流畅缠绕的线条很晚才赢得人们的喜爱。由此形成的风格在法国被叫作火焰式［Flamboyant］。早期的例子包括位于第戎的勃艮第公爵宫中壁炉上的饰架［overmantel］和位于普瓦捷的贝利公爵宫大厅高台一端的华丽的镂空隔屏。两者都是14世纪末的作品，要比类似的形式在英国流行的时间晚两到三代。法国是否从英国获取灵感尚无定论。诺曼底和周边地区则拥有数量最为众多的火焰式风格作品，不过法国其他地区（旺多姆）也有杰出的火焰式立面，而法国各地随处可见带有自豪而生气勃勃的火焰式装饰隔屏等装饰构件。法国在空间上的贡献可谓微乎其微。拉谢斯迪厄［La Chaise Dieu］是1342年左右开始建造的一座厅堂式教堂。1489—1494年建造的巴黎的圣塞味利教堂［St Séverin］的东端也属于厅堂式。人们在其中可以找到各面内凹的柱墩，甚至一些德国晚期哥特厅堂式教堂中可以见到的扭曲的柱子。鲁昂的圣玛洛教堂［St Maclou］主体于1434年开始建造，其1500—1514年间增建的立面采用了晚期哥特式的倾斜形状，在原本相互平行的三个大门中引入了对角线。但它的东端仍然与圣塞味利教堂一样，设有回廊和辐射形的礼拜堂。

对页：佛罗伦萨大教堂，中厅由阿诺尔夫·迪坎比奥于1296年开始建造，1436年举行祝圣仪式

在西班牙，只需简单地将英国教区教堂甚至国王学院礼拜堂与巴利亚多利德的圣保罗教堂［St Paul］（稍晚于1486年开始建造，可能由科隆的西蒙［Simon of Cologne］设计）的立面装饰相对比，就能认识到英国的克制与西班牙的极端之间的反差。如果为圣保罗教堂换上斯特拉斯堡大教堂的圣劳伦斯大门［St Lawrence portal］，盎格鲁式与德国式的对比也同样鲜明。有人可能会认为德国晚期哥特式的装饰与西班牙同样极端，这种看法并不令人惊讶，因为与法国、英国和意大利相比，德国和西班牙是欧洲文明中较为极端的国家。但是，西班牙和德国在装饰方法上差别显著。从伊斯兰教统治的时代开始，西班牙人就喜欢用紧密的二维装饰来填满大面积的表面。德国人也同样有“空白恐惧”［*horror vacui*］，但他们的装饰总是显示出对空间显著的好奇。这也将德国晚期哥特式风格与德国洛可可风格联系起来，正如巴利亚多利德圣保罗教堂的立面细部预示着格拉纳达加尔都西会修道院［Charterhouse］的小礼拜室（可追溯到18世纪中期，见第140页）的单调和疯狂的动感。圣保罗教堂的立面没有占据支配地位的母题，人像雕塑尺度较小，双曲线拱券和都铎式拱券（压扁的尖拱券）相互交替，背景自上而下都有图案装饰，每个砖层的图案都会改变。这一立面组合中却有种类似丛生的灌木的力量，让英国垂直式风格显得强大和纯粹。从中也能看出，为什么英国会转向清教，为什么西班牙会成为巴洛克天主教的堡垒。

晚期哥特式的疯狂在曼努埃尔一世［King Manuel I］治下（1495—1521 年）的特别富庶的葡萄牙达到了顶点。在巴塔利亚［Batalha］和托马尔等地，曼努埃尔的装饰格外丰富，发展出一系列形式，有的从甲壳生物演化而来，有的则从热带植物演化而来。葡萄牙装饰很多都受到了西班牙和法国的启发，但这些装饰只让人联想起了印度或者说葡属印度的建筑。如果两者确实存在关联，那这将是西方史上欧洲建筑受到非欧洲影响的首个例子。

当然，只有在一方做好准备接受另一方时，后者才能对前者产生影响。如果比利牛斯半岛的国家并没有对过度装饰的热情，那么它们将对殖民地的艺术视而不见。当印度成为荷兰的殖民地之后，印度风格确实开始对荷兰的家具产生影响，赋予家具独特的巴洛克式的丰富性，但建筑师却机智地避开了这一风格。在中世纪末的装饰想象力被文艺复兴所驾驭前，葡萄牙人用这一风格创造出了伟大的作品，但 17 世纪的荷兰人却根本无法做到这一点。

从另一方面而言，文艺复兴不可能在不顾一切地沉迷于装饰奇想的西班牙和葡萄牙诞生，也不可能在大胆探索空间神秘性的德国诞生。除了米兰大教堂这一例外，意大利根本没有晚期哥特式风格的踪影。位于意大利北部的米兰大教堂于 1387 年开始建造，吸引了很多法国和德国的专家前来拜访和考察，虽然不是很成功。意大利中部（建筑意义上的中部）地区没有晚期哥特式建筑，最为震撼地说明了当代欧洲的自然分隔在 15 世纪已经基本确立了。罗曼式风格是国际化的，虽然各地区略有不同，就像神圣罗马帝国和 11、12 世纪的教堂一样，都是国际化的力量。到了 13 世纪，法兰西成为一个国家，并创建了哥特式风格。

德国经历了空位期［Interregnum］的危机，决定采用国家性而非之前国际性的政策。同期的英国也采用了同样的政策，而意大利则经历了完全不同的发展，建立了大量小城邦国家。哥特式风格作为一种法国时尚进入德国、西班牙、英国和意大利。首先是西多会的修道院采用了这一风格，然后是科隆、布尔戈斯、莱昂、坎特伯雷，腓特烈二世的蒙特城堡（见第 64 页）也紧跟其后。在腓特烈二世位于意大利的建筑中可以看到纯粹古典风格的三角山花与法国的新式肋拱顶并肩而立。腓特烈二世的卡普阿大门［Capua Gate］对古罗马母题有鉴赏力的处理在意大利北部无可匹敌，在南部只有尼科洛·皮萨诺［Nicolò Pisano］设计的讲坛可以与之媲美。尼科洛·皮萨诺是第一位伟大的意大利雕塑家，第一位作品中的意大利特征支配国际传统的雕塑家。他把雕塑中正在流行的风格转变得更为静态与和谐，这与哥特式建筑对建筑风格的转变所起的作用一样。前面曾提到过修士在这一风格转变中所起的作用。修士教堂宽大、通透、无侧廊的大厅中已经没有了精益求精的痕迹。佛罗伦萨的新圣母大殿和圣十字圣殿等带侧廊的大型大厅拱廊非常宽，侧廊非常窄，从而让大厅的宁静无法撼动。佛罗伦萨大教堂［the cathedral of Florence］是羊毛商人行会“为纪念佛罗伦萨共和国及其人民”而监督建造的，它也属于这一类型。由于基座宽大，柱头沉重，它的柱墩并没有直指上方。连续的檐口［cornice］形成了一种强烈的水平分隔。十字拱顶采用穹顶形状，各个开间之间明显相互独立。黑暗中的结构构件与墙和拱顶刷白的表面之间的对比也非常清晰。

东侧各部分的构成也加强了这种清晰感。大教堂采用中心式的布局，交叉部采用中厅和侧廊的宽度（与伊利大教堂相同），耳堂和圣坛形状相同（位于八边形的五边），不设回廊和礼拜堂。这一具有纪念性、宽敞、不具神秘感的效果是出自它的第一任建筑师阿诺尔夫·迪坎比奥［Alnolfo di Cambio］的设计。迪坎比奥于 1296 年开始建造这座建筑。后来包括画家塔迪奥·加迪［Taddeo Gaddi］、安德烈亚·达·费伦泽［Andrea da Firenze］在内的一系列艺术家作为顾问加入，进一步增加了教堂的纪念性。1367 年之后，弗朗切斯科·塔伦蒂［Francesco Talenti］对教堂进行了最终的修改，并完成了建造。

对来自北方的游客而言，这种 14 世纪意大利建筑的内部一定显得非常平静安详。只有在这里——这在今日将被理解——文艺复兴的风格才能诞生。这块土地有古罗马的传统，有阳光、碧海和雄伟的山丘，有葡萄园和橄榄种植园，有松林、雪松和柏树。

5

文艺复兴与风格主义

约 1420—约 1600 年

上图：威尼斯，救主堂，帕拉迪奥设计，于1577年开始建造
对页：佛罗伦萨，意大利

哥特式风格是为絮热创造的，他是圣丹尼斯修道院院长，也是法兰西两位国王的顾问，文艺复兴风格则是为佛罗伦萨的商人、欧洲各国国王的银行家们创造的。1420年左右，这一风格诞生于欧洲南部贸易共和国最为兴盛的氛围之中。诸如美第奇家族的商行在伦敦、布鲁日和根特、里昂和阿维尼翁、米兰和威尼斯都设有代表处。美第奇家族的三位成员曾分别于1296年、1376年和1421年担任佛罗伦萨的市长。1429年，科西莫·美第奇成为商行的高级合伙人。仅仅100多年后，另一位美第奇家族的成员被任命为第一代托斯卡纳大公［the first Duke of Tuscany］。但是，在佛罗伦萨被称为国父［the Father of the Fatherland］的科西莫和他被称作伟大的洛伦佐［Lorenzo the Magnificent］的孙子，都只是平民，甚至没有任何的官方头衔，这在他们的城市实属首例。文艺复兴在佛罗伦萨迅速被接受并按统一的目的发展了三四十年之后，意大利的其他城市，更别提其他国家，才理解它的意义，而在美第奇家族和皮蒂家族、鲁切拉家族、斯特罗齐家族等王侯般的商人看来，这是理所应当的。

托斯卡纳的这种倾向不能仅仅用社会条件来解释。15世纪，佛兰德斯的城市也具有相似的社会结构，从某种意义上而言，伦敦也是如此。但是，荷兰流行的风格是火焰式的晚期哥特式风格，而英国所流行的是垂直式的晚期哥特式风格。在佛罗伦萨，特定的社会条件恰巧又遇上了特定的国家和民族特性，以及特定的历史传统。托斯卡纳的地理和民族特性的最早表现是伊特鲁里亚［Etruscan］艺术。这些特性也明显体现于11、12世纪圣米尼亚托大殿那清新优雅的立面以及14世纪圣十字圣殿、新圣母大殿和圣母百花大教堂［the cathedral of S. Maria del Fiore］等宽敞、令人愉悦和通透的哥特式教堂上。而现在，正在兴起的贸易共和国更倾向于追求世俗的理想，而非天国的理想；更倾向于追求动感，而非冥想；更倾向于追求清楚明晰，而非晦涩难懂。既然大环境是清晰、热忱和有益健康的，人们的思想是明净、敏锐和骄傲的，那么在这里，古罗马那明晰、自豪和尘世的精神就能被重新发现，它与基督教信仰之间的差异并不会阻拦它的发展，它对艺术中的人体美和建筑中的比例美的态度引起了共鸣，它的雄伟和人性也得到了理解。在艺术与文学中，往昔罗马的断简残章一直存在，从未被彻底地遗忘过。然而，对古罗马的狂热崇拜直到14世纪才成为可能。于1341年在卡比托利欧［the Capitol］加冕成为现代第一位桂冠诗人［Poet Laureate］的彼特拉克［Petrarch］就是托斯卡纳人，薄伽丘［Boccaccio］和翻译柏拉图著作的列奥纳多·布鲁尼［Leonardo Bruni］也同样是托斯卡纳人。美第奇家族尊敬哲学家，并将他们拉入家族最核心的圈子；他们还尊敬诗人，自己也写诗。所以，他们看待艺术家的态度与中世纪非常不同。艺术家的现代概念和对他们才能的尊敬也源于托斯卡纳。

彼特拉克在罗马获得诗人桂冠前七年，负责为佛罗伦萨大教堂和城市任命新的石匠大师的城市当局决定选择画家乔托［Giotto］，因为他们相信城市建筑师首先应该是一位“知名人士”。仅仅因为他们相信“全世界不能找到”比乔托“在这一点和其他很多事上更为出色的人”，他们选择了他，虽然他根本不是一位石匠。之前曾经提到，60年后，被召集前来决定完成佛罗伦萨大教堂平面方案的专家中也有两位是画家。这些事件标志着建筑职业的一个新的历史阶段，正如彼特拉克获得桂冠标志着作家社会地位的历史新阶段。此后，这也成为文艺复兴的特征——伟大的建筑师往往没有经过建筑师的职业训练。此后，伟大的艺术家受到尊敬，并仅仅由于是伟大的艺术家，他们还担任了超越他们职业的职务。科西莫·美第奇可能是第一位因为认可画家的天才而将其誉为神圣的人。后来，这成为米开朗基罗［Michelangelo］被普遍认可的特质，作为一位雕塑家、画家和建筑师，一位狂热的工作者和不知疲倦的人，他也深深相信"神圣"是自己应得的称赞。当他在梵蒂冈的一间前厅感到被一些教皇的侍从所冷落之后，便逃离了罗马，毫不犹豫地放弃了自己的职位，还留下消息说，如果教皇需要他，可以去别的地方找他。在这一切发生时，列奥纳多·达·芬奇［Leonardo da Vinci］则发展出了艺术的理想本质的理论。他试图证明，绘画和建筑都属于自由艺术［liberal arts］，并不属于中世纪职业意义上的艺术。这一理论包含两个方面，它既要求赞助人用全新的态度面对艺术家，也要求艺术家用全新的态度面对自己的作品。只有当艺术家像真理追求者那样用学术的精神对待自己的艺术时，艺术家才有权被人本主义学者和作家视为与他们平等的人。

关于古代艺术，达·芬奇并没有很多论述。但对古代艺术的普遍热情明显集中在美学和社会两个层面。在美学层面，古罗马建筑和装饰的形式对15世纪的艺术家和赞助人而言很有吸引力；在社会层面，对古罗马当时情况的研究只有受过教育的人才能够接触到。在此背景下，以往满足于向师傅学习技艺，并根据传统和他们的想象力对其做出发展的艺术家和建筑师现在却关注古代艺术，不仅因为古罗马艺术让他们痴迷，而且因为这给他们带来了社会地位。这一复兴给16世纪到19世纪的学者们留下了极为深刻的印象，他们将整个时期称作重生期或文艺复兴时期［Renaissance］。早期的作家用该词意指一般意义上的艺术和文学的重生。但在19世纪这个无限复兴的世纪，该词着重强调对古代形式和主题的模仿。如今，重新考察文艺复兴的作品，人们却会产生一个疑问：对待古代艺术的新态度到底是不是他们最重要的创新？

最早采用文艺复兴风格形式的建筑是菲利波·布鲁内莱斯基［Filippo Brunelleschi］于1421年开始建造的育婴堂［Foundling Hospital］。布鲁内莱斯基（1377—1446年）原本是一名接受过专业训练的金匠，却被选中来完成佛罗伦萨大教堂的建设。他在交叉部上方建设的穹顶成为建造工程的杰作，形状上明显具有哥特式风格的特征。与此同时，他设计了育婴堂的立面，这是类型完全不同的一件作品。底层采用纤弱的科林斯柱式柱廊和宽阔的半圆形拱券，能让长廊获得充足的阳光和热量；二层为间距宽敞、尺寸适中的长方形窗，窗户上方较扁的三角山花与底层的拱券正好互相呼应。由安德烈亚·德拉·罗比亚［Andrea della Robbia］设计的彩陶圆形浮雕［medallion］——著名的襁褓中的婴儿，在佛罗伦萨纪念品商店有各种大小的廉价复制品出售——被放置在拱廊的拱肩中。比例精巧的额枋分隔了底层与二层。窗户上方的三角山花毫无疑问是古罗马的母题。科林斯柱式也应该是古罗马母题。但如此纤细的柱子与其上的拱券从表达方式上而言，与罗马斗兽场和所有哥特式拱廊的差异都很大。它和立面上其他一些母题都源自圣米尼亚托大殿［S. Miniato］、圣使徒教堂［SS. Apostoli］和圣若望洗礼堂［the Baptistery］等托斯卡纳文艺复兴前期［Proto-Renaissance］的建筑，即11、12世纪佛罗伦萨的建筑，而非其他。这是至关重要的事实。托斯卡纳人，当然是在不自觉的情况下，通过先回归自己的文艺复兴前期的罗曼式传统，做好了接受古罗马风格的准备。

布鲁内莱斯基设计的那些教堂与以往建筑的关系与之非常相似。他于1436年设计的圣灵大教堂［S. Spirito］是一座带有圆拱拱廊和平顶的巴西利卡式建筑。从主要特征来看，可以说属于罗曼式。另一方面，科林斯柱式的柱础和柱头以及其上方檐部的片段则是古罗马式的，表现出一种正确性和对它们那有力量的美感的理解，是文艺复兴前期的建筑师难以企及的。侧廊中奇怪的壁龛也是古罗马式的，不过它的处理方式非常独到。虽然上述提到的母题都可以追溯到中世纪或古罗马时期，但在它们的辅助下形

佛罗伦萨，育婴堂，由布鲁内莱斯基于1421年开始建造，1445年完成

成的空间表达却是全新的，并且完全具有文艺复兴初期［the Early Renaissance］的宁静感。中厅的高度是宽度的两倍，底层和天窗的高度相同，侧廊的开间为正方形，其宽度也是高度的一半。中厅一共有四个半正方形开间，那半个开间则按照特殊方式处理，这在稍后会进一步说明。在教堂中徜徉，人们可能未必会立刻注意到这所有的比例，但它们的确促进了建筑内部宁静效果的形成。文艺复兴初期对空间中这些简单的数学关系有极大的热情，这在今天是很难想象的。为了欣赏这一点，人们必须记住，就在这段时间——1425年左右——佛罗伦萨的画家发现了透视法。正如画家不满足于在自己的画中随意表现空间，建筑师也渴望为自己的建筑寻求理性的比例关系。15世纪试图掌控空间的努力，只有我们当前的时代能与之相媲美，虽然文艺复兴时期的努力与精神世界有关，而我们当前的努力与物质世界有关。15世纪中期印刷术的发明是对空间最强有力的征服，15世纪末美洲大陆的发现也产生了几乎同样重要的效果。它们与透视法的发现一样，均展现了西方对于空间的热情，这种态度与古代完全是不相容的，而且在本书中已经多次提到。

圣灵大教堂在这方面最重要的特点是它东侧的底层平面。在这里，布鲁内莱斯基追随了阿诺尔夫·迪坎比奥和弗朗切斯科·塔伦蒂的脚步，明确抛弃了罗曼式或哥特式教堂的传统组合方式。他将耳堂与歌坛修建得完全相同，用侧廊环绕三者，并在交叉部上设立穹顶，让人们在向东望去时感觉到自己仿佛在一座集中式建筑里。无论作为宗教建筑还是世俗建筑，集中式建筑都是一种常见的古罗马建筑类型，虽然有佛罗伦萨大教堂和其他一些建筑，但它很少为中世纪基督教教堂所采用。

建筑的西端也以试图强调这一集中式倾向的方式结束，甚至不惜牺牲实用方面的优势。布鲁内莱斯基最初也想像东端、北端和南端一样，用侧廊环绕西端。如果要这样，他就需要建造四个入口，而非通常的三个入口，从而与立面内侧侧廊的四个开间相呼应。那么一切就会变得极不寻常——为了美学的一致性和对集中式的渴望而做出牺牲。事实上，在圣灵大教堂开始建设的那一年，布鲁内莱斯基设计了一座完全集中式的教堂，也是文艺复兴时期的第一座集中式教堂。这便是天神之后堂［S. Maria degli Angeli］。三年后，在1437年，该工程停止了，现在只剩下底层的墙体。但我们可以阅读平面图，并将其与似乎是从丢失的原始图纸复制过来的可靠的版画进行对比。天神之后堂原本要设计为完全是古罗马式的极其厚重的建筑，这无疑是布鲁内莱斯基在罗马待了很长时间以后的产物，我们基本可以确定这发生于1433年。在八边形的各个角落，天神之后堂用附加在结实的柱墩上的壁柱取代了其他建筑中轻盈纤

左图和下图：佛罗伦萨，圣灵大教堂，由布鲁内莱斯基设计于1436年

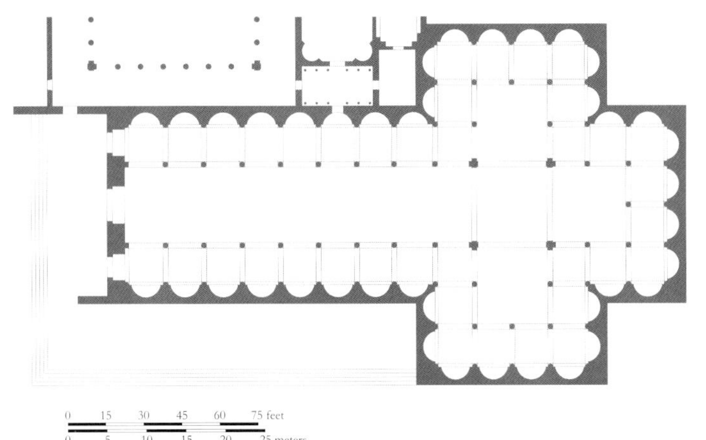

细的柱子。环绕它的八个礼拜堂都设有嵌入墙内的壁龛。穹顶也设计为像古罗马穹顶一样自内而外的一个整体，而不是像布鲁内莱斯基在佛罗伦萨大教堂那样，基于哥特式原则建造了一个外部的壳体加一个内部的单独壳体。天神之后堂看不到任何罗曼式风格和文艺复兴前期风格的痕迹。我们已无从知晓布鲁内莱斯基到底受到了哪座古罗马建筑的启发。在15世纪，还有很多古罗马建筑留存，并被建筑师描画下来，但现在它们已经不复存在了。

不过，还有一座集中式建筑，或者说一座建筑的一部分，在天神之后堂修建不久后开始建造并完工，而它直接复制了一座依然存在的古罗马纪念性建筑。米开罗佐·迪·巴尔托洛梅奥［Michelozzo di Bartolommeo］（1396—1472年）于1444年开始为圣母领报大殿［SS. Annunziata］这座中世纪教堂增建一个圆形东端。东端设有八座礼拜堂或壁龛，与他在罗马的密涅瓦神庙［the temple of Minerva Medica］所见的完全相同。因此，虽然针对布鲁内莱斯基的早期作品，我们不能过多强调新形式相对于古罗马形式的独立性，但他早在15世纪三四十年代就开始从古罗马学习到很多满足当时审美需要的方式方法。这在集中式建筑中体现得最为明显。这一点很能说明问题，因为集中式并不是超脱尘世的概念，而是现世的概念。中世纪教堂的主要作用是将信徒引向祭坛，但在完全集中式的建筑中，不可能出现这样的动线。只有从唯一的焦点看出去，建筑才能完全体现出自身的效果。在那里，观察者必须站立，并通过站立，使自身成为“一切事物的标尺”。于是，教堂的宗教意义被人的意义所取代。在教堂中的人已经不再需要奋力实现超脱尘世的目标，而可以欣赏环绕自身的美，体会自己作为美的中心的荣耀感。

我们想不出可以更好地说明人本主义者和他们的赞助人对于人和宗教的新态度的其他象征。皮科·德拉·米兰多拉［Pico della Mirandola］是伟大的洛伦佐身边最有意思的哲学家之一，他在1486年发表了题为《论人的尊严》［*The Dignity of Man*］的演讲。不久之后，马基雅维利［Machiavelli］撰写了《君主论》［*The Prince*］一书，

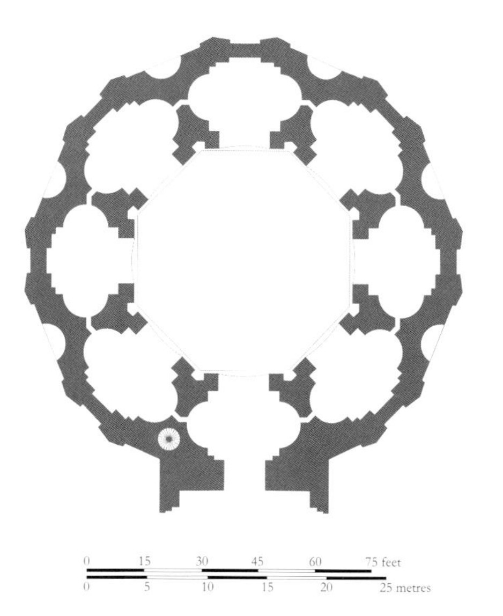

左图和右图：佛罗伦萨，天神之后堂，布鲁内莱斯基于1434年开始建造

右下图：罗马，密涅瓦神庙，约250年

赞美了人的意志的力量，认为它是主要的推动力，用来抵抗一直到他的时代都在干扰实际想法的宗教力量。此后不久，卡斯蒂利奥内伯爵［Count Castiglione］撰写了《廷臣论》［*Courtier*］，来向他同时代的人们说明他们关于通才［universal man］的理想。他说，一位廷臣需要举止得体、优雅，是优秀的交谈者、舞者，身体强壮健美，熟谙骑士精神、马术、击剑和骑马比武。他还应该饱读诗歌和历史，熟知柏拉图和亚里士多德，精通各种艺术，擅长音乐和绘画。列奥纳多·达·芬奇是第一位达到这些理想标准的艺术家：他是画家、建筑师、工程师、音乐家、他所在时代最为天才的科学家，以自身的方式让人着迷。基督教显然完全没有占据他的思想。洛伦佐·瓦拉［Lorenzo Valla］是一位来自罗马的人本主义者，他在之前发表了对话体作品《论快乐》［*De voluptate*］，并在其中公开赞扬了感官的快乐。瓦拉通过人本主义兴起前不曾有过的睿智的语言，证明了所谓的《君士坦丁献土》［Donation of Constantine］这份声明教皇对尘世的统治权力的文件是伪造的。他去世时已经是罗马拉特朗圣若望大殿［the Lateran Cathedral］的一名教士。佛罗伦萨的哲学家们按照柏拉图的模式建造了一座学院，在其中宣传半希腊化、半基督教式的宗教，通过将基督教的爱与柏拉图式神圣的爱的原则相结合，让我们渴求人的灵魂与肉体之美。新圣

母大殿歌坛壁画的题词说明这些壁画完成于1490年，“当这块在富足程度、战争胜负、艺术和建筑上如此突出的最可爱的土地享受着富饶、健康与和平之时”。差不多与此同时，伟大的洛伦佐写下了他最为著名的诗歌，诗歌是这样开始的：

Quant'è bella giovinezza,
Che si fugge tuttavia.
Chi vuol esser lieto sia;
Di doman' non c'ècertezza.

这些诗句为人熟知，的确应该如此。上面引用的是意大利文，因为它们应该以原本那悦耳的音调被记住。诗句的字面意思是：

灼灼岁序，
恰似晨露。
今朝欢愉，
明日何处。

那时的人们如果要建造一座教堂，并不希望教堂的外观让他们想起无法确定的明天或者此生结束后可能到来的未知世界。他们希望用建筑将现在变成永恒。所以他们将教堂作为纪念自己荣耀的神庙委托出去。圣母领报大殿东侧的圆厅是作为曼托瓦统治者的贡萨加［Gonzaga］家族在佛罗伦萨的纪念性建筑设计的。与此同时，米兰的弗朗切斯科·斯福尔扎［Francesco Sforza］似乎也想到要建造这样一座神庙。1460年左右，雕塑家斯佩兰迪奥［Sperandio］制作的一枚奖章中记录了这一设计。它似乎是一座平面完全对称的建筑：一座被五个穹顶覆盖的希腊十字（该术语可参见第36页），正如三四百年前威尼斯的佩里格和圣马可大教堂。该设计可能是神秘的佛罗伦萨雕塑家和建筑师安东尼奥·费拉莱特［Antonio Filarete］（1470年左右去世）设计的。他在1451—1465年间曾在弗朗切斯科·斯福尔扎手下工作。他的名声现在主要来自于米兰的马焦雷医院［the Ospedale Maggiore］。这座于1457年开始建造的巨大建筑虽然立面没有按照费拉莱特的设计建造，平面却遵循了他的方案。平面的意义在于它是第一座带有多个内院的对称的大型建筑群。当时的米兰共有九座这样的建筑，到了16、17世纪，这一形式又被埃斯科里亚尔修道院［the Escorial］、杜乐丽宫［the Tuileries］和怀特霍尔［Whitehall］等皇家建筑所采用。

然而，费拉莱特以完成规模更宏大的设计为志向。他撰写了关于建筑的专著，并给弗朗切斯科·斯福尔扎和佛罗伦萨美第奇家族的一员寄去了不同的版本，佛罗伦萨也是他离开米兰后前往的城市。他的论著中最有意思的部分可能是对理想城镇斯福钦达［Sforzinda］的描写，因为这是西方历史上第一个完全对称的城市平面。它是一个规则的正八边形，有辐射状分布的街道，宫殿和大教堂位于中心的正方形中——这又是从中世纪权威束缚中解放出来的第一个世纪对集中式的迷恋。因此，斯福钦达、宰加利亚［Zagalia］（论著中描绘的另一座城镇）和医院的教堂（这座教堂也从未建成）都设计成集中式的，这完全不让人意外，它们带来了更多形式。斯福钦达和医院的教堂均采用正方形平面，正中为大穹顶，四角为带穹顶的附属小礼拜堂。我们之前探讨了这一平面的早期基督教的先例以及后来在拜占庭时期的大受欢迎。在米兰，这种形式最早于876年出现在圣沙弟乐［S. Satiro］的圣墓礼拜堂［the Chapel of the Holy Sepulchre］。在托斯卡纳，这种形式一定也为人所知，因为米开罗佐曾于1452年在皮斯托亚的恩宠圣母教堂［S. Maria delle Grazie］中采用过。因此，费拉莱特既可能受到了托斯卡纳的影响，也可能受到了米兰的影响。宰加利亚的教堂正中设计有一个八边形的穹顶，角部设计为八边形的礼拜堂。三座教堂都设计了四个极高的塔尖，位于四个角部的小礼拜堂之上或者在它们和中心之间（图纸在这一点上较为模糊）。[23] 1462年，米兰的圣欧斯托焦圣殿［S. Eustorgio］的一座礼拜堂按照米开罗佐的设计建造起来，其平面为正方形，设有穹顶，四角建有小塔尖，但其下并没有礼拜堂。米开罗佐还为美第奇银行在米兰设计了一座宫殿，它最初按照佛罗伦萨文艺复兴风格建造，但在建造过程中采用了不太负责的意大利北部哥特风格的细部。医院的建设也是如此。

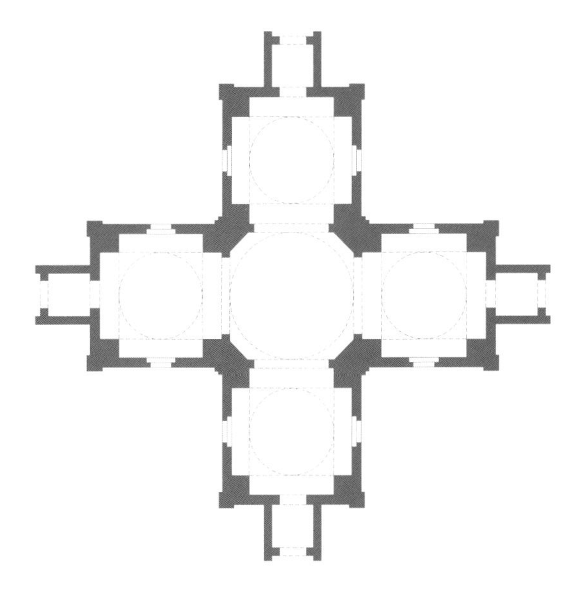

斯福尔扎神庙复原平面，米兰，依据斯佩兰迪奥1460年左右制作的徽章

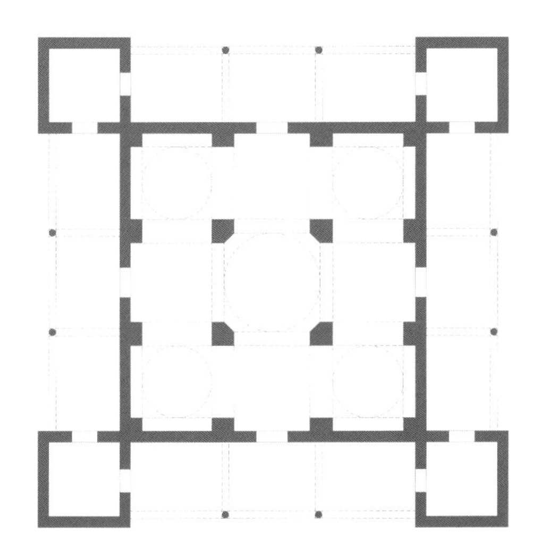

马焦雷医院向外突出的礼拜堂，米兰，费拉莱特设计，约1455年

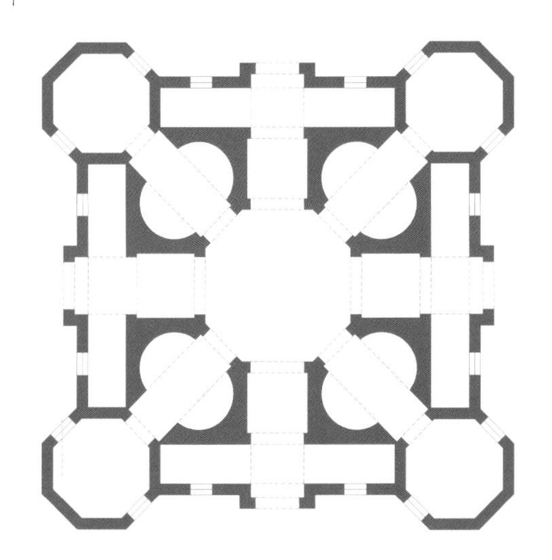

为宰加利亚建造的教堂平面，费拉莱特，约1455—1460年

显然，伦巴第人还无法理解文艺复兴。米兰大教堂在15世纪一直按照火焰式的晚期哥特风格建造。与之相类似，威尼斯总督府的纸门［the Porta della Carta］和黄金宫［the Càd' Oro］建造于15世纪30年代和40年代，而真正的文艺复兴风格的建筑都建造于1455年之后（如卡德尔杜卡［Cà del Duca］的兵工厂大门［Arsenal Gate］，1457年，等等）。它们属于托斯卡纳风格，正如米开罗佐和费拉莱特在米兰的托斯卡纳风格的设计，而15世纪最伟大的建筑师以及忙于向意大利北部热爱艺术和自命不凡的小领主传播这种风格的也是托斯卡纳人。

莱昂·巴蒂斯塔·阿尔伯蒂［Leon Battista Alberti］（1404—1472年）出生于佛罗伦萨的一个贵族家庭。在我们看来，他代表了新的一类建筑师。布鲁内莱斯基和米开朗基罗是雕塑家及建筑师，乔托和列奥纳多·达·芬奇是画家及建筑师。阿尔伯蒂则是第一位伟大的业余建筑师，在他的生活和思想中，艺术和建筑发挥的作用正符合卡斯蒂利奥内伯爵（生活年代要远晚于阿尔伯蒂）的论著所述。阿尔伯蒂是一位杰出的马术师和运动员——据记载，他可以双脚并拢跃过别人的头顶，他机智的谈吐也颇有名气，他还写剧本、作曲、绘画、研究物理和数学，他是法律专家，他的论著在探讨绘画和建筑之外，还探讨了国内经济。阿尔伯蒂的《论绘画》［*Della Pittura*］是第一本按照文艺复兴的精神来思考绘画艺术的著作，整个第一部分都只在探讨几何和透视。《建筑十书》［*The Ten Books of Architecture*］是用拉丁文，按照当时刚被重新发现的撰写建筑著作的古罗马作家维特鲁威［Vitruvius］的模式撰写的。这些书籍证明，虽然他作为教皇的一名公务人员在罗马工作，但是他拥有充足的时间来研究古罗马的建筑遗迹；而且，他的工作允许自由旅行及长时间离开罗马。

在文艺复兴时期之前，这样的人几乎不可能主动对建筑抱有积极的兴趣。但一旦建筑的本质被理解为哲学、数学（秩序和比例的神圣规律）和考古学（古罗马的历史遗迹），理论家和业余爱好者就会赋予它一种新的意义。古罗马建筑的体系和细部都需要被研究和绘制；而在维特鲁威的帮助下，人们很快意识到古罗马风格的体系在于柱式，即多立克、爱奥尼、科林斯、组合式、塔斯干

左图：里米尼，圣方济各教堂（马拉泰斯塔神庙）立面，1446年由阿尔伯蒂开始设计
对页：佛罗伦萨，美第奇宫，米开罗佐设计，于1444年开始建造

[Tuscan] 柱子和檐部的比例。通过书籍，古典建筑的原则也传播到国外。

但是，阿尔伯蒂并不是一个枯燥的理论家。在他身上，学者精神与真正的想象力和创造力罕见且愉快地得到统一。里米尼的圣方济各教堂 [S. Francesco] 的立面于1446年开始建造，但未建成，它开创了欧洲将古罗马凯旋门用于教堂建筑的先河。因此，阿尔伯蒂对复兴古罗马建筑的态度比布鲁内莱斯基更为严肃，而且他并没有将自己局限于母题。教堂的侧面设有七个圆拱壁龛，其间用粗壮的柱墩分隔，可能比15世纪任何其他的建筑都更具有罗马弗拉维王朝的厚重感。现在壁龛内放有石棺，即西吉斯蒙多・马拉泰斯塔 [Sigismondo Malatesta] 宫廷中的人本主义者的纪念碑。教堂的东端明显耸立着一个大型穹顶，与佛罗伦萨圣母领报大殿的穹顶类似，它也是西吉斯蒙多和他的伊索塔 [Isotta] 荣耀的纪念。西吉斯蒙多是一位典型的文艺复兴时期的专制君主，肆无忌惮、残酷无情，但却很真诚地对新的知识和新的艺术着迷。圣方济各教堂又被称作马拉泰斯塔神庙 [the Temple of the Malatesta]，它的立面上用大字刻有西吉斯蒙多的名字和建造日期，仅此而已。如果将此与特鲁瓦的圣于贝尔教堂 [St Hubert] 这座中世纪教堂的题字——“上主，光荣不要归于我们，不要归于我们，但要归于你的圣名”——做对比，我们就可以理解时代转变的本质。

佛罗伦萨商人乔瓦尼・鲁切拉 [Giovanni Rucellai] 也有着与西吉斯蒙多・马拉泰斯拉相同的自信。阿尔伯蒂的第二个教堂立面设计就是为鲁切拉而作。他的名字也过于明显地出现在新圣母大殿的立面上。他在晚年撰写的自传中这样提及他受自己热爱的家乡所委托的教堂建造和装修工程：“所有这些都曾经也正在给我带来最大的满足感和最甜美的感情，因为它们给上帝、佛罗伦萨和我自己的记忆带来了荣耀。”正是这种态度让这座教堂歌坛壁画的捐赠者能够穿着当时的服饰并以真人大小出现在壁画中，仿佛他们就是《圣经》故事的演员；也正是这种态度让佛罗伦萨的贵族和罗马的红衣主教纷纷建造文艺复兴风格的府邸。米开罗佐1444年设计的美第奇宫 [Palazzo Medici] 是其中的第一座。而最为著名的是皮蒂 [Pitti] 家族的府邸和斯特罗齐 [Strozzi] 家族的府邸。有人认为皮蒂宫是布鲁内莱斯基在1446年去世前不久设计的，也

有人认为它是阿尔伯蒂于 1458 年设计的，它在建成一个世纪之后被大规模扩建。至于斯特罗齐宫，《洛伦佐·斯特罗齐回忆录》[*Ricordo di Lorenzo Strozzi*] 中这样描述作者的父亲——建造了这座府邸的菲利波·斯特罗齐 [Filippo Strozzi]：“因为他为自己的子嗣提供了大量财富，对名声的渴望甚于对财富的渴望，同时也没有其他更安全的办法让自己留名后世，(他)决定建造一座能为他自己和他的家族带来名望的建筑。”这些 15 世纪托斯卡纳的府邸规模宏大，却秩序井然，立面用大石块进行粗面砌筑，并用大胆的檐口压顶。府邸的窗户对称布置，被优雅的柱子一分为二(这也是罗曼式风格的母题)。人们所期待的文艺复兴风格的精美和表达主要见于它们内部的庭院。府邸的底层均为开敞的回廊院落，院落的拱廊像育婴堂和圣灵大教堂一样优美。而府邸上层则因为开敞的廊台而显得活泼生动，有的廊台用柱墩将墙面分隔为不同的开间，有的则有其他的特征。

只有罗马发展出了一套更为严苛的庭院处理方法，它最初出现在建造年代为 1465 年左右至 1470 年的威尼斯宫 [the Palazzo Venezia] 中，源自柱子附着于粗壮的墙墩这一经典的古罗马母题，即斗兽场和阿尔伯蒂的里米尼圣方济各教堂所采用的母题。或许正是在阿尔伯蒂的建议下，这一形式才得以在罗马复兴，不过没有记录显示他与威尼斯宫有关联。佛罗伦萨和罗马这两种体系最具吸引力的相互妥协出现在乌尔比诺的公爵宫 [the Ducal Palace] ——另一座在建筑和美学上最具进取心的规模较小的意大利庭院。皮耶罗·德拉·弗朗切斯卡 [Piero della Francesca] 曾参与这一工程，他是一位画家，而他的建筑体系明显反映了阿尔伯蒂的精神。弗朗切斯科·迪·乔尔吉奥 [Francesco di Giorgio] 这位 15 世纪后期最有意思的建筑师也在 15 世纪 60 年代参与了这一工程，我们之后还会因为别的关系再次提到他的名字。但是庭院的设计和府邸内部令人愉悦的装饰估计不是他，而是卢恰诺·拉乌拉纳 [Luciano Laurana] 完成的。拉乌拉纳从 1466 年到 1479 年去世一直在乌尔比诺工作。庭院保留了佛罗伦萨拱廊的轻巧，但用壁柱增强四角。一旦注意到这种母题的效果，米开罗佐和他的追随者所采用的连续的柱子和拱券就会显得不稳定和不舒服。相比于拉乌拉纳不同母题的快乐的平衡，罗马威尼斯宫的庭院则显得有些笨手笨脚。

阿尔伯蒂在佛罗伦萨设计了一座府邸——鲁切拉宫 [the Palazzo Rucellai]。该府邸于 1446 年开始建造，它和新圣母大殿的赞助人同为一人。这里的庭院没有做强调处理，但是阿尔伯蒂在立面上采用壁柱，因此提供了一种精彩的表达墙体的新方法。[24] 壁柱共采用了三种柱式，包括底层自由的多立克柱式处理方法、二层自由的爱奥尼式和顶层的科林斯式。

这些壁柱对正立面进行了竖向分隔，精心设计的檐口则强调了横向分隔。顶部的檐口可能是佛罗伦萨最早的一个，甚至比米开罗佐的美第奇宫顶部的檐口更早。在此之前，主要采用的是凸出的屋檐这种中世纪的形式。与其他府邸相同，鲁切拉宫采用了双开窗，不过额枋将主要的长方形和上方的两个半圆形分开。窗的长方形部分的高宽比与开间的高宽比相同。因此，每一个细部的位置似乎都被决定了，无法移动。根据阿尔伯蒂的理论著作，这便是美的本质，即“各部分的和谐 [harmony] 与合理整合

上图：乌尔比诺，伯爵宫，庭院，卢恰诺·拉乌拉纳（？）设计，约1470—1475年
右上图：佛罗伦萨，鲁切拉宫，阿尔伯蒂设计，1446—1451年建造

［concord］，任何增加或减少只会使其变得更糟糕”。

这样的定义让人们最为明显地感觉到文艺复兴风格和哥特风格的差别。在哥特式建筑中，增长的感觉在各处都最为突出。柱墩的高度不由开间的宽度所决定，而柱头或柱帽［cap］的厚度也不由柱墩的高度所决定。增建礼拜堂甚至侧廊对教区教堂整体性的负面影响要远小于对文艺复兴风格建筑整体性的影响。这是因为在哥特式建筑中，一个母题接着一个母题，就像一根树枝接着一根连成一棵大树一般。

人们很难想象14世纪的赞助人会下令不允许任何人在教堂中建造坟墓式的纪念物、建立新的祭坛，或者找人绘制壁画等，就像庇护二世［Pope Pius II］在重建他家乡（为纪念他而改名为皮恩扎［Pienza］）的大教堂时那样。从这个角度而言，哥特式建筑永远没有完工之日。它是一个生物，一代代虔诚的信徒会影响它的命运。它的开始和结束不受时间的限制，也不受空间的限制。对文艺复兴风格而言，每座建筑都是一个由自给自足的部分构成的美学整体。按照一个静态的体系将这样的部分组合起来，从而形成了平面和空间上的组合。

正如之前所示，罗曼式风格也是一种静态的风格。对其而言，定义清晰的空间单元的组合也至关重要。那么，诺曼式教堂和文艺复兴式教堂在原则上有何区别？墙对两者而言都至关重要，哥特式风格却一直试图取消它们。但是，罗曼式的墙总体上是消极的。如果墙上有装饰，那装饰到底放在墙上何处似乎是随意的。人们几乎不会觉得装饰多一些或是少一些、装饰的位置稍微移高或移低一些会有决定性的区别。在文艺复兴式建筑中，情况则并非如此。墙是积极的，尺寸和排列均遵循人类理性原则的装饰元素让它变得更为活跃。最终，文艺复兴式建筑之所以能成为文艺复兴式建筑，恰恰是凭借这种人性化。拱廊比以往更轻盈通透。优雅的柱子具有一种生命体的美，它们也遵循人的尺度，由于柱子引导人们从建筑的一个部分到另一个部分，即使建筑规模很大，人们也不会被它的规模所压倒。从另一个角度而言，这也正是诺曼建筑师希望达到的。他把墙面作为一个整体来考虑，将对力量和质量的表达留在最小的细节中。因此，人们基本不需要再补充说明，罗曼式雕塑家仍然无法重新发现人体之美。人体之美的重新发现以及线性透视的发明只能出现在文艺复兴时期。圣灵大教堂或鲁切拉宫向能够接受它们独特之处的人们证明了这一点。

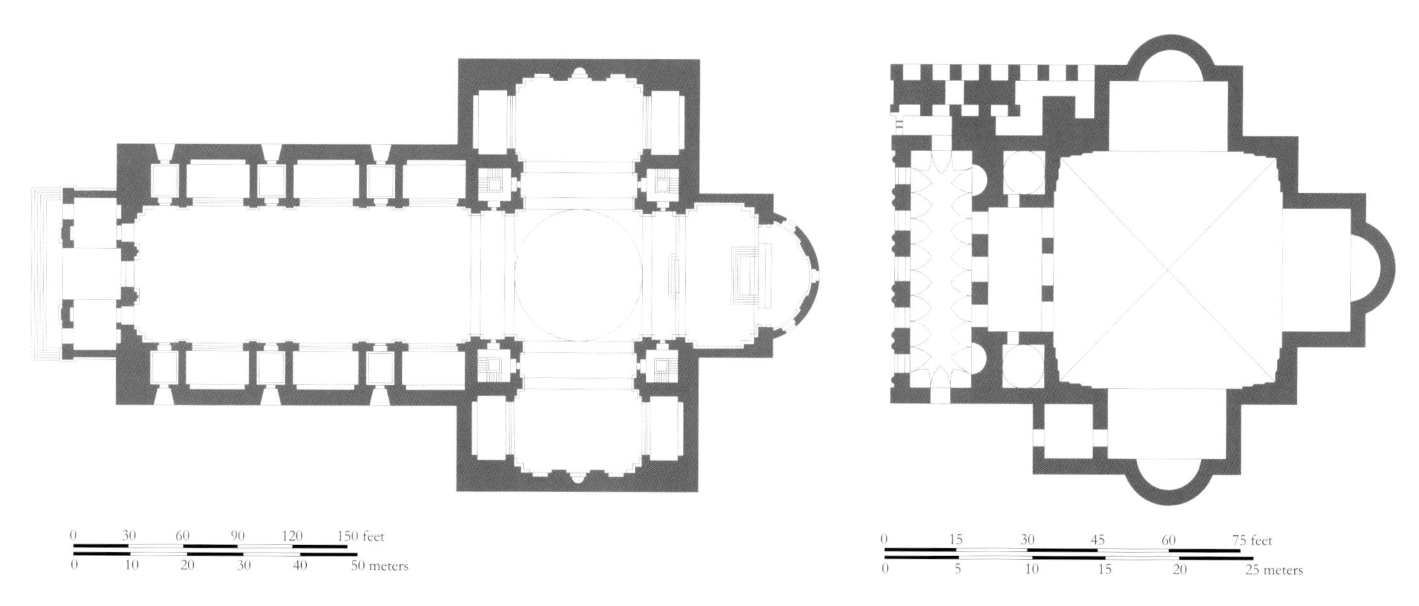

曼托瓦，圣安德烈亚教堂，阿尔伯蒂设计，于1470年开始建造

曼托瓦，圣塞巴斯蒂亚诺教堂，阿尔伯蒂于1460年设计

要说明阿尔伯蒂提出的建筑内部具有普遍性秩序的原则，可能可以分析他最后的作品——曼托瓦的圣安德烈亚教堂［S. Andrea］的平面。正如在圣灵大教堂中，教堂东侧各部分为集中式的构成。阿尔伯蒂事实上也为解决建筑师们面对的棘手问题——完全集中式的平面做出了贡献。他位于曼托瓦的圣塞巴斯蒂亚诺教堂［S. Sebastiano］采用了希腊十字平面。该教堂设计于1460年，即斯佩兰迪奥设计的徽章上的斯福尔扎神庙建造的前后。无论设计于什么年代，阿尔伯蒂的解决方案都非常独特，朴素超然，并奇特地采用了异教徒式的立面。难怪一位红衣主教在1473年这样写道："我不能确定这座建筑最终会成为一座教堂，还是一座清真寺，或是一座犹太教堂。"从教堂的实际功能而言，这样的集中式建筑显然是无用的。因此，在最初的案例中就展现出这种将传统的纵向平面与审美上更受欢迎的集中式特征相结合的尝试。圣灵大教堂就是其中的一个案例，但最有影响力的则是曼托瓦的圣安德烈亚教堂。在圣安德烈亚教堂中，建筑师让一系列侧面的礼拜堂占据了侧廊的位置，又高又宽的开口与又矮又窄的开口交替与中厅连接，从而取代了传统的中厅和侧廊的布局。这样，侧廊就不再是向东的运动的一部分，而成为一系列次中心，来陪衬宽敞的筒形拱顶中厅。而环绕中厅的墙面也是如此，建筑师展现出了同样的意图——将封闭和开敞的开间按照*a b a*的韵律交替，取代了不断交替、没有停顿的简单的巴西利卡式的立柱系列。柱子被彻底放弃，取而代之的是巨大的壁柱。教堂立面也采用了同样的*a b a*韵律（细部也是如此）和巨大的壁柱（它与圣塞巴斯蒂亚诺教堂是西方建筑中最早采用这一形式的建筑）的母题。而交叉部拱券的比例与侧面的礼拜堂相同。只有认识到这两点，人们才能领会到自始至终保持相同的比例对圣安德烈亚教堂极其宁静的和谐起到了怎样的作用。

阿尔伯蒂并不是唯一一名在纵向的教堂建筑中尝试韵律组合的建筑师。事实上，自从一位佛罗伦萨建筑师在法恩莎大教堂［Faenza Cathedral］（1474年）给出最初的提示后，意大利北部就对这一原则在有中厅和侧廊的教堂的应用展现出了特别的兴趣。费拉拉［Ferrara］、帕尔马［Parma］和其他中心也逐渐采用了这一原则，不久之后这一思想潮流与中间大穹顶加四角较小较低穹顶的拜占庭-米兰式集中式的潮流相结合。威尼斯人和威尼托人在1500年前不久就开始建造这一类型的集中式教堂（圣金口若望堂［S. Giovanni Grisostomo］）；1506年，一位否则将名不见经传的建筑师斯帕文图［Spavento］找到了将这一形式用于巴西利卡的经典方法。威尼斯的圣救主堂［S. Salvatore］由两个米兰-威尼斯单元组成的中厅和一个完全相同的交叉部构成，只有附加的耳堂和后殿略显突兀。

在历史上，圣救主堂与阿尔伯蒂建于曼托瓦的圣安

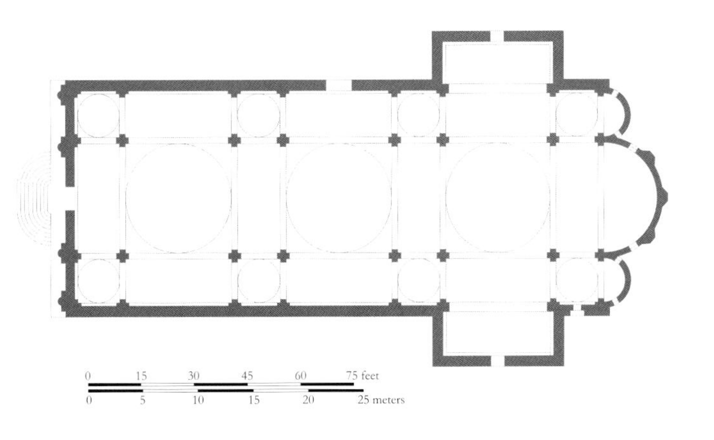

威尼斯，圣救主堂，斯帕文图设计，1506 年

德烈亚教堂的关系，与居住建筑中罗马的文书院宫［the Cancelleria］与阿尔伯蒂的鲁切拉宫相似。文书院宫是1486—1498 年间作为枢机主教里亚里奥［Cardinal Riario］的私人宅邸建造的。里亚里奥主教是文艺复兴时期教皇中最令人敬畏的思道四世［Sixtus IV］的侄子。相比于牧师，教皇们甚至更把自己视为尘世的统治者。在思道四世的另一个侄子儒略二世［Julius II］治下，新的圣彼得大教堂开始兴建。米开朗基罗在西斯廷礼拜堂［the Sistine Chapel］的天顶画和壁画、拉斐尔在位于梵蒂冈的拉斐尔房间［the Stanze］的壁画也都是为他创作的。儒略二世曾经让米开朗基罗为博洛尼亚创作一座他的雕像，并要求将他刻画为佩剑而非拿书的形象。他说："我是一名士兵，而不是一个学者。"至于亚历山大六世［Alexander VI］和他的儿子切萨雷・波吉亚［Cesare Borgia］，我们只需要指出他俩之间的关系就够了。里亚里奥府邸［the Palazzo Riario］的底层没有壁柱，因为保持粗面砌筑的完整性似乎更为合理，那里只需要小窗。二层和三层则建有壁柱，但并没有采用鲁切拉宫的简单序列。*a b a* 的韵律再次采用，给立面带来了生气和规则。人们也会注意到，阿尔伯蒂采用的水平分隔同时作为檐口和窗台，文书院宫未留下名字的建筑师为每种功能都提供了明显可见的建筑表达。此外，文书院宫的转角开间略微向外突出，从而使右侧和左侧在构成上都丝毫不暧昧模糊。

文书院宫是罗马第一座在本地之外也具有影响力的文艺复兴式建筑。当它完工时，罗马在建筑和艺术上都超越了佛罗伦萨，处于领先地位，这也标志着文艺复兴盛期［the High Renaissance］的开始。文艺复兴初期本质上仍然是托斯卡纳的，而文艺复兴盛期则是罗马的，因为那时罗马已经成为唯一的国际性文化中心，而且文艺复兴盛期风格那理想的经典性让其在国际上广为接受，事实上在之后的多个世纪中都成为国际典范。罗马在文艺复兴风格历史中的地位与巴黎和巴黎周边的诸多大教堂在哥特风格历史中的地位相对应。虽然我们不知道巴黎圣母院、沙特尔大教堂、兰斯大教堂和亚眠大教堂的建筑师出生和成长于法国哪个地区，但是我们知道多纳托・伯拉孟特［Donato Bramante］来自于翁布里亚和伦巴第，拉斐尔来自翁布里

罗马，文书院宫，1486—1498 年

亚和佛罗伦萨，而米开朗基罗来自佛罗伦萨。他们三位都是文艺复兴盛期最伟大的建筑师，而他们中没有一人受过建筑师的训练——我们曾多次提到这样的情况。伯拉孟特和拉斐尔原本都是画家，米开朗基罗则是一位雕塑家。

伯拉孟特是三人中最年长的一位。1444 年，他在乌尔比诺附近出生。他在那里成长的年代，也正是皮耶罗·德拉·弗朗切斯卡绘画、拉乌拉纳［Laurana］设计公爵宫、弗朗切斯科·迪·乔尔吉奥忙于撰写建筑专著的时代。乔尔吉奥的专著是文艺复兴时期继阿尔伯蒂和菲拉莱特之后的第三部建筑专著，其中展现出了对集中式设计的极大兴趣。1477 到 1480 年之间的某一时间，伯拉孟特前往米兰。他在那边的第一座建筑——圣沙弟乐圣母堂［S. Maria presso S. Satiro］仿佛预知了就在几年前开始建造的阿尔伯蒂位于曼托瓦的圣安德烈亚教堂。伯拉孟特仿佛仔细研究了该建筑的平面。他自己建造的教堂并没有圣坛的空间，于是用平浮雕伪装了一个——也很愉快地展示了他关于线性透视法的相关知识。如果站在合适的位置，这一花招显得非常完美。

圣沙弟乐圣母堂有一个集中式的圣器室，而伯拉孟特在米兰建造的第二座建筑——恩宠圣母教堂［S. Maria delle Grazie］平面为集中式，且有一个东端，与阿尔伯蒂位于曼托瓦的圣安德烈亚教堂非常相似。但是，当恩宠圣母教堂于 1492 年开始建造时，另一位艺术家——达·芬奇已经在米兰生活了九年。他是有史以来最具世界性的艺术家，之后会对稍微年长一些的伯拉孟特产生显著的影响。1482 年，达·芬奇以工程师、画家、雕塑家和音乐家等除了建筑师以外的各种身份来到米兰，但他一直在自己极具创造力的大脑中思考着各种建筑问题。在佛罗伦萨，他已经描绘了布鲁内莱斯基圣灵大教堂和天神之后堂的平面；在米兰，他仔细研究了菲拉莱特的具有米兰特征的方案。这些研究的成果是他速写本上的关于不同类型的复杂的集中式结构的草图，比如一个正中的八边形和八个礼拜堂，每个礼拜堂都采用了正中为穹顶、周边为方形的角部小开间的米兰式平面。因此，与达·芬奇之前的文艺复兴建筑师的集中式方案相比，达·芬奇的方案并不是一个主要元素与多个辐射状的次要元素的鲜明对比，而是一个低

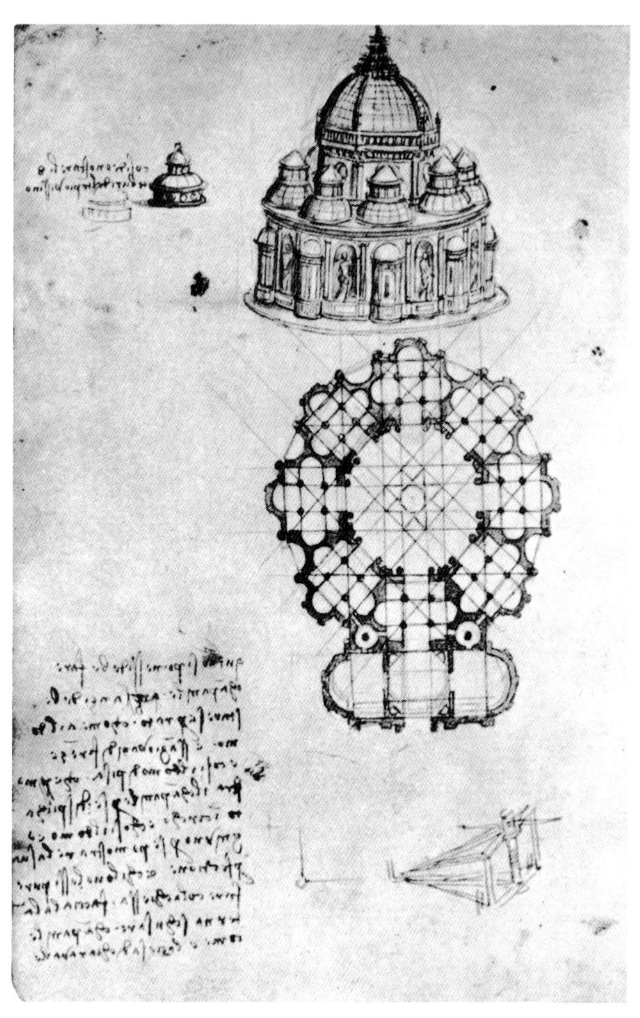

带有八边形和八个礼拜堂的集中式教堂设计，莱昂纳多·达·芬奇，手稿 2037 第 5v 页

层级服从于高层级的系统。另一个项目从历史角度而言甚至更有意思。它是达·芬奇巴黎手稿 B［Paris Manuscript B］中的一张速写草图，包括一个希腊十字和四个圣坛后殿，被一个回廊完全环绕，四角为小的正方形开间，位于这些角部开间之上的塔楼或塔尖沿着对角线向外凸出。伯拉孟特一定看到了这一草图，在离开米兰、前往罗马多年之后也对此念念不忘。

除了从达·芬奇处学习到的，1499 年伯拉孟特从米兰来到罗马，这一城市氛围的转变也很大程度上改变了他的风格。他的建筑马上呈现出一种朴素感，远远超越了他在米兰时期的建筑。这体现在他最早的位于罗马的作品中，包括和平圣母玛利亚教堂［S. Maria della Pace］的回

罗马，蒙托利欧的圣伯多禄教堂的坦比哀多，伯拉孟特设计，1502 年

廊和位于蒙托利欧圣伯多禄教堂［S. Pietro］的坦比哀多［Tempietto］。和平圣母玛利亚教堂的庭院底层有罗马式的墙墩和附加其上的柱子；二层为开敞的廊台，纤细的柱子支撑着代替拱券的笔直额枋。在蒙托利欧的圣伯多禄教堂中，伯拉孟特则显得更加大胆。1502 年建造的坦比哀多是文艺复兴盛期区别于文艺复兴初期的第一座纪念碑，它可以说是真正意义上的一座纪念碑，是在雕塑方面而非严格建筑方面的一个成就。它是为了纪念圣彼得被钉上十字架去世之处而建造的，因而也可以将其视为扩大的圣物箱［reliquary］。事实上，伯拉孟特的设计试图改变建筑的庭院，使其成为圆形的回廊院落以容纳小型神庙。在看完 15 世纪的教堂和府邸之后，坦比哀多给人的第一印象可以说是令人生畏的。它采用了塔斯干-多立克［Tuscan Doric］柱式，这也是这一严肃而简朴的柱式第一次现代化的运用。柱子之上为正确的古典檐部，而这也是一个能增强力量感和严肃感的特征。在柱间壁［metope］和壁龛中的壳体结构之外，整个建筑外观没有任何其他的装饰。与之相辅相成的是新奇不足但生动有余的简单比例，底层的高宽比在上层加以重复，从而给坦比哀多带来了远超其规模的庄重感。在这座建筑中，经典的文艺复兴风格达到了其自觉的目标，即赶超经典的古代风格。这座建筑超越了母题，甚至也超越了形式的表达，看上去如同古希腊神庙一般，是一个纯粹的体量。空间作为西方建筑最重要的要素，似乎在这座建筑中被击败了。

但是伯拉孟特并未止步于此。就在他完成了文艺复兴风格对建筑体量的理想表达的四年之后，他开始将其与文艺复兴风格对空间的理想表达相调和，从布鲁内莱斯基到莱昂纳多・达・芬奇等 15 世纪的建筑师都曾对其进行发展。1506 年，儒略二世委托他重建西方最神圣的教堂——圣彼得大教堂。当时，圣彼得大教堂还基本保持着其君士坦丁时期的外观（见第 5 页）。第一位对人本主义和文艺复兴持同情态度的教皇——尼古拉五世已经开始在老的东端外部进行重建。重建的方案与阿尔伯蒂位于曼托瓦的圣安德烈亚教堂如此相似，甚至可以假设阿尔伯蒂就是设计者。但当尼古拉五世于 1455 年去世时，只有地基完工，此外毫无进展。儒略二世的圣彼得大教堂则设计为严格的

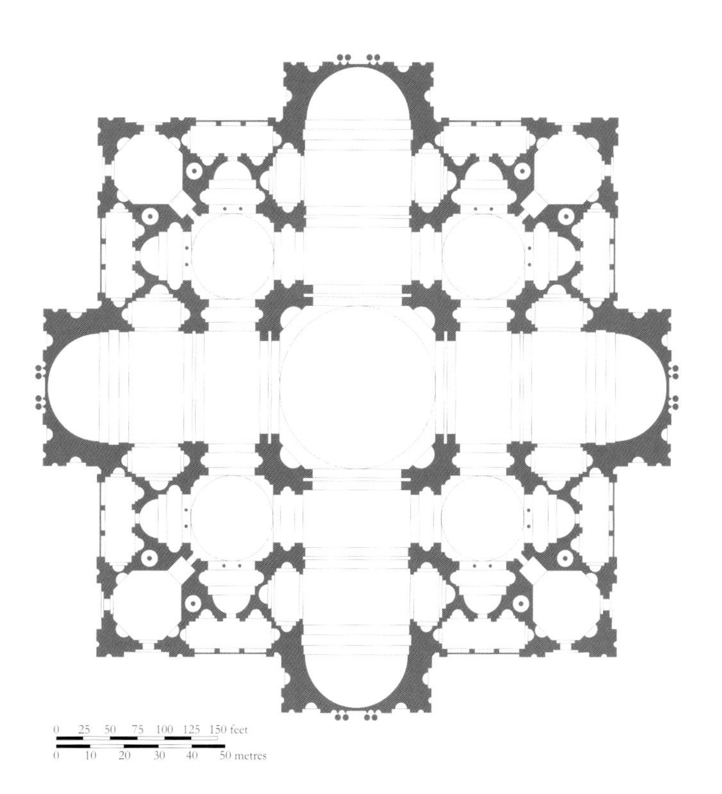

伯拉孟特最初为圣彼得大教堂设计的平面图，罗马，1506 年

集中式建筑。这是一个令人吃惊的决定。一方面，当时有很强的倾向于纵向教堂的传统；另一方面，圣彼得大教堂具有极其重要的宗教意义。教皇在自己的教堂中采用这种象征世俗的形式，这也意味着人本主义的精神已经穿透了与之对抗的基督教最深的堡垒。

新的圣彼得大教堂的奠基石落下时，伯拉孟特已经超过 60 岁了。新的教堂采用了希腊十字的形式，有四个半圆形后殿，平面如此对称，以至于无法看出哪个后殿内设有主祭坛。主穹顶由角部礼拜堂上的小穹顶和更外围的角部上的塔楼陪衬。所有这些都显然出自米兰的和莱昂纳多的传统。但伯拉孟特为了增强自己的韵律，将角部的礼拜堂均扩大为希腊十字的形式，从而使每个角部礼拜堂都有属于自己的两个半圆形后殿，而另外的两个半圆形后殿则被主要的希腊十字的四臂所切除。于是他创造出了一个方形的回廊，环绕着位于正中的巨大穹顶，穹顶设计为半球形，与坦比哀多的穹顶相同。四角的塔尖让建筑外部成为一个只有主要的半圆形后殿凸起的正方形。到目前为止，伯拉孟特的方案只能算是 15 世纪思想的一个伟大发展。

而他的创新和完全属于16世纪的则是墙和最为重要的支撑正中穹顶的柱墩的造型，这两者也是伯拉孟特的方案唯一建成且仍然部分可见的部分。在它们之中，人的尺度及文艺复兴初期造型柔和的元素已不复存在。它们是巨大的石构件，中间被大胆地掏空，仿佛出自雕塑家之手。墙具备可塑性这一理念源自古罗马晚期，最早是由布鲁内莱斯基晚年在建造天神之后堂时重新发现的（虽然在该建筑中使用得不多），并在意大利建筑未来的发展中起到了最为重要的作用。

然而，近在咫尺的未来属于掌握经典的和谐与雄伟的大师伯拉孟特，而不属于作为巴洛克先驱的伯拉孟特。拉斐尔（1483—1520年）是紧密效仿伯拉孟特的坦比哀多、位于梵蒂冈的达马苏庭院［the Damasus Court］和观景庭院［Belvedere Court］（1503年之后）及其他位于罗马的杰作的建筑师。拉斐尔的建筑作品鲜有文献记录。在被认为是他建造的作品中，有可信的证据证明位于罗马的维多尼卡法雷利宫［the Palazzo Vidoni Caffarelli］的确是他的作品。这一府邸可以说是伯拉孟特在1514年去世前一直在设计、拉斐尔于1517年购买的卡布里尼宫［the Palazzo Caprini］的“近亲”。现在，卡布里尼宫已被修建得面目全非，维多尼卡法雷利宫也不再是拉斐尔设计的模样，它的宽度和高度后来都被大大增加了。代表文艺复兴盛期的尺度变化在这座建筑中也同样明显。平衡与和谐仍然是建筑所追求的目标，但是它们开始与15世纪不为人所知的庄严和伟大相结合。塔斯干-多立克柱子取代了鲁切拉宫和文书院宫的壁柱，快乐的 *a b a* 韵律则收缩为更有力的 *a b* 韵律，并通过在 *a* 处复制柱子以及在 *b* 处复制笔直的额枋形成了新的重音。底层的粗面砌筑同样强调了构成的水平元素，即重力感。

文艺复兴从初期发展到盛期，其从精美到宏大、从表面的细微设计到墙面大胆的高浮雕造型的发展鼓励建筑师对古罗马帝国建筑遗迹进行更为深入的学习。只有到此时，这些遗迹的戏剧效果才被完全理解。也只有到此时，人本主义者和艺术家才试图将古罗马的建筑遗迹作为一个整体进行图像化甚至重新创造。拉斐尔的玛达玛庄园［the Villa Madama］在最初的设计中有一个圆形的庭院和各种各样有半圆形室和壁龛的房间，是试图超越雄伟的古罗马浴场的最大胆的尝试。它华美的装饰直接从尼禄的金宫［Golden House］等古罗马帝国遗迹发展而来，这些遗迹都是在地下找到的，因此这类受拉斐尔和他的工作室青睐的装饰也被称作“穴怪图像”［Grottesche］。拉斐尔于1515年被美第奇家族的教皇列奥十世［Leo X］任命为罗马古建筑负责人［Superintendent of Roman Antiquities］，他基于私人用途请一位人本主义者朋友翻译了维特鲁威的著作；此外，他（很有可能是他）给教皇写了一份备忘录，主张对古罗马建筑遗迹的平面、立面和剖面单独展开详细的测绘，并对这些建筑进行“绝对无误”［*infallibilmente*］的重建。考虑到玛达玛庄园的平面和装饰，这些明显都不只是偶然。

这也是考古学在学术意义上的准确开始，代表了与15世纪古罗马建筑仰慕者非常不同的一种态度。它造就了一批知识空前渊博、对古罗马建筑欣赏力空前深刻的学者，但也造就了相对缺乏自信的艺术家和古典主义者，伯拉孟特和拉斐尔就是典范。

此处我们需要对三个术语进行辨析：经典［classic］、古典［classical］和古典主义［classicist］。经典和古典之间的差别在第251页的注释14中进行了解释。如果经典作为术语是指相互冲突的力量难得的平衡，代表了任何艺术运动的顶点，而古典作为术语是指任何属于或发展自古代时期的事物，那么古典主义又是什么？要给予其定义绝非易事。在我们的语境中，只能通过相对迂回的方式找寻它的含义。

经典和古典主义作为术语，都不是指罗曼风格、哥特风格、文艺复兴风格等历史风格，而是与审美观相关。但是，审美观一般而言随着历史风格而改变，两套术语往往能互相呼应。在英国，一直到最近，文艺复兴风格作为术语是指15世纪一直到19世纪初的艺术。然而，在这300多年的时间里，艺术风格出现了非常多的根本性转变，这一术语覆盖了如此长的时期，无法代表任何独特的美学特征。因此，对于欧洲大陆而言，这一术语逐渐分为文艺复兴风格和巴洛克风格［Baroque］，其中巴洛克风格涵盖了贝尼尼［Bernini］、伦勃朗［Rembrandt］和委拉斯凯

罗马，法尔内塞宫，庭院，小安东尼奥·达·桑加罗设计，1534 年，顶层由米开朗基罗设计，1548 年

兹［Velazquez］等艺术家的作品。然而，随着过去约 50 年关于美学表达的知识、敏感度和区分力的增长，我们日益清晰地发现文艺复兴风格和巴洛克风格并不能真正定义 15、16 和 17 世纪重要艺术的特点。拉斐尔和贝尼尼或伦勃朗之间差距明显，但 1520 年或 1530 年左右至 1600 年或 1620 年左右的艺术并不能归入文艺复兴风格或巴洛克风格。因此，大约在 30 或 35 年前，一个新的名词——风格主义［Mannerism］出现了。这一名词并不是专门杜撰的，它之前就曾用于带有贬义地描述 16 世纪绘画的某些流派。这一名词新的意义目前只在本国为人所知。它有很多值得推荐之处，无疑能帮助人们认识到文艺复兴盛期和之后 16 世纪的艺术之间的差别。

如果平衡与和谐是文艺复兴盛期风格的主要特征，那风格主义则与其完全相反，因为它是一种不平衡、不和谐的艺术——有时很情绪化，热衷于变形（丁托列托［Tintoretto］、埃尔·格列柯［El Greco］）；有时又循规蹈矩，甚至自我抹杀（布龙齐诺［Bronzino］）。

文艺复兴盛期的风格是丰富的，而风格主义是贫乏的。提香的作品中有华丽的美，拉斐尔的作品中有雄伟的庄严，米开朗基罗的作品中有巨大的力量，而风格主义的作品却是纤细、优雅的，有一种僵硬且极其不自然的姿态。不自然到这种程度对西方而言是新的体验，中世纪和文艺复兴时期的作品要质朴得多。宗教改革运动和反宗教改革运动打破了这种天真的状态，这也是风格主义充斥着如此之多的风格的原因。因为艺术家第一次意识到折中主义的优点。拉斐尔和米开朗基罗被视为黄金时代的大师，与古代大师齐名。模仿在一种很新的意义上成为必须。中世纪艺术家将模仿大师视为理所应当，但他们也从未怀疑过自己（或他们所在的时代）超越这些大师的能力。然而，这种自信已经不复存在了。最早的学院建立了，关于艺术历史和理论的著作大量涌现。瓦萨里［Vasari］就是其中最著名的代表。偏离米开朗基罗和拉斐尔的正统形式

罗马，马西米圆柱府邸，佩鲁齐设计，1535 年开始建设

并没有受到排斥，反而形成了一种富有变化、感情外露或大胆勇敢的新风气，即禁忌的快乐。难怪 16 世纪出现了最严格的禁欲者以及沉迷于情色这隐藏之罪的最早的作家和画家（阿雷蒂诺［Aretino］和朱利欧·罗马诺［Giulio Romano］）。

目前我们只提到了画家的名字，因为人们对 16 世纪绘画的特征起码要比 16 世纪建筑的特征更熟悉一些。将风格主义的原则运用于建筑的时间相对更晚，而且仍然具有争议。不过，如果我们现在转向建筑，将法尔内塞宫［the Palazzo Farnese］和马西米圆柱府邸［the Palazzo Massimi alle Colonne］分别作为罗马文艺复兴盛期和风格主义府邸建筑最完美的案例进行比较，两者的情感特征之间的差别会立刻展现出之前我们在两种绘画之间所发现的差别。法尔内塞宫最初设计于 1517 年，后来由小安东尼奥·达·桑加罗［Antonio da San Gallo the Younger］（1485—1546 年）于 1534 年以更大的规模重新设计。它是罗马文艺复兴时期的府邸中最具纪念性的一座，为一个单独的长方形建筑，其沿街立面正对着一个广场，长 150 英尺左右（约合 45.72 米）。立面特别强调了转角石，但并没有采用粗面砌筑。底层的窗户采用了直檐口，而二层则交替采用了由柱子支撑的三角山花和圆弧山花（也被称作小型神社［aedicules］），这是文艺复兴盛期重新兴起的一个古罗马母题。顶楼和压倒一切的顶部檐口是后来加建的，体现了一种不同的精神（见第 122 页）。值得注意的是，建筑内部非常对称和开阔，特别是位于正中的通过筒形拱顶过廊通往庭院的华丽入口。这一般位于所有文艺复兴时期府邸带回廊院落的底层，底层现在与伯拉孟特的传统相符，采用了塔斯干-多立克柱式和由柱间壁和三陇板［triglyph］组成的合适的檐壁，以取代 15 世纪轻盈的塔斯干柱式。二层没有廊台，但典雅的带三角山花的窗户位于封闭的拱廊之中，并采用了爱奥尼柱式。根据古罗马的用法（马切罗剧场［Theatre of Marcellus］），这是正确的：更粗壮的塔斯干-多立克柱式必须位于底层，优雅的爱奥尼柱式则位于二层，丰富的科林斯柱式则位于三层。在这一点上（也只是在这一点上），法尔内塞宫后来建造的二层遵循了这一考古案例。

马西米圆柱府邸由来自锡耶纳的巴尔达萨雷·佩鲁齐［Baldassare Peruzzi］（1481—1536 年）设计，他是罗马伯拉孟特和拉斐尔圈子中的一员。这座府邸于 1535 年开始建设，完全忽视了所有古代的标准，也没有对伯拉孟特和拉斐尔所取得的成就表现出较多的尊重。维多尼卡法雷利宫和法尔内塞宫都是理性的建筑，任何一个局部都为认识建筑整体提供了一条线索。马西米圆柱府邸的入口门廊采用了成对的塔斯干-多立克柱式和沉重的檐口，都没有为其上的楼层做准备。维多尼卡法雷利宫和法尔内塞宫都设计成一种丰富但不过分的浮雕。但在马西米圆柱府邸中，极其幽暗的底层长廊与像纸一样薄和扁平的上部形成鲜明的对比。二层窗户的浮雕效果要比文艺复兴盛期所认为的合适效果更浅一些，四层和五层的窗户很小，窗框呈现出奇特的皮革效果；它们不像文艺复兴时期那样，在尺寸或重要性上有所差别。此外，整个立面细微的曲线给人以一种摇摆的精妙感，而文艺复兴时期方正的立面则一般强调有力的坚固感。马西米圆柱府邸无疑在庄严和雄伟程度上要逊于维多尼卡法雷利宫和法尔内塞宫；但它却有一种老道的优雅，更受过度文明化的知识分子鉴赏家的青睐。

曼托瓦，朱利欧·罗马诺设计的得特宫，1525—1535 年

这向我们说明了一个事实：古典主义就是最早在这一阶段的风格主义时期中被理解的审美观。文艺复兴初期重新发现了古代风格，并沉迷于对细节的复制以及对超越细节的重建天真的特许。文艺复兴盛期在古罗马形式的使用上未必更准确，但古代精神的确在成熟期的伯拉孟特和拉斐尔期厚重的建筑中短暂地得以真正地复兴。在他们去世之后，模仿则成为创新精神的桎梏。古典主义就是对古代，甚至文艺复兴的经典时期的模仿，不惜以直接表现为代价。不用说，这种态度在 18 世纪末和 19 世纪初发展到顶峰。古典主义这一卓越的阶段在欧洲大陆一般就被简单纯粹地称为古典主义时期［Classicism］，在英国则被称作古典复兴时期［Classical Revival］。直接复制整个古代神庙的外观（或整座神庙的正立面）为西方所用是古典主义的本质。16 世纪还没有这么夸张，但那时人们已经开始设想将学院思想的刻板与对情感自由的怀疑相结合，从而使后来全面的复兴成为可能。

朱利欧·罗马诺（1499—1546 年）是拉斐尔的学生，也是曼托瓦公爵麾下的首席艺术家，在 1544 年左右为自己建造了一座住宅。这座住宅既是规模宏大的建筑师私宅中最早的一座，也是风格主义者的古典主义作品中一个震撼人心的案例。同样，建筑立面要比文艺复兴盛期所欣赏的那种略微扁平一些。建筑细部，比如窗框和顶部的檐壁，则显得又硬又脆。建筑显示出一种孤傲感，一种几近自负的沉默寡言，以及一种呆板的拘谨，让人立刻想起 16 世纪末被广泛接受的西班牙礼仪。但是，显而易见的普遍正确性却被各处偶尔暗中出现的大胆自由的做法所打破（之前我们已经提到过朱利欧·罗马诺作为画家的作品中的大胆做法）。底层采用粗面砌筑，窗户上方光滑的带状装饰似乎消失在窗户拱心石的背后。入口的拱券被不合常规地压扁了，上方的三角山花没有基座支撑，可以说与二层窗户窗台齐高的主束带层在这里被拱券费力地支撑起来了。这些窗户与法尔内塞宫的一样，凹进封闭的拱廊之中。虽然窗框和山花很符合逻辑，结构也令人满意，但是一个扁平的装饰主题毫不停顿地出现在窗户的侧边、上部和三角山花处。它非常精致，但也非常扭捏，就像同时期本韦努托·切利尼［Benvenuto Cellini］的雕塑作品。

这一风格最初在罗马和佛罗伦萨诞生之后，几乎立刻传遍了意大利北部和阿尔卑斯山以北的国家。朱利欧·罗

格拉纳达，查理五世的宫殿，由佩德罗·马丘卡设计，于1526年开始建设，庭院

马诺是第一个在亚平宁山脉北侧展现这一风格的建筑师；圣米凯利［Sanmicheli］虽然要比朱利欧年长15岁，也紧随其后，按照这种风格主义者的古典主义精神重新塑造了维罗纳城的外观。他部分受到了罗马的直接影响，部分则受到了朱利欧早期位于曼托瓦的杰作——1525—1535年间修建的得特宫的影响。在博洛尼亚，佩鲁齐的学生塞巴斯蒂亚诺·塞利奥［Sebastiano Serlio］也在鼓吹这一风格，他比佩鲁齐年长六岁，比朱利欧年长24岁。1537年，他开始出版一部建筑专著的第一部分，这部专著后来成为阿尔卑斯山另一侧的古典主义者持续的灵感源泉。塞利奥于1540年前往法国，很快就被任命为国王御用的画家和建筑师。塞利奥和意大利画家罗索·菲奥伦蒂诺［Rosso Fiorentino］及普列马提乔［Primaticcio］曾经工作过的枫丹白露［Fontainebleau］学校则是阿尔卑斯山北部风格主义的中心。我们之后会对此进行更为详细的介绍。西班牙甚至在更早之前就接受了这一新风格，这是对她晚期哥特式风格暴力的激烈反击。查理五世［Charles V］位于格拉纳达阿尔罕布拉的一直未完成的新宫殿（1526年由佩德罗·马丘卡［Pedro Machuca］开始建造），其中由圆柱柱廊环绕的巨大的内庭以及长达207英尺（约合63.094米）的立面采用了各种主题，看上去仿佛是基于玛达玛庄园中的拉斐尔风格和朱利欧·罗马诺风格，但经过了当地的演绎。英国和德国屈服于古典主义的淫威，止步不前。直到17世纪20年代，古典主义风格才在英国和德国得到全方位的欣赏（伊理高·琼斯［Inigo Jones］和埃利亚斯·霍尔［Elias Holl］，见第164页和第167页）。那时，古典主义风格相比于有问题的朱利欧·罗马诺-塞利奥的形式，更多采用了16世纪末期建筑师中最为快乐和闲适的安德烈亚·帕拉迪奥［Andrea Palladio］（1508—1580年）所创造的形式。

帕拉迪奥的风格虽然最初也追随了朱利欧、圣米凯利和塞利奥，甚至远溯到了维特鲁威，但他对颇具权威性的古罗马建筑的晦涩和自由的误读则是高度个人化的。人们必须去维琴察及其周边地区探访他的作品。他没有在那里设计教堂（虽然之后会谈到，他位于威尼斯的圣乔治马焦雷教堂［S. Giorgio Maggiore］和威尼斯救主堂［Il Redentore］是少数真正的风格主义式的教堂），他所接到的项目基本全是城市［*palazzi*］和乡村［*ville*］住宅的设计。而且，值得注意的是，不需要对他的教堂进行分析，就能充分了解他的风格的深远影响。因为文艺复兴之后，世俗建筑在视觉自我表达上变得与宗教建筑同样重要，直到18世纪居住和公共建筑的重要性超过了教堂。关于中世纪，与本书类似的书籍只需要涉及很少的城堡、住宅和公共建筑案例。而此处介绍的文艺复兴的案例，一半都是世俗建筑。这一比例在天主教国家中保持了200多年。而在皈依新教的国家中，世俗建筑更早获得了主导地位。

对页上图：维琴察，基耶里凯蒂宫，由帕拉迪奥始建于1550年
对页下图：维琴察，卡普拉别墅，帕拉迪奥设计，约1550—1554年

MARIVS CAPRA
GABRIELIS F

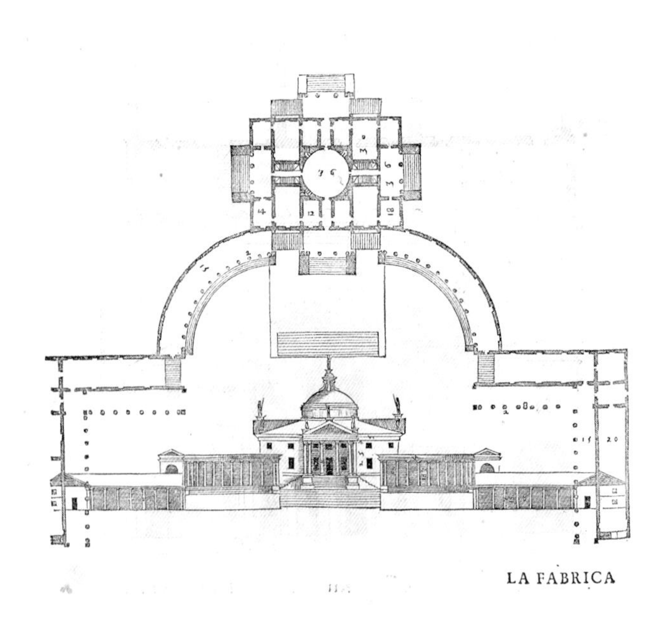

梅勒多，特里西诺别墅，帕拉迪奥设计，约1552年

帕拉迪奥的建筑虽然优雅宁静，但如果没有与他的建筑理论一起在他的书中发表，也不会取得如此普遍的成功。帕拉迪奥的《建筑四书》[*Architettura*] 最初与塞利奥的著作齐名，继而又超越了后者，特别是18世纪初它在英国再次流行之后。他的风格对乔治王朝的品位开化、接受古典教育的贵族们的吸引力要远大于其他的建筑师。帕拉迪奥永远都不是枯燥的，也不是明显具有学者气的。他将古罗马的庄重与意大利北部建筑的宽度以及同时代任何人都难以企及的完全个人化的闲适相结合。在他1550年开始建造的基耶里凯蒂宫 [Palazzo Chiericati] 中，属于伯拉孟特传统的塔斯干-多立克柱式和标准的爱奥尼柱式以及它们笔直的檐部都准确无误。但将这些一般只用于罗马府邸庭院中的元素自由地用于立面，从而将立面大部分敞开，只在二层正中保留一个较实的部分，各边均被虚的部分所环绕，这完全是帕拉迪奥个人的形式。他特别喜欢他的乡村住宅中的柱廊，用于连接主要的正方形体块和向外远远伸出的侧翼。

实体与扩散之间的对比让帕拉迪奥深深地着迷。他最完整的设计之一，位于威尼斯共和国的大陆梅勒多 [Meledo] 的特里西诺别墅 [the Villa Trissino]，可以说是完全对称的。更极端的完全对称的案例目前仍然存在，而且保存得很好，即位于维琴察近郊的卡普拉别墅 [Villa Capra]，或称圆厅别墅 [Rotonda]（约1550—1554年）。这是一个极其完美的学术成就，特别受到英格兰的敬仰。作为一座居住建筑，它不像北方庄园宅邸那样不正式和舒适，而是非常高贵，那纤细的爱奥尼门廊、三角山花、精心设置的为数不多的带三角山花的窗户以及正中的穹顶，都让它显得庄严却不浮夸。为了获得帕拉迪奥乡村构图的全貌，人们需要在建筑核心部分之外加上弧形的柱廊和低矮的附属建筑，别墅通过它们将周围的土地纳入其中。这种拥抱自然的态度具有重要的历史意义。因为在西方建筑史上，景观和建筑第一次被视为两个相互包容、相互依赖的对象，建筑的主要轴线第一次延伸到自然当中；或者说，当观赏者站在建筑之外，能看到整个别墅像一幅延伸出去的画卷，收拢了他所见的景色。值得一提的是，米开朗基罗几乎同时也在罗马为委托给他完成的法尔内塞宫设计了相似的远景。他建议，府邸应该与位于台伯河另一侧的法尔内塞花园相连。

法尔内塞家族在桑加罗去世后，找到米开朗基罗这位雕塑家来完成自己的府邸，这或许会让我们感到奇怪。不过，需要记住的是，乔托、伯拉孟特、拉斐尔都是画家，而布鲁内莱斯基则是一位金匠。不过，米开朗基罗成为一名建筑师的故事仍然值得讲述，因为这对他和他所在的时代而言都很有代表性。当他还是一个小男孩时，曾是画家的学徒，后来被伟大的洛伦佐发现，在自己的宫殿中为他提供住宿，将他吸收到自己的私人圈子中。米开朗基罗被送去跟洛伦佐喜爱的雕塑家贝托尔多 [Bertoldo] 以更自由、更不中世纪的方法学习雕塑艺术。他以雕塑闻名。他从26岁就开始设计巨大的大卫雕像，最终这座雕像成为文艺复兴时期佛罗伦萨世俗骄傲的象征。几年之后，儒略二世任命他来设计一座巨大的陵墓，教皇希望在有生之年为自己建造起这座陵墓。米开朗基罗将其视为自己的杰作。第一个方案设计了超过40座比真人还大的塑像，著名的摩西像就是其中之一。当然也涉及建筑，但只是作为陪衬。然而，随着儒略二世决定按照伯拉孟特的设计重建圣彼得大教堂，他也对陵墓失去了兴趣，而将绘制西斯廷礼拜堂屋顶的任务交给了米开朗基罗。米开朗基罗怀疑是伯拉孟特让教皇的想法发生了变化，一直没有原谅他。由于他没有助手，他不得不在之后将近五年的时间里专注于绘画。

之后他继续完成儒略二世的陵墓工程。或许在考虑如何在建筑上将大型人像与将位于它们背后的墙面相连时，米开朗基罗的脑海中闪过了一些概念，他开始对美第奇家族的项目感兴趣，完成了他们位于佛罗伦萨的圣洛伦佐教堂［S. Lorenzo］，至少为该教堂增加了一个立面。该教堂是布鲁内莱斯基的作品，而米开朗基罗于1516年设计了一个两层高的立面，上面设有两种柱式和摆放雕像的充足空间。在得到这一委托项目后，他曾花了几年的时间在采石场工作——这也是他所热爱的工作。然而，在1520年，美第奇家族发现要将大理石运送过来过于麻烦，便取消了合约。但他们立刻与米开朗基罗签订了另一个合约，委托他在圣洛伦佐教堂边上建造一座家庭礼拜堂或陵墓。这一建筑于1521年开始建造，于1534年完工，不过没有像最初的设计那样雄伟。因此，美第奇礼拜堂［the Medici Chapel］是米开朗基罗的第一件建筑作品，需要补充的是，他对建造技术和建筑制图的诀窍一无所知。虽然这座建筑主要是作为雕塑的背景设计，但它已经完全具备了米开朗基罗的个人风格。在他为美第奇家族在圣洛伦佐建造的另一个项目——图书馆和图书馆的门厅［anteroom］中，建筑完全脱离了雕塑的支持。图书馆设计于1524年，而门厅设计于1526年（楼梯的模型在1557年才提交）。

佛罗伦萨，劳伦齐阿纳图书馆，门厅，米开朗基罗，设计于1526年

门厅又高又窄，仅此一点就让人很不舒服。米开朗基罗想要强调门厅与长而相对低矮、相对宁静的图书馆之间的对比。墙面被双柱分隔成很多块。分隔后的墙面在图书馆一层的高度设有盲窗，盲窗上方则是带边框的空壁龛。房间的色彩非常朴素，一片洁白与柱子、窗龛、额枋以及其他结构或装饰构件黯淡的深灰形成对比。至于主要的结构构件——柱子，人们总是期待它们会向外凸出，支撑额枋，这也一直是柱子的功能。米开朗基罗却将这一关系进行反转。他将柱子凹进，墙板凸出，从而让墙板费力地包住柱子。甚至额枋也在墙板之上向外凸出，而在柱子之上向内凹进。这与马西米圆柱府邸的底层门廊和其上平平的立面、三层窗户和四层窗户之间的关系一样，看上去很随意。它当然不符合逻辑，因为它让柱子看上去并没有起到支撑力量的作用。而且，位于下方的托臂更为纤细，看上去根本不够坚固，无法支撑这些柱子，而事实上也完全没有支撑这些柱子。盲窗和两边的壁柱与马西米圆柱府邸一样显得很薄，两边的壁柱只有在某一部分设有凹槽，让人难以理解。图书馆入口上方的三角山花只有环绕门的细线支撑，细线向上升起，形成两个方形耳状物。楼梯也在展示着同样任性的创造力；但米开朗基罗在16世纪20年代设计的锐利的细部现在已被一股巨大而令人厌烦的像熔岩一般的液体流所取代。

往往有人认为，墙面的母题说明米开朗基罗是巴洛克之父，因为它们展现了积极的力量对无法抵抗之物的超凡反抗。但我却认为，任何人只要不带偏见地细审自己在

对页：佛罗伦萨，乌菲齐，瓦萨里设计，1560 年开始建造
右图：威尼斯，圣乔治马焦雷教堂，帕拉迪奥设计，1565 年开始建造
右下图：威尼斯，救主堂，帕拉迪奥设计，1577 年开始建造（见第 94 页）

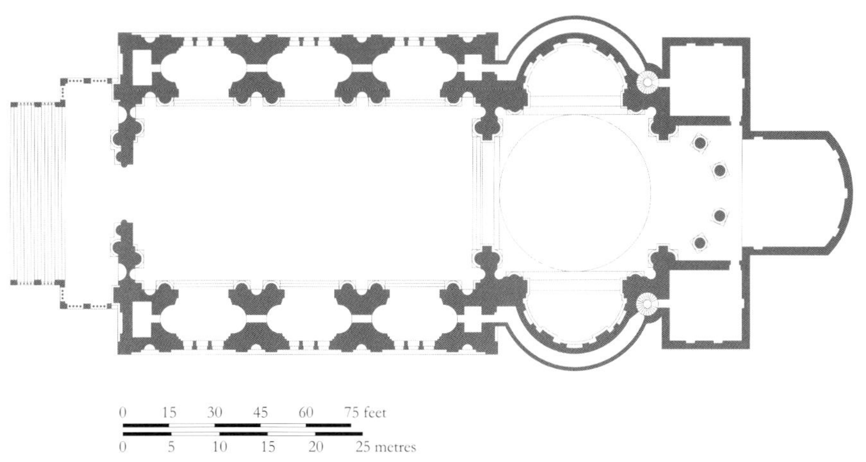

这间房间的感受，都不会认同这一说法。对我而言，这间房间中似乎完全没有任何抗争，虽然有意识的不和谐感处处皆是。我们在朱利欧·罗马诺的作品中已经看到过这种朴素的对快乐与和谐的敌意，虽然它被一种完美的形式主义所掩藏。米开朗基罗的劳伦齐阿纳图书馆［Biblioteca Laurenziana］展现的其实是风格主义最卓越的建筑形式，而不是巴洛克风格——前者是一个沮丧的世界，比精神和物质互相抗争的巴洛克世界更具有悲剧性。在米开朗基罗的建筑中，力量甚至也丧失了作用。负载似乎没有重量，支撑似乎无法承重，自然的反作用力似乎不起作用——这是一个由最严苛的秩序所决定的高度人工化的体系。[25]

劳伦齐阿纳图书馆在空间处理上也很新颖，别具一格。又高又窄的门廊就像矿井的垂直通道，而经过楼梯进入的图书馆则又长又窄，就像一个过道。米开朗基罗用这种形式取代了文艺复兴风格房间和谐的比例。门厅和图书馆让我们甚至违背自身的意愿，去服从它们的拉力，先

罗马，朱利亚别墅，瓦萨里和维尼奥拉设计，1550—1555 年

向上再向前。将人们在空间中的运动限制在严格的边界内，这种倾向是风格主义主要的空间特征。这在绘画中已经广为人知，比如柯勒乔［Correggio］晚期绘制的圣母，再比如丁托列托《最后的晚餐》［*Last supper*］中位于最远方的基督。最富动感的案例是丁托列托的《圣马可遗体的发现》［*the Finding of the Body of St Mark*］（布雷拉［Brera］，米兰，约 1565 年）。其他地方的风格主义空间都没有如此让人无法抗拒。在建筑中，朱利欧・罗马诺极其严肃的曼托瓦大教堂引入了这种神奇的吸力效果。大教堂有双侧廊，靠内的侧廊采用了筒形拱顶，而靠外的侧廊和中厅都为平顶。单调的柱子形成的不间断的韵律与早期基督教巴西利卡一样让人难以抗拒。世俗建筑中最让人熟悉和最易接近的案例要数瓦萨里位于佛罗伦萨的乌菲齐府邸［Uffizi Palace］。它于 1560 年开始建造，是用于容纳大公爵的办公室。又长又窄的庭院两侧是两个较高的侧翼。我们对这些形式元素较为熟悉：缺乏楼层的清晰层次、带有异教风格细节的整体感，以及其实完全不能称其为壁柱的成双的壁柱之下细致、竖长、优雅和脆弱的托架支撑，等等。需要强调的是对朝向阿诺河的构成的最终强调。在这面，底层为开有宽敞的威尼斯窗的长廊，而二层原本也用柱廊取代了实墙。这是风格主义者喜欢的一种连接房间的方式，这种方式既避免了文艺复兴式的单元的分割，也避免了贯穿整体和整体之外的自由的巴洛克式的流动。因此，帕拉迪奥的两座位于威尼斯的教堂在东端不是以封闭的半圆形后殿，而是以拱廊的形式终止——在圣乔治马焦雷教堂（1565 年）中是笔直的拱廊，在威尼斯救主堂（1577 年）中是半圆形的拱廊，拱廊之后则是尺度不易分辨的密室。因此，瓦萨里和维尼奥拉［Vignola］（1507—1573 年）将教皇儒略三世［Julius III］（1550—1555 年）的乡村小别墅——朱利亚别墅［Villa Giulia］设计为一系列带有朝向半圆形庭院的长廊的建筑，入口能透过第一个长廊看到第二个长廊，再透过第二个长廊望向第三个长廊，最终望向以墙环绕的后院，从而形成远景。

16 世纪的花园仍然用墙环绕起来，它可能有长长的、变化的远景，你在蒂沃利的埃斯特别墅［Villa Este］或在卡普拉罗拉［Caprarola］都可以看到这种景观，但它们不像在凡尔赛那样以巴洛克的方式伸向无尽的远方。当然，风格主义建筑底层低矮的柱廊，如马西米圆柱府邸和乌菲齐府邸，也不指向无穷——黑暗的不可观察的空间背景，仿佛伦勃朗画中的背景。建筑的后墙过于靠近。立面的延续性被这样的柱廊打断——文艺复兴风格会反感这种做法——但开敞的空间很浅，深度明显受限。帕拉迪奥的基耶里凯蒂宫是府邸建筑采用遮屏技术的最佳案例，虽然它的宁静不同于佛罗伦萨和罗马的风格主义，特别是米开朗基罗。帕拉迪奥的府邸或许也有一些冷酷，但绝不像劳伦齐阿纳图书馆那样冰冷。

人们一般不会将这种冷酷的自律与米开朗基罗的才华联系起来，因此我们需要对此专门加以强调，加以最为重要的强调，因为有些教科书仍然将米开朗基罗视为文艺复兴的大师。事实上，米开朗基罗只在自己生涯早期很短的几年中属于文艺复兴风格。他 1499 年的《哀悼基督》［*Pietà*］或许是文艺复兴盛期的风格，他的《大卫》或许也具有文艺复兴的精神，他的西斯廷礼拜堂天顶画只能说在一定程度上属于文艺复兴风格，而他 1515 年之后的作品则几乎完全不属于文艺复兴风格。他的性格决定了他不可能长时间接受文艺复兴的理念。他与卡斯蒂利奥内伯爵所描述的廷臣或莱昂纳多·达·芬奇完全不同：他不爱交际，不信任别人，是一个狂热的劳动者，对个人外表毫不在意，宗教上非常虔诚，充满自豪且毫不妥协。因此，他对达·芬奇、伯拉孟特和拉斐尔都很不喜欢，这种不喜欢包含着蔑视和妒忌。我们对他的性格和生活的了解要超过以前任何一位艺术家。由于他受到了空前的喜爱，两本他的传记在他在世时就已出版。两本传记都基于系统性的材料收集。这很好，因为我们的确感觉到需要深入地了解他，从而理解他的艺术。在中世纪，建筑师的个性不可能对他的风格产生如此大的影响。虽然对我们而言，布鲁内莱斯基相比于哥特教堂的建筑师性格更为鲜明，但他的形式依然出人意料地客观。米开朗基罗是第一位将建筑作为个性表达的手段的建筑师。他的可怕［*terribilità*］让见到他的人感到害怕，让我们面对他的任何作品，无论是一间房间、一幅画、一座雕塑，还是一首十四行诗，都会充满敬畏之情。

米开朗基罗也是一位完美的诗人，是他的时代最深刻的诗人之一。他在诗中为子孙记录了自己的思想斗争，其中最激烈的是对美的柏拉图式的理想和对基督的狂热信仰之间的斗争。这以最浓缩的形式，反映了他年轻时所处的文艺复兴时代与他约 50 岁时、即在 1527 年罗马之劫前开始的反宗教改革运动和风格主义的时代之间的斗争。于是，更严格的教会开始建立，包括嘉布遣会［Capuchins］、奥拉托利会［Oratorians］以及最为重要的耶稣会［Jesuits］（1534 年）。新的圣徒也开始出现，如圣依纳爵·罗耀拉［St Ignatius Loyola］、圣斐理·乃立［St Philip Neri］和圣嘉禄·鲍荣茂［St Charles Borromeo］。1542 年，宗教裁判所又重新成立；1543 年，文化审查制度开始实行。1555 年，查理五世退位，并回到一所安静的西班牙修道院。多年之后，他的儿子腓力二世［Philip II］开始建造他那阴冷、巨大的埃斯科里亚尔宫殿［palace of the Escorial］，它更像是一座修道院而非宫殿。西班牙礼仪代表了一种与同时代的早期耶稣会和宗座廷一样严苛的纪律。在罗马，文艺复兴的快乐似乎已经不复存在。威尼斯大使曾在家书中提到，就连狂欢节也变得清冷、节俭。庇护五世［Pius V］——最为严格的教皇，每周只有两餐吃肉。

米开朗基罗也一直是冷静和禁欲的典范。他训练自己，让自己只需要很少的睡眠，还曾经穿着靴子睡觉。在工作时，他有时只吃干面包，这样吃饭时也不需要放下手中的工具。相比于无忧无虑的文艺复兴建筑师，他更深刻地感受到对自己的天才应尽的义务。因此，当有人反对他在朱利亚诺·德·美第奇［Giuliano de' Medici］坟墓上刻的雕像去掉了逝者生前留着的胡子时，米开朗基罗敢于这样回复："在 1000 年之后谁还会在意他原先是什么模样？"这种说法在解放了艺术家的文艺复兴时期之前是根本无法想象的。中世纪并没有要求肖像与本人的相似性，因为长相属于人性中偶然的一部分；而文艺复兴早期则偏好肖像与本人相似，因为艺术家们刚刚掌握了让肖像与本人相像的艺术方法。但是，米开朗基罗却拒绝采用这种方法，因为它会限制他的美学自由。但他的宗教经历却极其严苛，而且随着他年龄的增加和时代的变迁而日益增强，直到这位西方最伟大的雕塑家和当时最受人爱戴的艺术家几乎完全放弃绘画和雕塑。他只继续开展建筑工作，而且

上图：罗马，圣彼得大教堂，穹顶，米开朗基罗设计，1558—1560年，德拉·波尔塔设计，1588—1590年
对页：罗马，圣彼得大教堂，穹顶

拒绝领取在圣彼得大教堂工作的薪水。

最终的决裂似乎在他年逾70之后才到来。在美第奇家族从16世纪20年代中期到1547年的建筑中，他似乎只在1529年设计和建造了佛罗伦萨的防御工事——这是一个工程项目，我们可以说他在罗马的很多项目的前任设计师莱昂纳多·达·芬奇和桑加罗也很擅长这些项目。1534年，他彻底离开了佛罗伦萨，来到罗马。1535年，保禄三世［Paul III］任命他为梵蒂冈建筑的负责人［Superintendent of the Vatican Buildings］，最初这几乎只是一个名义上的任命。1539年，他被咨询在卡比托利欧上放置马可·奥勒留骑马像一事，雕像周边的新建筑总平面设计估计也是在那时完成的。它们的风格很可能始于16世纪40年代早期（但是施工在60年代才开始）。然后，1546年桑加罗去世了，米开朗基罗几乎立刻被要求去完成法尔内塞宫、圣彼得大教堂的重新设计和卡比托利欧的重新规划工作。卡比托利欧项目需要对一组建筑、建筑间的广场和通往建筑的道路进行考虑，在这个意义上，它是一个早期的城镇规划案例。贝尔纳多·罗塞利诺［Bernardo Rossellino］（阿尔伯蒂在鲁切拉宫项目中的执行师和尼古拉五世治下的新的圣彼得大教堂的驻场建筑师）在这一点上要优于米开朗基罗，而威尼斯在16世纪前半叶一直忙于将广场和小广场修建为文艺复兴城镇设计中最有启发性（和最自由）的作品。城镇设计在米开朗基罗毕生所有的作品中并没有如此重要。对他而言，建筑是一种过于直接的情感体验，从石材结构塑造的角度而言是一种过于丰富的表达。因此，与卡比托利欧相比，法尔内塞宫和圣彼得大教堂更能引发我们的同情。在法尔内塞宫三层的细节中，我们很容易看出他的风格主义。三重壁柱，还有奇怪的不和谐的窗框，即窗户两侧的托臂不支撑任何东西，上方又是支撑着圆弧山花的特殊托臂，都是米开朗基罗个人的表达方式，其史无前例的个性化程度无论是对以宗教为秩序的中世纪，还是对以美学为秩序的文艺复兴时代而言，都是不可想象的。

米开朗基罗的建筑杰作——圣彼得大教堂的后侧和穹顶也表达了他对伯拉孟特和文艺复兴精神的反叛，虽然还没有达到风格主义者的程度。当米开朗基罗被来自法尔内塞家族的保禄三世任命为圣彼得大教堂的建筑师时，他发现大教堂基本上仍是伯拉孟特去世时的模样。拉斐尔和桑加罗分别按照后文艺复兴时期第一代人的宗教需要设计了中厅，但两者的设计都没有开始建造。米开朗基罗回到了集中式平面，但他去除了平面中主导一切的平衡感。他保留了希腊十字的侧翼，伯拉孟特原本打算在次中心以较小的尺度重复主中心的母题，米开朗基罗却切除了次中心的侧翼，从而将构图精简为一个由柱墩支撑的中心穹顶和周围一圈方形的回廊。如果是伯拉孟特，一定会因为其巨大（或者说非人）的尺度拒绝采用这种柱墩。对于建筑外部，米开朗基罗也基于同样的精神对伯拉孟特的平面做出了修改，用巨大的科林斯壁柱支撑雄伟的顶楼，并用小型神殿

DABO CLAVES REGNI CAELORVM

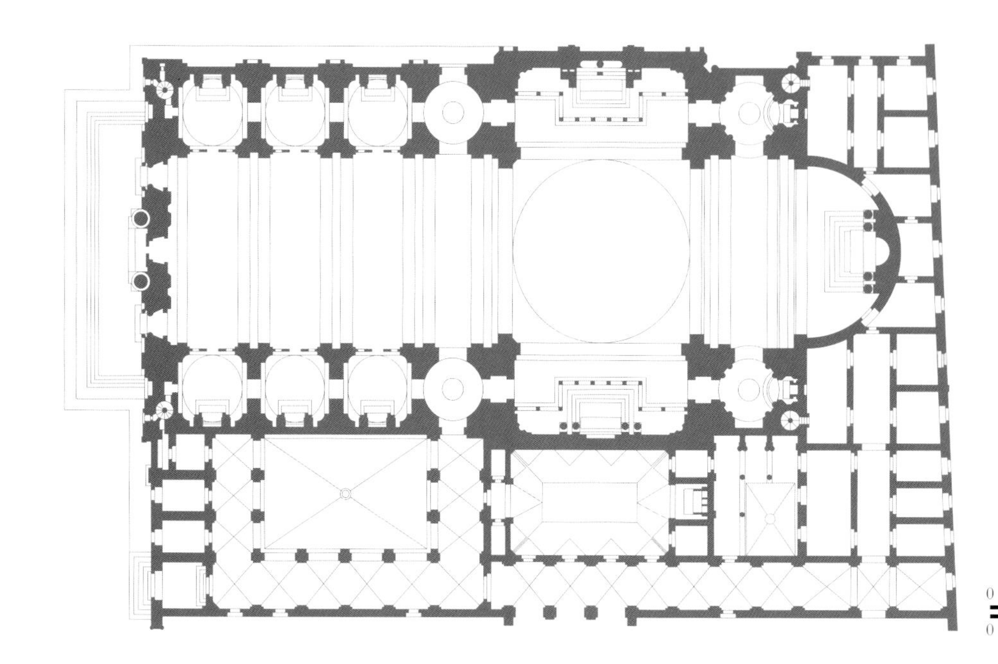

左图：罗马，耶稣教堂，维尼奥拉，始建于 1568 年
对页：罗马，耶稣教堂室内

和各种尺寸的小壁龛环绕奇怪、不协调的窗户和壁龛，以取代由一系列高贵宁静的母题组成的愉快的平衡。他的新创造是强有力但有些不和谐的组合。米开朗基罗打算在圣彼得大教堂的主入口前增建一个门廊，门廊共有十根柱子，中间还有四根柱子位于前方。这一设想一直没有建成，因为马代尔纳［Maderna］在 1600 年之后增建了一个中厅；如果建成，它将破坏伯拉孟特的理想的对称，也将一并破坏对称的经典理念，因为对中间的柱子的复制无疑是完全不同于古代的概念。伯拉孟特设计的穹顶原本设计为完美的半球，而米开朗基罗则将自己的穹顶放置在较高的鼓座上。他最初还想让它的轮廓线更陡，从而成为布鲁内莱斯基的佛罗伦萨大教堂的哥特穹顶的一种极具个性和动感的版本。但是，随着他的生命走向尽头，他似乎改变了自己的想法，倾向于更低更沉重的向下压低的形状，即风格主义者的形状，而他最初的想法具有向上的推力，预示着巴洛克风格的到来。最终将这个穹顶修建起来的贾科莫・德拉・波尔塔［Giacomo della Porta］回到了这个想法并进一步做了发展。所以，米开朗基罗与其他同辈的大师——拉斐尔和提香一样，在扬弃文艺复兴的同时构想出了风格主义和巴洛克风格。16 世纪受到了米开朗基罗的风格主义的启发，而 17 世纪则理解了他的可怕，并从中发展出了巴洛克风格。因此，这座永恒的城市的皇冠并不像儒略二世想象的那样，是一个文艺复兴风格的世俗象征，而是一个压倒一切的风格主义和巴洛克风格的合成，它同时也是古代和基督教的合成。

米开朗基罗最终设想的穹顶形状在动感与力量上均不如之前的设想，这也反映了他晚年的思想。“不是绘画，也不是雕塑能够平静，”他在晚年的一首十四行诗中写道，“现在我的灵魂只能转向神圣的爱，他在十字架上张开双臂对我们接纳欢迎。”

Nè pinger nèscolpir fia più che quieti
L'anima volta a quell' Amor Divino
Ch'aperse, a prender noi, 'n croce le braccia.

在写下此诗之后，他只创作了三组雕塑，均为《基督下葬》。其中一组是为自己的坟墓雕刻的，一组没有完成，或者说，他将其升华为一种如此无形的形式，以至于从文艺复兴的层面而言都不算雕塑。他晚年的图纸极其关注精神层面，这发生于一位曾经比前人都更赞颂身体和运动之美及活力的艺术家身上，简直令人无法忍受。一个不太为人所知的事实是，他在最后的一份建筑图纸上设计了一座新建立的罗马教堂，采用了耶稣会式这种非常反宗教改革的形式。他自愿提出不收取任何费用来负责整个建筑，就

像他拒绝了作为圣彼得大教堂建筑师的收入一样。

直到米开朗基罗去世四年后，耶稣教堂［the Gesù］才开始建造。它产生的影响可能要大于过去400年所有的教堂。贾科莫·维尼奥拉［Giacomo Vignola］（1507—1573年）是这座教堂后来的建筑师，他延续了米开朗基罗的设想，在底层平面中将文艺复兴的集中式平面与中世纪的纵向平面结合，形成了一种极具特色的效果。两者这样的结合并非创新，它曾经是最美的一些早期基督教和拜占庭教堂的主题，如圣索菲亚大教堂［Hagia Sophia］。100年前，阿尔伯蒂曾经在曼托瓦的圣安德烈亚教堂创造了一种新的组合形式，这也成为耶稣教堂的先导。立面似乎也采用了阿尔伯蒂曾经设想的一个主题。文艺复兴时期以及文艺复兴之后的建筑师所面对的一个问题是如何将高耸的中厅和低矮的侧廊的尺度投射到建筑外部，同时不放弃古典建筑的原则。阿尔伯蒂提出的解决办法是底层采用凯旋门系统，二层的宽度与中厅相同，两侧在侧廊的坡顶前方设有涡卷［volute或scroll］，它们从檐部向上升起、向二层靠拢。维尼奥拉在耶稣教堂立面的设计中也采用了这一手法（虽然他那个年代的组合方式更为完整，但更不和谐），之后德拉·波尔塔在取代维尼奥拉的新方案中也同样采用了这一方法。这一手法在意大利和其他罗马天主教国家的巴洛克教堂中得到了不计其数的运用，也产生了多种多样的变化。

至于建筑内部，维尼奥拉保留了阿尔伯蒂对侧廊的解读，即侧廊是一系列向中厅敞开的礼拜堂。但是，他不像文艺复兴建筑师那样承认它们的独立性，而是一直对此有所焦虑，因为他希望建筑的各部分能成为一个整体。雄伟的筒形拱顶下的中厅宽度惊人，这让小礼拜堂降格为宽阔的大厅附属的壁龛，有人认为这一母题是来自西班牙的耶稣会会长［General of the Jesuit Order］弗朗切斯科·波吉亚［Francesco Borgia］选择的，而它归根结底是来自于西班牙的哥特传统（见第78—80页），罗马的加泰罗尼亚教堂——蒙塞拉托圣母堂［S. Maria di Monserrato］（1495年）就是该传统的代表。如果这一看法属实，那么这里还有另一次后文艺复兴时期向中世纪思想的回归——在新的圣人和新的教会体现出天主教信仰的复兴之后，在圣彼得大教堂穹顶的哥特式曲线和耶稣教堂平面再次引入的对纵向的强调之后，再一次的回归。耶稣教堂中对向东走向的强调显然是经过深思熟虑的。筒形拱顶和更为重要的主檐口毫无停顿地穿过，立面则最富表现力地采用了这一形式。但是，维尼奥拉的设计中有一个元素是其他中世纪教堂中无法在同样意义上找到的，那便是光。在13世纪的大教堂中，彩色玻璃通过光的穿透而显得绚丽夺目，但光本身并不是一个积极的要素。后来，在盛饰式中，光开始通过双曲线拱券塑造墙面，并在金银丝装饰间闪烁变幻，但它一直都不是建筑设计的主要考虑因素。但是，耶稣教堂在构成中专门引入了一些重要的特点，以实现光的效果。中厅通过小教堂上的窗户采光——均匀的减弱的光。而穹顶前的一个开间则比其他开间更短，更封闭，也更昏暗。这在空间和亮度上的对比戏剧性地为庄严的交叉部和雄伟的穹顶做了准备。鼓座的窗上倾泻而下的光创造出一种满足感，这比之前哥特建筑实现的方式更具美感。

耶稣教堂的装饰也很有美感，华丽却昏暗。但是，这不是维尼奥拉的时代。他原本可以更节制，采用更小的母题和更浅的浮雕，我们对16世纪晚期装饰的了解让我们可以确定这一点。因此，中世纪向东端的趋势原本可以不受檐口和雄伟的筒形拱顶的干扰，形成更强烈的效果。1668—1673年间，教堂重新装修。装修属于巴洛克盛期［the High Baroque］风格，而需要重申的是，该建筑既没有文艺复兴盛期的平静，也没有巴洛克蓬勃的生命力，而属于风格主义。

6

罗马天主教国家的巴洛克风格

约 1600—约 1760 年

上图：布卢瓦城堡，弗朗西斯一世侧翼中的螺旋楼梯，1515—约1525年（另见第148页）

对页：罗马，圣彼得广场，贝尼尼设计的柱廊，1656年开始建造

如前所述，“风格主义”最初只是一个与“矫揉造作”［mannered］相关的名词。40多年前，它的意义发生了改变，成为一个形容特定历史风格的术语，即16世纪文艺复兴之后的风格，以意大利为甚。大约40年前，“巴洛克”一词也经历了同样的过程。它最初是指奇怪的，特别是奇怪的形状，因此，它被用于形容一种在古典主义者看来沉醉于奇怪放纵的形状的建筑风格，即17世纪意大利的建筑风格。之后，主要是在20世纪80年代和在德国，“巴洛克”一词不再带有贬义，而成为通常指代那个世纪的艺术作品的中性术语。

我们已经了解到米开朗基罗的圣彼得大教堂穹顶那巨大的形式和精益求精是巴洛克风格的先导。我们也了解到米开朗基罗这些巴洛克的尝试仍属例外，而他自己在其他建筑作品中仍然屈服于风格主义的压力。只有在风格主义完成了自己的历史使命之后，17世纪初新一代的建筑师，尤其是罗马的建筑师，才厌倦了16世纪末强制性的简朴，重新发现了米开朗基罗，将其作为巴洛克之父。这种引入的风格于1630—1670年间在罗马达到高潮，然后从罗马传到意大利北部（皮埃蒙特［Piedmont］的瓜里尼［Guarini］和尤瓦拉［Juvara］），之后又传到西班牙、葡萄牙、德国和奥地利。罗马在17世纪末叶之后又回到了古典传统，这部分是因为巴黎的影响。因为在黎塞留［Richelieu］、柯尔贝尔［Colbert］和路易十四时期，巴黎成为欧洲的艺术中心，在此之前罗马一直毫无争议地稳居中心长达150年之久。

17世纪的教皇和红衣主教都是极具热情的赞助人，热衷于通过建造雄伟的教堂、府邸和陵墓而名垂千古。半个世纪前，反宗教改革运动成为一支有战斗力的力量，但猛烈的运动早已不复存在。耶稣会日益变得宽大仁慈，最受欢迎的圣人则是令人喜爱、温柔随和的类型（比如圣方济各·沙雷氏［St Francis de Sales］），而新的实验科学在教皇的关注下得以推进，到了18世纪，本笃十四世［Benedict XIV］已经可以接受伏尔泰和孟德斯鸠作为礼物献给他的书籍。

但是，在1660年之前，甚至更迟一些的时候，人们的宗教热情的衰退很难被察觉。宗教感情的强烈程度并没有发生变化，只是它的内涵改变了。艺术和建筑清楚无误地证明了这一点。我们在这里只能分析一些实例，因此更为明智的做法是选择意义最为重大的作品，而非选择最雄伟的作品——卡洛·马代尔诺于1606年设计并于1626年完工的圣彼得大教堂的中厅和立面。

马代尔诺在他同辈的罗马建筑师中是最主要的一名。他于1629年去世。他著名的接班人包括吉安·洛伦佐·贝尼尼（1598—1680年）、弗朗切斯科·博罗米尼［Francesco Borromini］（1599—1667年）和皮埃特罗·达·科尔托纳［Pietro da Cortona］（1596—1669年）。贝尼尼来自那不勒斯，马代尔诺和博罗米尼则来自意大利北部湖区，而科尔托纳如其名字所示，来自托斯卡纳南部。与16世纪一样，17世纪罗马的伟人中只有极少数是罗马本地人。在建筑层面，伦巴第人士的涌入对罗马城市风貌产生了相当大的影响。新引入的广度和自由感与罗马原有的厚重形成鲜明的对比。因此，马代尔诺设计的巴贝里尼宫［the Palazzo Barberini］底层平面（该府邸的立面由贝尼尼设计，大部分装饰细部由博罗米尼完成）对罗马而言属于一个全新的类型，但从某种程度而言只是对意大利北部（尤其是热那亚和周边地区）的府邸和别墅的16世纪后期的形式加以发展。与佛罗伦萨和罗马府邸朴素的体块相比（与法尔内塞宫比较），巴贝里尼宫正面左右两侧都有短翼向前突出，这种做法目前只见于罗马附近的别墅，而中间则以宽敞长廊的形式敞开。伯拉孟特设计的位于梵蒂冈的达马苏庭院每层都设有柱廊，人们可以说它被一分为二，只有一半留存至今。柱廊现在已经成为立面的一部分。正如我们不久之后将看到的，将原本属于私人的部分暴露给公众，这是巴洛克风格一个显著的特点。巴贝里尼宫主要的楼梯间也要比16世纪的那些更宽敞，第二个椭圆形的楼梯间是一个典型的塞利奥-帕拉迪奥母题，正中的入口大厅的半圆形壁龛及其所通往的椭圆形沙龙都可能是建筑师从罗马的教堂和罗马帝国的遗迹中发现的形式，但它们在居住建筑中的处理都遵循帕拉迪奥（和伦巴第人）的精神。

需要记住的是，当贝尼尼以意大利南部人的冲劲成为罗马雕塑和建筑第一人时，意大利北部的优雅已经渗透到他的风格之中。他在圣彼得大教堂前设计的高贵的柱廊（见第129页）具备帕拉迪奥别墅建筑令人愉快的开敞感，虽然仍然带有罗马的重量感和贝尼尼的雕塑活力。贝尼尼的父亲是一位雕塑家之一，他自己也是巴洛克时期最伟大的雕塑家。他偶尔会画画，作为建筑师也颇负盛名，路易十四曾邀请他前往巴黎设计卢浮宫［the Louvre Palace］的扩建方案。贝尼尼与米开朗基罗一样全能，也几乎同样著名。另一方面，博罗米尼曾接受过石匠的训练，因为是马代尔诺的远亲，所以他15岁来到罗马时，就在圣彼得大教堂找到了一些工作。在这里，他卑微又默默无闻地工作着，而贝尼尼却在创造着自己的第一件巴洛克装饰的杰作——位于米开朗基罗的穹顶下、圣彼得大教堂正中的青铜华盖。这是一个高度近100英尺（30.48米）的巨大纪念物，四根扭曲的柱子象征着变革了的时代、无拘无束的雄伟、疯狂放纵的奢侈和细节的奢华，这并不符合米开朗基罗的品位。

博罗米尼第一件重要的作品——1633年开始建造的四喷泉圣卡罗教堂［the church of S. Carlo alle Quattro Fontane］也同样采用了极具热情的处理手法，并激进地漠视传统习俗。建筑内部是如此之小，甚至可以被支撑圣彼得大教堂穹顶的一个柱墩所容纳。虽然尺度很小，它仍然是该世纪最具独创性的空间组合之一。之前我们曾经提到，耶稣教堂的平面是巴洛克时期纵向教堂常见的平面：侧面带有礼拜堂的中厅、较短的耳堂和交叉部上的穹顶。之后的几代人拓宽并丰富了这一平面（圣依纳爵堂［S. Ignazio］，罗马，1626年之后）。但集中式平面并未被放弃。在罗马，巴洛克风格抛弃的只是圆形在集中式教堂中的主导地位。在塞利奥的《建筑五书》［*Book V*］中，也就是在1547年，椭圆形就取代了圆形而受到采用。之后在维尼奥拉的梵蒂冈圣安娜教堂［S. Anna dei Palafrenieri］中，则采用了一种更不受限定的形式——一种赋予集中式平面以纵向元素，即在空间中暗示动向元素的形式。首先是意大利的建筑师，然后是其他国家的建筑师，基于椭圆形主题发展出了不计其数的变化形式。它们是巴洛克教堂建筑最有意思的发展，主要发生于17世纪下半叶的意大利。塞利奥和维尼奥拉将椭圆形的长轴垂直于建筑主立面进行布置。绝大多数建筑师重复了这种做法，但于1652年开始建造的位于纳沃纳广场［Piazza Navona］的圣阿涅塞教堂［S. Agnese］（由卡洛·拉依纳

上图：罗马，巴贝里尼宫，由马代尔诺开始建造，1628 年，由贝尼尼和博罗米尼完工
下图：罗马，巴贝里尼宫，由马代尔诺开始建造，1628 年

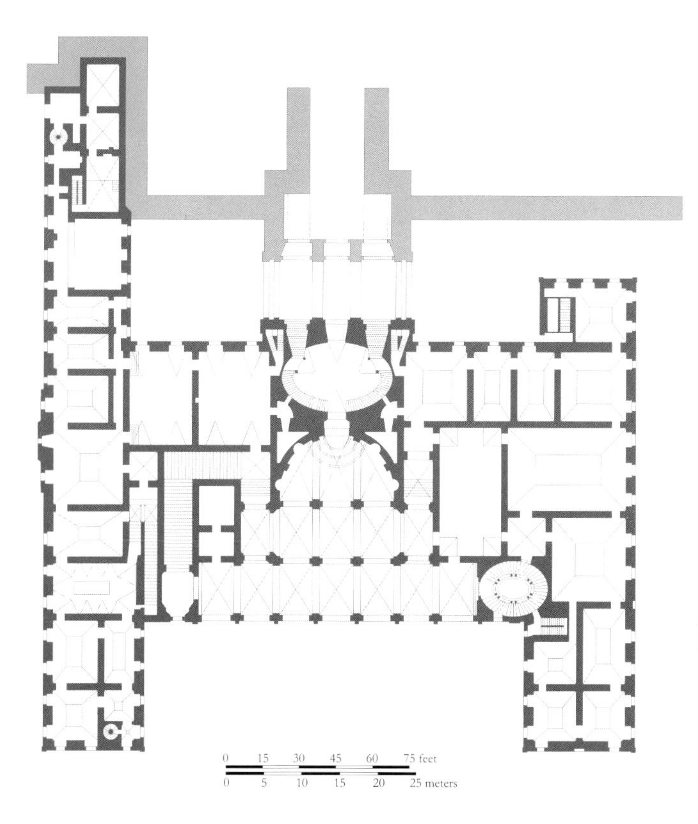

尔迪［Carlo Rainaldi］设计，其是有意大利北部风格的双塔北立面由博罗米尼设计）由一个正方形中的八边形以及四角的小壁龛组成，其西侧和东侧通过相同的入口和唱诗班礼拜堂向外延伸，其北面和南面则通过明显更深的耳堂式礼拜堂向外延伸，从而产生一种宽大的椭圆形与立面平行的效果，而一些砖石片段则插入其外轮廓之中。贝尼尼曾经在 1634 年修建的传信部宫［the Propaganda Fide］的教堂（已不复存在）以及 1658—1678 年修建的奎琳岗圣安德肋堂［S. Andrea al Quirinale］中，将一个真正的椭圆形按照相同的布局放置。马代尔诺 1594 年修建的科尔索圣贾科莫堂［S. Giacomo al Corso］以及拉依纳尔迪 1662 年修建的圣山圣母堂［S. Maria di Monte Santo］均采用了维尼奥拉的布局形式。圣山圣母堂恰巧是波波洛门［the Porta del Popolo］旁两座完全相同的教堂之一，两座教堂是通向罗马市中心的三条辐射状道路的起点。

我们之后会看到，椭圆形甚至攻陷了法国，特别是在路易·勒沃［Louis Le Vau］的努力下。而博罗米尼的四

罗马，圣彼得广场，穹顶由米开朗基罗和德拉·波尔塔设计；正面和中厅由马代尔诺设计，1607—约1615年；柱廊由贝尼尼设计，1656年开始建造

喷泉圣卡罗教堂则是目前为止对椭圆形主题最杰出的一个阐释。与其他教堂相比，这座教堂更有助于分析巴洛克建筑师用椭圆形布局取代长方形或圆形布局能获得哪些巨大的优势。文艺复兴期间，空间上的清晰一直是主导思想，观赏者可以畅通无阻地让视线在建筑的各部分之间跳动，毫不费力地解读建筑的整体和部分的含义。但是，没有人能在四喷泉圣卡罗教堂中迅速理解它由哪些元素组成，这些元素又是如何相互联系，从而形成如此翻转和摇摆的效果。要分析底层平面的话，我们最好不要从与立面正交的椭圆形入手，虽然这是教堂的基本布局，而应该从文艺复兴式的带穹顶的希腊十字入手。博罗米尼给予了穹顶高于侧翼的地位。各角被斜切，于是椭圆形穹顶下的墙可被解读为一个拉长的菱形，向进深较小的礼拜堂敞开，两个礼拜堂也就是原本希腊十字中被缩短了的侧翼。左侧和右侧的礼拜堂都是多个椭圆形的片段，在完整的情况下，它们将会合于建筑的中心。入口礼拜堂和半圆形后殿礼拜堂也是多个椭圆形的片段，它们刚好与侧面的椭圆形相交。这样，五个组合的空间形状相互融合。无论站在教堂何处，都会参与其中某几个形状摇摆的韵律之中。德国晚期哥特式教堂的空间关系也曾达到如此丰富的程度，但与四喷泉圣卡罗教堂起伏的墙面相比，其形式显得较为粗糙。建筑这一向塑性的转向应归功于米开朗基罗。现在，空间似乎被雕塑家的手掏空了，墙则被当作蜡或泥一样塑造。

博罗米尼的让所有墙体都动起来最大胆的工程是他在

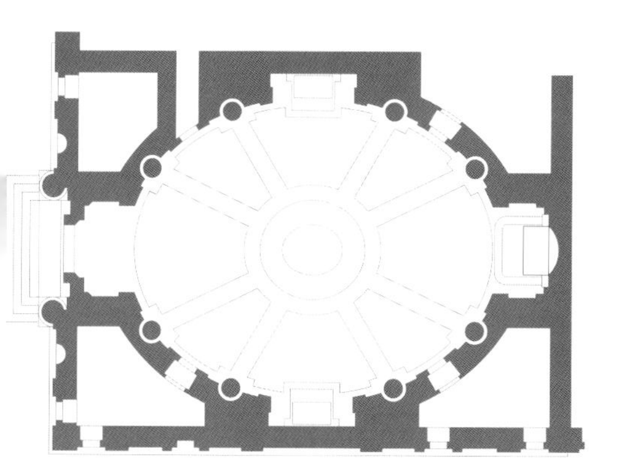

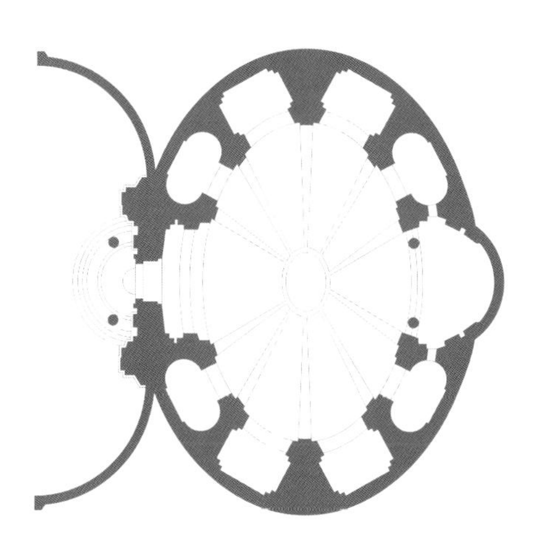

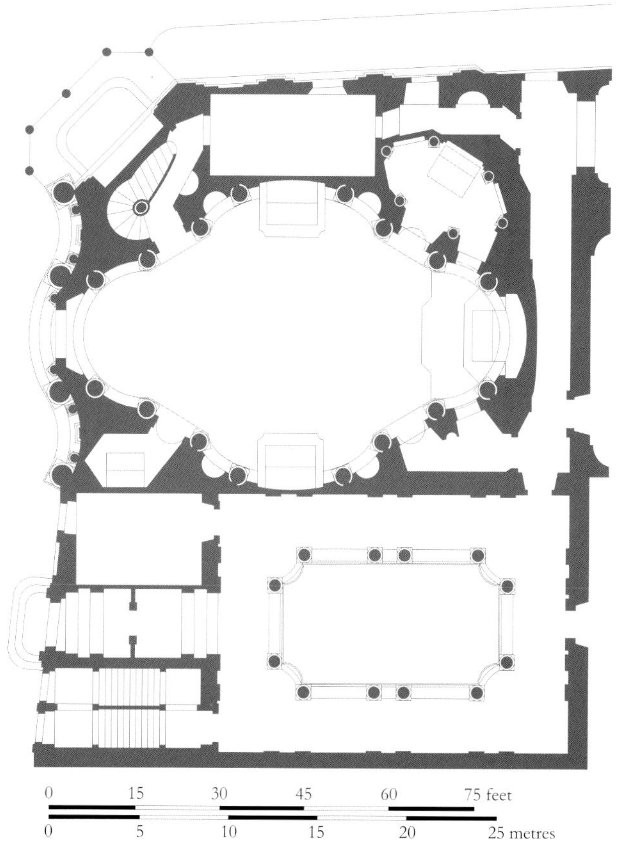

左上图：罗马，梵蒂冈圣安娜教堂，维尼奥拉设计，约 1570 年开始建造
右上图：罗马，纳沃纳广场的圣阿涅塞教堂，由拉依纳尔迪开始建造，1652 年
左下图：罗马，奎琳岗圣安德肋堂，贝尼尼设计，1658—1678 年
右下图：罗马，四喷泉圣卡罗教堂，博罗米尼设计，于 1633 年开始建造

去世那一年——1667 年加建的四喷泉圣卡罗教堂的立面。底层平面及檐口设定了建筑的基本主题：凹—凸—凹。二层平面则以凹—凹—凹的韵律加以回应，但正中的凹面处加入了一个扁平的微型椭圆形神庙，这样一来，只要不看顶部，这个开间就是凸的。这样的体量和空间关系听描述会让人觉得非常枯燥，但看上去却显得生动和充满激情，还显得特别撩人，摇摆弯曲的样子就像赤裸的人体一般。可以看一下圣阿涅塞教堂两座西塔如何通过立面正中的两侧外凸的弧线与教堂主立面脱开，也可以看一下皮埃特罗·达·科尔托纳的和平圣母玛利亚教堂（1656—1657 年）的正面如何在底层通过笔直的侧翼向外延伸，但在二

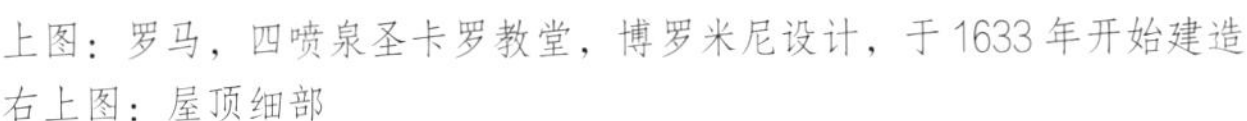

上图：罗马，四喷泉圣卡罗教堂，博罗米尼设计，于 1633 年开始建造
右上图：屋顶细部

层却通过明显内凹的弧线让立面正中向前伸出，在底层止于一个半圆形门廊，在二层则止于一个略微后缩的较浅的弧线。柱子和壁柱在立面上拥挤地组合起来，让人觉得维尼奥拉的耶稣教堂立面看上去极端克制。

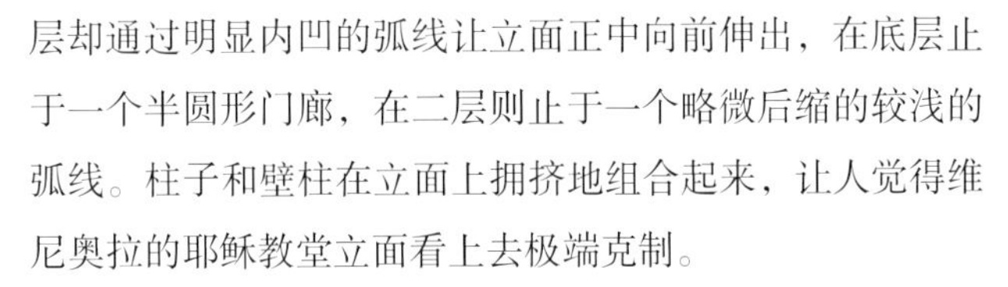

事实上，大多数罗马巴洛克式的立面都遵循了维尼奥拉的基本构成形式，但是通过一系列手段来赋予其新的含义，包括设置数量过多、甚至显得有些拥挤的柱子，以及在装饰上采用了最不常规的方式和母题。从马代尔诺约 1596—1603 年建造的戴克里先浴场圣女苏撒纳堂［S. Susanna］到小马提诺·隆基［the younger Martino Lunghi］1650 年修建的圣味增爵圣亚纳大削教堂［SS. Vincenzo ed Anastasio］，再到博罗米尼的四喷泉圣卡罗教堂立面过渡的做法，人们可以追溯这种耶稣教堂立面的巴洛克风格发展的过程。在这里，底层神奇的椭圆形天窗应该与环绕它们的棕榈叶、上方的皇冠以及下方浮雕式的罗马祭坛、立面顶部双曲线拱券下的一个个母题、内部装饰穹顶的多边形、奇怪形状和递减的尺寸共同考察。这些细节单独来看是无意义的，只有将其作为高一级的装饰整体共同来考察才有意义。

要理解巴洛克风格，有必要从这个角度对其进行考察。我们总是习惯将装饰作为建筑可有可无的部分，事实上，所有建筑既是结构又是装饰，建筑师本人或雕塑家、画家、玻璃画家都有可能要对其负责。但是装饰与建筑物的关系在不同年代和国家都各不相同。在哥特式大教堂中，所有的装饰都为石匠的作品服务。13 世纪末和 14 世纪初，装饰性雕塑的发展似乎超过了雕塑本身。一段时间之后，人像雕塑和绘画完全摆脱了建筑的统领地位。韦罗基奥［Verrocchio］位于威尼斯的科莱奥尼骑马像［Colleoni］在完全没有建筑支撑的情况下自由地矗立在广场之中，像这样一座纪念碑在中世纪是无法被人接受的。这与架上绘画的概念一样新奇，绘画原本位于墙面之上，现在却与之脱离。文艺复兴接受美术的独立，但也能将它们统一在一座建筑内部，因为各部分相对独立的原则主导了所有文艺复兴的构图。然而，到了巴洛克时期，这一原则被抛弃了。与哥特式建筑相似，各部分不再孤立存在。我们已经在四喷泉圣卡罗教堂领略了这一特点。但是，巴洛克风格虽然仍然坚信各种艺术的整体性，却无法恢复建筑物的统领地位。17 世纪的建筑师不得不接受雕塑家和画家提出的要求，事实上，他们自己就是雕塑家和画家。哥特风格的统领和从属关系被各种艺术相互合作的关系所取代。其结果仍然是所谓的整体艺术［*Gesamtkunstwerk*，英文为 total art］。整体艺术在巴洛克末期被有意摧毁，瓦格纳曾经试图在自己的歌剧中为 19 世纪对整体艺术加以恢复，但只是徒劳。在贝尼尼和博罗米尼的作品中，普遍适用的装饰原则将建筑、装饰、雕塑和绘画效果结合成一个不可分割的整体。

这种装饰信条让巴洛克时期的赞助人和艺术家不再对材料使用的诚实性吹毛求疵。只要能达到效果，是用大理石还是灰泥，用金还是锡，用真桥还是英国公园中偶尔可见的假桥，又有什么关系呢？事实上，（引起拉斯金［Ruskin］严重不快的）视错觉是巴洛克建筑最典型的手法之一。贝尼尼位于梵蒂冈宫［the Vatican Palace］的皇家阶梯［the Scala Regia］最具启发性地说明了这一点。与博罗米尼的四喷泉圣卡罗教堂立面和圣彼得大教堂前的柱廊一样，皇家阶梯也建于 17 世纪 60 年代。它也是舞台布景的一个杰作，不但在视觉上增加了马代尔诺的圣彼得大教堂立面的高度和宽度，而且能在举行大型庆典等活动时，让前院数以万计的人们都能看清教皇祝福阳台和圣门［the Porta Santa］。皇家阶梯在设计时也运用了关于舞台效果的最顶尖的知识。它是进入梵蒂冈宫的主要入口。从

左图：罗马，四喷泉圣卡罗教堂，博罗米尼设计，立面，1667 年
上图：罗马，和平圣母玛利亚教堂，皮埃特罗·达·科尔托纳设计，1656—1657 年

左图：罗马，圣味增爵圣亚纳大削教堂，小马提诺·隆基设计，1650 年
对页：罗马，梵蒂冈，皇家阶梯，贝尼尼设计，1663—1666 年

柱廊过来，人们经过一个走廊进入皇家阶梯。走廊以约 15 或 20 级台阶作为收尾，接着就稍作停顿，这里是圣彼得大教堂的门廊方向与皇家阶梯的垂足，也就是说，两个主要的方向在此处相交。它们需要汇合并连接起来。贝尼尼将君士坦丁大帝［the Emperor Constantine］的骑马像放置在教堂入口对面则是巧妙的一笔。当人们从走廊走来，它在右边出现，让人们不得不在进入皇家阶梯前停下脚步。腾跃的白马突然出现，背后被窗户照亮的、被暴风雨席卷的帷幔，掩饰了原本会让人不适的方向变化。

皇家阶梯处于教堂和宫殿之间一个形状尴尬的区域。该区域又长又窄，墙体呈不规则的相交趋势。贝尼尼通过建造一个有独创性的规模逐渐减小的筒形拱顶柱廊，将这些都转化为优势。他主要采用的是巴洛克舞台的远景原则。通过夸张的透视，让街道看上去显得格外长。博罗米尼在四喷泉圣卡罗教堂的壁龛和巴贝里尼宫顶层的窗中采用了同样的手法。这种视错觉并不完全是新生事物。伯拉孟特在米兰的早期作品中也采用了这种手法。米开朗基罗在罗马的卡比托利欧广场设计中将宫殿放在两边，通过角度的设置让元老宫［the Senate House］看上去显得更高。光则是让攀登皇家阶梯的过程更富戏剧性的方法。在攀登途中的第一段平台，光从左边射入；在第二段平台，远处有一扇窗户正对着阶梯，从而消解了房间的轮廓。最后，这首关于梵蒂冈宫的华美序曲以装饰结束，比如吹着小号、举着教皇徽章的精美天使。天使、妖怪以及类似的塑像，尤其是色彩写实的塑像，是巴洛克环境的重要组成部分。它们不但有助于隐藏位于结构交接处，服务于这些视错觉的各种奇怪的装置，而且是我们活动其中的真实空间和艺术家创作的空间之间的媒介。巴洛克风格不希望让观众和舞台之间的界限清晰可见。这些术语来自于戏剧界，或者说歌剧界，是 17 世纪意大利的发明，我们有充分的理由想到它们。然而，现实到错觉、错觉到现实的转换却不只是一个戏剧花招。贝尼尼在罗马的胜利之后圣母堂［S. Maria della Vittoria］中著名的圣特蕾莎礼拜堂［chapel of St Teresa］就是证明。礼拜堂可以追溯到 1646 年，以深色大理石作为饰面，琥珀色、金色和粉色的表面闪闪发光，用千变万化的方式对光加以反射。入口前的墙面中间是圣特蕾莎礼拜堂的祭坛。两侧为粗重的双柱和双壁柱，断裂的三角山花位于斜面之上，向我们倾斜，然后又向后缩进，从而让我们聚焦到祭坛正中。人们原本以为会看到一幅画，事实上看到的却是放有一组雕塑的壁龛，它被当作一幅画来处理，给现实所带来的错觉在今日的震撼丝毫不亚于 300 年前。礼拜堂中所有的一切都在加强这种生活画［peinture vivante］的视错觉效果。右边和左边的墙也有打开的壁龛，壁龛的阳台后是贝尼尼用大理石雕刻的科尔纳罗［Cornaro］家族成员的雕像，他们是礼拜堂的捐赠者，正在令人惊叹的遮屏背后和我们一起往正中看去，就如同他们坐在包厢中、我们坐在剧场前排座位一般。

我们的世界和艺术世界之间的界限被极其巧妙地抹去了。我们的目光和那些大理石雕像的目光都被导向了同

一目标，这让我们不由自主地觉得它们跟我们是一样真实的，于是觉得祭坛上的雕像也是如此。贝尼尼用超凡的技巧塑造了圣特蕾莎和天使，因而也增强了这种欺骗效果。修女厚重的披风、云朵的蓬松感、年轻天使的轻薄垂褶以及他柔软的肌肉都描绘得惟妙惟肖。圣特蕾莎的表情说明她与基督奇迹般的结合，表现出一种难以忘怀的妖娆的狂喜。她昏厥过去，仿佛被肉体的刺入所征服。与此同时，她又升入空中。这组雕塑的对角线的运动趋势，让我们相信没有什么是不可能的。镀金的金属条遮住了壁龛后侧的墙壁，檐部之后、位于高处的天窗则覆盖了一层黄色的玻璃板，给场景带来了神奇的光照效果。

圣特蕾莎礼拜堂是罗马采用此类视错觉效果一个最大胆的案例，但它其实也是一个例外。罗马从来不相信极端事物。贝尼尼是那不勒斯人，而那不勒斯曾经归西班牙统治。要体验极端和过度的刺激感，人们的确应该去西班牙或葡萄牙，当然也可以去德国。虽然巴洛克风格很迟才传播到这些国家，但它却被它们以极大的热情接受。在意大利，没有像18世纪早期的一些西班牙教堂和很多德国南部教堂那样放纵地让现实与虚构相互渗透的案例。

西班牙土地上最杰出的案例要数纳西索·拖梅［Narciso Tome］设计的托莱多大教堂［Toledo Cathedral］的透明祭坛［*Trasparente*］。大教堂是建于13世纪的经典法国哥特式建筑。它的主祭坛设有大型的晚期哥特式背壁［reredos］。正统天主教反对人们沿着回廊在圣体圣事［the Blessed Sacrament］背后走动。于是，一个巧妙的设计被构想出来，让人们能看到圣体圣事，也避免回廊上的人们对圣体圣事不敬。它被放置在一个镶有玻璃的容器之中，因此得名“透明”，祭坛布景在它周围被建造起来，其华丽程度可谓闻所未闻。工程于1732年完成。装饰丰富的柱子让人们聚焦于圣体圣事，它们通过向上弯曲的檐口与外边更为粗壮的柱子相连。这些曲线和位于其下方的板上用浮雕描绘的带有透视的场景形成了一种错觉，即与

对页：罗马，胜利之后圣母堂，科尔纳罗礼拜堂，内有圣特蕾莎和天使，贝尼尼设计，1646 年
右图：托莱多大教堂，透明祭坛，纳西索·拖梅，1732 年完成建造

贝尼尼在皇家阶梯中设计的柱廊相似，祭坛前后之间看上去要远大于实际深度。此外，镶有玻璃的开口则被天使所环绕，将所有结构支撑遮挡起来。天使的云朵将我们的视线向上引导至相当的高度，在那里，几个多色大理石雕塑正在上演着《最后的晚餐》的场景。更高处还有正在升入天堂的圣母。为了增强这种奇迹感，整个场景通过泛光照明，当我们望向它时，光源就位于我们背后。泛光照明也是今日的一种特殊的舞台灯光照明形式。这位天才的建筑师去除了回廊中半个哥特拱顶肋之间的砖石，13 世纪的工程技巧让他能够在不减弱结构支撑的情况下这样做，然后在开口周围布置了成群的天使，又在其上树起了一个下方看不到的屋顶采光窗，从而让金色的阳光倾泻而下，照亮了天使以及我们所在的回廊，并照向祭坛、祭坛中的雕像和圣体圣物。在发现这神奇的光的来源时，我们会转过身去，在远离祭坛的地方，在耀眼的光中看到天使之上是坐在云上的基督，身边环绕着先知和天军。

正如之前所说，这种空间的极端主义，将整个房间拉伸成一个令人震惊的巨大装饰的做法，在西班牙都属于例外。西班牙和葡萄牙更擅长将装饰堆砌在表面，来表现这种极端主义。对装饰的狂热从摩尔人的时代开始就一直是西班牙的传统，比如阿尔罕布拉宫［Alhambra］和位于巴利亚多利德的圣保罗教堂，但在以荷西·德·丘里格拉［José de Churriguera］（1650—1725 年）命名的丘里格拉风格［the Churrigueresque style］之前，从未采取如此古怪的形状。比如格拉纳达的加尔都西会修道院（1727—1764 年，路易斯·德·阿雷瓦洛［Luis de Arévalo］和 F. 曼努埃尔·巴斯克斯［F. Manuel Vasquez］设计）中的那些野蛮的涡卷和粗壮的装饰线条，一定受到了南美洲中部地区的本土艺术的直接影响，正如葡萄牙的曼努埃尔风格［the Manueline style］受到了东印度群岛的本土艺术的直接影响。事实上，在墨西哥，西班牙建筑师赞颂着对过度装饰最疯狂的滥用。

在美学层面上，透明祭坛的水平无疑要高于丘里格拉风格的表面装饰，尽管在道德层面上，尤其是基于维多利亚时代的英国拉斯金式的道德，两者都会遭到反对。与西班牙一样，18 世纪的德国南部也喜爱为装饰而装饰。其传统也可以追溯到中世纪。但如前所述，德国晚期哥特风格对空间复杂性的喜爱要超越其他所有国家，因此对空间的利用也成为德国晚期巴洛克风格［German Late Baroque］的核心问题。这一问题有时会通过透明祭坛之类的杰出技巧来解决，但更常见的情况是通过更纯粹、更严格的建筑手段来解决。

贝尼尼、博罗米尼以及瓜里诺·瓜里尼［Guarino Guarini］是德国晚期巴洛克风格的源泉。其中，贝尼尼最初是作为一位雕塑家被模仿，而瓜里尼的影响要超过另外两位，虽然由于他未曾活跃于罗马，我们之前并未提到过他。他于 1624 年出生于摩德纳，主要生活于都灵，于 1683 年去世。也就是说，他介于贝尼尼和博罗米尼那一代与德国那一代建筑师之间。他是奥拉托利会成员、哲学和数学教授及建筑设计师。他的《民用建筑》［*Architettura*

格拉纳达，加尔都西会修道院，圣器室，路易斯·德·阿雷瓦洛和F. 曼努埃尔·巴斯克斯设计，1727—1764 年

Civile］在 1737 年才出版，但其中的版画从 1668 年就开始流传，而他的国外旅行也让建筑师们了解到他和他的作品。在意大利之外，他主要完成了两座教堂——已不复存在的巴黎圣安妮教堂［Ste Anne］（1662 年）和里斯本圣玛利亚神圣天佑教堂［the Divina Providência］。他设计的第三座教堂——布拉格小城［the Kleinseite］的奥廷根圣母教堂［the Virgin of Ottingen］（1679 年）则从未建造。瓜里尼的设计风格大胆，比如他敢于在府邸立面中采用博罗米尼教堂立面所确立的起伏的原则。他位于都灵的卡里尼亚诺宫［Palazzo Carignano］的正中为按凹—凸—凹的韵律设计的起伏的曲线。主要的房间为椭圆形，两个分开的楼梯位于椭圆形房间和立面凹进部分之间。在他的教堂设计中，特别是 1666 年开始建造的位于都灵的圣洛伦佐教堂［S. Lorenzo］以及为里斯本和布拉格设计的教堂，凹进和凸出的空间部分形成了最美妙的互动，其处理手法也同样领先于博罗米尼。只借助于眼睛是很难理解这些凹凸互动的，而瓜里尼作为一名数学家对它的兴趣不亚于作为一名艺术家的兴趣。比如，在圣洛伦佐教堂，拱券和阳台向前摇摆至由穹顶覆盖的集中式空间。瓜里尼设计（或者说从科尔多瓦摩尔人的清真寺中所学来）的穹顶为八角星形，肋向前向后交叉延伸。在里斯本和布拉格的纵向教堂中，横跨中厅的横梁也被拉入整体的起伏之中，三

维地建造起来（即同时向上和向前）。中厅由一系列相交的椭圆形组成，从而形成了史无前例的效果。如前所述，这一教堂与博罗米尼的教堂都是德国晚期巴洛克风格的主要起源。

1720—1760 年间产生了大量天才的建筑师，本书仅介绍其中的两位：科斯马斯·达米安·阿萨姆［Cosmas Damian Asam］（1686—1730 年）以及约翰·巴尔塔萨·诺伊曼［Johann Balthasar Neumann］（1687—1753 年）。

科斯马斯·达米安·阿萨姆是一名画家和室内装饰设计师，他的弟弟埃吉德·奎恩·阿萨姆［Egid Quinn Asam］（1692—1750 年）则是一名雕塑家。两人通常一起合作，一般只被认为是称职的工匠，而他们自己也是这样定位自己的。与他们相同，18 世纪德国的大部分建筑师都不是文艺复兴意义上或现代意义上真正的建筑师。他们在农村长大，在成长的过程中学习了与建造相关的知识，仅此而已。他们没有关于职业地位的远大理想。事实上，19 世纪之前德国建筑师的社会地位与中世纪相同，绝大多数的赞助人依然是王公贵族、主教、修道院院长等，就像 300 年前一样。诺伊曼则属于中世纪或文艺复兴时期并不存在的另一类型。我们之后会提到，这种类型产生于路易十四时期的法国（见第 171 页）。他最早在维尔茨堡采邑主教［the Prince-Bishop of Würzburg］的炮兵部队中工作，在那里，他对数学和防御工事产生了浓厚的兴趣。人们可能会记得，米开朗基罗也曾设计过防御工程，而 16 世纪意大利其他著名的建筑师，如圣米凯利，也是杰出的军事工程师。维尔茨堡采邑主教选中了年轻的诺伊曼参与建筑工程，让他担任自己的工程测量师，并派他去巴黎和维也纳与和自己地位相当的法国国王和御用建筑师们商议自己位于维尔茨堡的新宫殿的平面，并向他们学习。因此，他最著名的作品——维尔茨堡宫并不完全是他的作品。但随着他的经验的增长，采邑主教对他的欣赏也与日俱增。他被提拔为上尉、少校直至上校，但他不需要承担任何服役的任务，可以将全部时间献给建筑。采邑主教所有的设计和监工任务都由他承担，不久之后他也应邀为其他雇主设计府邸和教堂。

德国 18 世纪的教堂可能是在一种非常不同的背景中——中世纪工匠的作坊或技术娴熟的朝臣的绘图板——产生的。这也往往解释了建筑风格的差异。阿萨姆的教堂天真质朴，诺伊曼的教堂则具有可与巴赫匹敌的需要极高智力的复杂性，但阿萨姆的作品和诺伊曼的作品都相当看重空间效果。阿萨姆兄弟坚持夸张的视错觉手法（甚至将其提升至很高的情感高度），而诺伊曼在空间布局时则摈弃了简单的错觉手法。

都灵，圣洛伦佐教堂，瓜里尼设计，于 1666 年开始建造，穹顶

在雷根斯堡附近的罗尔修道院教堂［Rohr］中，阿萨姆兄弟在圣坛中放了一件展示品，它与贝尼尼的圣特蕾莎相比略显粗糙，却要夸张得多：真人大小的使徒雕像矗立在真人大小的巴洛克石棺周围，圣母正由天使支撑着升入空中，即将进入一团绚丽的云彩，小天使们也在高处飞翔。夸张的姿势、闪闪的金色与暗色的搭配都有助于激发信仰的激情。在雷根斯堡附近的另一座教堂——维尔腾堡修道院教堂［Weltenburg］的圣坛则是一个更加神秘的幽灵的舞台：银色的圣乔治骑在马上，挥动着一把形如火焰的利剑，仿佛正要从背景那从隐藏起来的窗户所射入的耀

眼光芒中径直向我们冲来。龙和公主则凸显为这灿烂光辉前暗金色的剪影。罗尔教堂建造于1718—1725年，维尔腾堡修道院教堂则建于1717—1721年，它们都是阿萨姆兄弟的早期作品。

在他们后期最好的作品中，他们试图超越透明祭坛的效果。埃吉德·奎恩·阿萨姆在慕尼黑拥有一处住宅。在年近40时，他开始思考如何留下一座能让他身后留名的纪念性建筑。于是，在1731年，他决定在与他的住宅毗邻的地块上建造一座教堂，作为他个人对上帝的奉献。教堂于1733年开始建设，1750年左右完工，献给圣约翰·内波姆克［St John Nepomuk］。它非常小，宽度不到30英尺（合9.144米），相对高和窄，上层环绕着一圈窄廊台，底层和廊台处均设有祭坛。廊台在单脚点地的女像柱天使的手指上保持平衡。它前后摇摆，顶部的檐口一会儿上升，一会儿下降。整体配色为暗金、棕色和深红，在光的照射下偶尔迸发出闪耀的光芒。唯一的光线来源是我们身后的入口处、檐口之上的隐蔽的窗。二层东侧的窗户成为一组圣父、圣子、圣灵雕像的背景，上帝举着耶稣受难十字架像，圣灵位于上方，周围环绕着天使——疯狂得不可思议，但又高超地极具写实性。圣约翰·内波姆克教堂的艺术高度之所以在罗尔教堂、维尔腾堡修道院教堂和透明祭坛之上，是因为它通过严格的建筑布局和单纯的视错觉欺骗手段的协同来营造一种强烈的惊奇感，而这种惊奇感很容易转变为宗教热情。

维尔腾堡，修道院教堂，科斯马斯·达米安·阿萨姆和埃吉德·奎恩·阿萨姆设计，1717—1721年

但它也非常震撼，这里是指字面意义上的震撼：在贝尼尼、阿萨姆兄弟、拖梅之前，没有艺术家以如此猛烈的效果为目标。那是否像我们的普金［Pugins］和拉斯金所说，他们因此是放荡、不道德和异教的呢？我们不应该不加辨别地接受对他们的裁决，否则我们会失去很大一部分合理的快乐。生活在欧洲北部的我们或许真的很难将这种与感官体验紧密相关的表现方式与基督和教堂联系起来。但生活在巴伐利亚、奥地利、意大利和西班牙等欧洲南部的人们更多地依赖感官生活，因此对他们而言，这是一种真实的宗教体验形式。在贝尼尼、阿萨姆兄弟和拖梅的时代的欧洲北部，斯宾诺莎提出了一种泛神论，即上帝广泛存在于万事万物之中；伦勃朗在他对光线的处理以及将动作融入不明确但生动的背景中发现了绘画的无限性；牛顿和莱布尼兹则通过微积分的概念在数学中发现了无限性。欧洲南部的人们通过建筑师和室内设计师对现实和虚拟世界的统一以及让观者难以合理解释的超越边界的空间效果，更具体地展现了包罗万象的同一性，并表现出无限性。诺伊曼的作品则决定性地证明了建筑的纯粹和微妙可以通过这些空间魔法来实现，只要进入他的建筑的参观者能够遵循他的指引。生活在20世纪的我们很难专注于空间的复调，正如教堂和音乐会的听众都不如巴赫当年为之谱写乐曲的人们能清晰地听出音乐复调一样。事实上，两者在品质上也惊人地对应。德国18世纪最优秀的建筑与

慕尼黑，圣约翰·内波姆克教堂，埃吉德·奎恩·阿萨姆设计，1733—约1750年

当时最杰出的音乐标准相当。

以诺伊曼位于法兰克尼亚的十四圣徒朝圣教堂［the pilgrimage church of Vierzehnheiligen］为例，这座教堂建造于1743—1772年。这座巨大的孤独的朝圣教堂给进入其中的人们的第一印象是愉悦和崇高的，一切都是明亮的：白色、金色和粉色。这证明这座教堂要晚于圣约翰·内波姆克教堂。阿萨姆的作品仍然是17世纪意义上的巴洛克风格，而诺伊曼的作品则属于巴洛克风格的最后一个阶段，即洛可可阶段。洛可可并不是一个单独的风格，而是属于巴洛克风格的一部分，正如盛饰式是哥特风格的一部分。巴洛克和洛可可的差异仅仅在于后者是前者的升华。洛可可是轻快的，而之前是阴沉的；洛可可是精美的，而之前是有力的；洛可可是幽默的，而之前是热情的。但洛可可风格与巴洛克风格一样多变、动人、妖娆。人们通常把“洛可可”这一术语主要与法国，一方面与卡萨诺瓦［Casanova］的时代，另一方面与伏尔泰的时代联系起来。在德国，洛可可风格在理智和感官上都不复杂——它与晚期哥特式建筑和装饰一样，都与人们审美本能的表达一样直接，人们可以在今日德国巴洛克和意大利巴洛克教堂中做宗教礼拜的农民身上看到，并非只有享有特权的艺术大师们对这一风格感兴趣。

但是，十四圣徒朝圣教堂的风格并不简单。它不像阿萨姆的教堂，不足以让其中的人们感到震撼。它追寻一种准确的理解，这也是专家的任务，即建筑师的建筑，正如赋格曲是音乐家的音乐一样。位于中厅正中的椭圆形中心祭坛或许会让跪在它周围的乡村信徒感到满意。它一半是珊瑚礁，一半是神灵的轿子，极其高贵。在接受这一甜蜜的荣耀之后，外行人会抬起头，看到各面都有闪闪发光的装饰，如海浪、泡沫和带火的箭，产生强烈的喜爱之情。但是，在开始走动之后，他会马上彻底陷入困惑。他对中厅、侧廊和圣坛的知识以及通常的认知在这里似乎毫无价值。非专业人员的困惑以及专业人员的激动之情，都源自底层平面。该平面可以说是有史以来最天才的建筑设计作品之一。从外面看来，教堂显然设有中厅和侧廊，还有一个集中式的东端，结束于多边形的耳堂和歌坛。事实上，歌坛为椭圆形，耳堂为圆形，中厅则由两个相交的椭圆形组成，这样人们从博罗米尼式起伏的正立面所进入的第一个椭圆形与歌坛大小相同，而第二个椭圆形则要大得多。十四圣徒的圣坛就位于第二个椭圆形之中。这也是教堂的精神中心。于是就产生了建筑外部所预示的中心和建筑内部实际所揭示的中心之间极其痛苦的对抗，即中厅和耳堂相交的交叉部与主要椭圆形正中之间的对抗。至于侧廊，它们只不过是剩余空间。沿着侧廊前进，人们会感到痛苦。唯一重要的就是椭圆形之间的互动。在拱顶的高度，它们被横拱分隔。但这些横拱并不是从拱廊的一根柱子跨向其对面的柱子的简单的条带，它们是三维的，向彼此弯

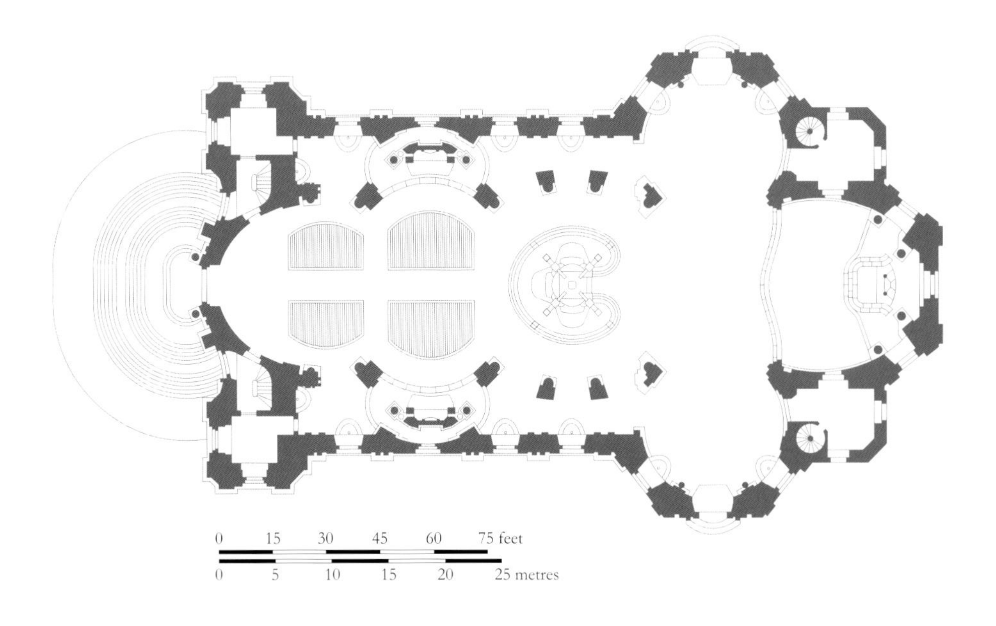

对页：十四圣徒朝圣教堂，巴尔塔萨·诺伊曼设计，1743—1772年

左图：十四圣徒朝圣教堂，底层平面

曲，与 14 世纪尺度较小的摆动的拱券相同，这也是哥特建筑与巴洛克建筑的又一个相似之处。[26] 这在交叉部形成了最令人激动和困惑的效果。在耶稣教堂这类教堂中——从外部来看十四圣徒朝圣教堂就属于这一类型，这一部分通常是一个穹顶，即构图的最高点。但如前所述，十四圣徒朝圣教堂的交叉部是歌坛所在的椭圆形与正中的椭圆形相交之处。两根从交叉部的柱墩升起的横拱向彼此弯曲——西面的横拱向东、东面的横拱向西——在椭圆形相交之处相交，有意识地强调了以下事实：一般的巴洛克教堂会将此处设置为拱顶起伏运动的波峰，而十四圣徒朝圣教堂则将此处设置为波谷，从而形成最有效的空间对位。主要的耳堂西侧较小耳堂的加入也增加了空间的复杂性。侧圣坛位于小耳堂之中，就像位于教堂东端前的圣坛和交叉部东面柱墩前的圣坛。位于交叉部东面柱墩前的圣坛沿对角线设置，以将人们的目光导向华丽的主祭坛，形成一种明显的剧院效果。

这也是人们反对这种教堂的主要理由之一，它的逻辑性受到了质疑。另外，为什么建筑师和艺术家如此狂热地要达到欺骗效果，并创造出如此强烈的对于现实的幻觉？基督教会到底关心的是哪一种现实？当然是关心神的存在［the Divine Presence］的现实。这是时代的狂热，在这一时代中，罗马天主教的教条、秘密和奇迹已不像中世纪那样被所有人作为真理所接受，异教徒和怀疑论者纷纷出现。为了让异教徒重新皈依，也为了说服其他人，宗教建筑既需要激起人们强烈的情感，也需要让他们沉迷其中。但也有人因此提出了另一个反对观点，即与中世纪教堂相比，巴洛克教堂显得过于世俗化。教堂和府邸中的巴洛克装饰特征的确完全相同，可是中世纪的教堂不也同样如此吗？在这种一致性背后的想法是极其理智的。我们以艺术的辉煌向君主表示敬意，而至高无上的辉煌难道不是来自于上帝吗？但这在我们今日的教堂和19世纪修复的中世纪教堂中已经不复存在了，它们以大厅为主，其氛围旨在让集会的信众将注意力集中于礼拜和祈祷。而巴洛克时期的教堂则是严格意义上的“耶和华的殿”［the house of the Lord］。

不过，不容否认的是，我们作为观察者和信徒，一直无法确定在十四圣徒朝圣教堂那样的教堂中，哪里是精神世界的结束，哪里又是世俗世界的开始。建筑形式作为整体所表现出的狂喜的热情让人无法拒绝，但这并不一定是宗教的热情。1700—1760年间，德国南部和奥地利的确有建造大型教堂和修道院的狂热，这只是巴洛克时期大规模建造各种建筑的狂热的一种表达。在维尔茨堡、法兰克尼亚和维也纳建造了大量建筑的德国申博尔恩［Schönborn］家族将这种狂热称为“建筑虫病”［*Bauwurm*］。叶卡捷琳娜二世［Catherine the Great］在写给巴黎的格林男爵［Baron Grimm］的信中称之为“建造狂”［*Batissomanie*］。新的教堂和修道院也并不是完全以“愈显主荣”［*ad majorem Dei gloriam*］为基调建造的。康士坦茨湖［the lake of Constance］附近的魏因加滕修道院［Weingarten］等修道院是否真的需要1723年重建计划中的那些向外延伸、曲线优美的附属建筑物？这一方案最终完全没有实施，但其他的一些方案实施了，如均位于多瑙河之上的克洛斯特新堡修道院［Klosterneuburg］、圣弗洛里安修道院［St Florian］、梅尔克修道院［Melk］。梅尔克修道院于1702年由雅格布·普兰陶尔［Jakob Prandtauer］（1726年去世）开始建造，它从河边陡峭的岩石上拔地而起，在很多方面都是上述三座建筑中最突出的。教堂位于后方，立面起伏，塔楼设有多个小塔尖，还设有洋葱顶。修道院的两座亭阁里面分别是大理石大厅和图书馆，从教堂的左右两侧向前伸出，在前方的堡垒处向中间聚拢。在这里，它们通过较矮的、形状近似半圆的侧翼相连接。中间正好在教堂轴线上建造了一个帕拉迪奥式的拱券，从而让西侧的入口能够看到多瑙河的远景。它可以说是一件经过视觉计算的精美作品，是帕拉迪奥非常简单地将别墅和景观相连接的后续更精妙的发展，也明显属于发现造园术（见第186页及之后）的世纪的作品。

但是，回到我们的问题，峭壁上高耸的教堂，如巴洛克时期的杜伦教堂，可以被视为一座斗志昂扬的天主教的纪念碑，而为修道院院长和修士建造的宫殿设有装饰丰富的沙龙和屋顶平台，均属于现世供人享受的设施，其水平、设计和施工的豪华程度与同期神圣罗马帝国各个王国的世俗和神职统治者的府邸、英国贵族的乡村府邸、卡塞尔塔［Caserta］王宫、那不勒斯国王的王宫、斯杜皮尼吉［Stupinigi］行宫、萨伏依公爵［the Duke of Savoy］的府邸以及撒丁王国［Sardinia］的国王王宫完全相同。

马特乌斯·丹尼尔·珀佩尔曼［Matthäus Daniel Pöppelmann］（1662—1736年）设计的位于德累斯顿的茨温格宫［Zwinger］是这些项目中最不可靠的项目之一，它是为强壮而擅长运动的贪食和好色之徒奥古斯特二世［the Elector Augustus］建造的。茨温格宫是柑橘园和供选帝侯使用的比赛和选美看台的结合。它原本并未打算像今天这样作为单独的建筑使用，只跟19世纪的画廊相连，而是作为横跨易北河的宫殿的一部分建造的。它包括一层的长廊和之间的两层亭阁，长廊在设计上相对克制，亭阁上则奢华地布满了最繁复的装饰。其中，门亭尤其是一个完全不考虑使用性的充满幻想的作品。底层的拱门用向外摆动的断裂山花取代了正常的三角山花。二层的山花也是断裂的，但不是外摆，而是内扣。二层的各面都是通透的，仿佛是一个凉亭或眺望台，上方挤满了丘比特雕像，顶部设有皇家和选帝侯徽章的洋葱顶。

如果赞美德文郡哥特式隔屏的人们排斥茨温格宫，那他们要么没有仔细观察他们眼前的这个作品，要么戴着清教徒的有色眼镜。这些摇摆的曲线是多么愉快，多么优雅啊！它欢乐，却不粗俗；生机勃勃、活力四射，却不粗

上图：梅尔克，本笃修道院，雅格布·普兰陶尔设计，1702年开始建造
下图：德累斯顿，茨温格宫，马特乌斯·丹尼尔·珀佩尔曼设计，1711—1722年，门亭

糙。它充满了无穷无尽的创造力，通过将各种各样的意大利巴洛克形式对立和堆砌起来，形成了各种新的组合和变化。向前和向后的运动永不停息。与这种在空间中的快速运动相比，博罗米尼的风格显得巨大而厚重。

与所有原创的风格相同，德国洛可可风格也具有相同的塑造空间和体量形式的意图。三维曲线是这一阶段的主导动机。它出现在十四圣徒朝圣教堂中，也出现在茨温格宫中，从主要的布局主题到微小的装饰细节，似乎无处不在。诺伊曼杰出的世俗建筑作品——布鲁赫萨尔［Bruchsal］主教宫［the Bishop's Palace］中的楼梯间或许是最令人信服的一个案例。主教宫本身不是诺伊曼设计的。他于1730年受邀重新设计楼梯间时，主教宫已经建造了很大一部分了。

主教宫包括一个长方形的中心体块或主楼［*corps de logis*］以及向外延伸的较矮的侧翼，后者是帕拉迪奥的设计，它从意大利北部传至英国和法国，在那里被改良，侧翼之间的空间被处理成荣誉庭院［*cour d'honneur*］，然后传入德国。主楼的正中是一个楼梯间，它是一个椭圆形房间，面积要大于宫殿内其他任何一个房间，这本身就有着最为重大的意义。

布卢瓦城堡，弗朗西斯一世侧翼中的螺旋楼梯间，1515—约 1525 年

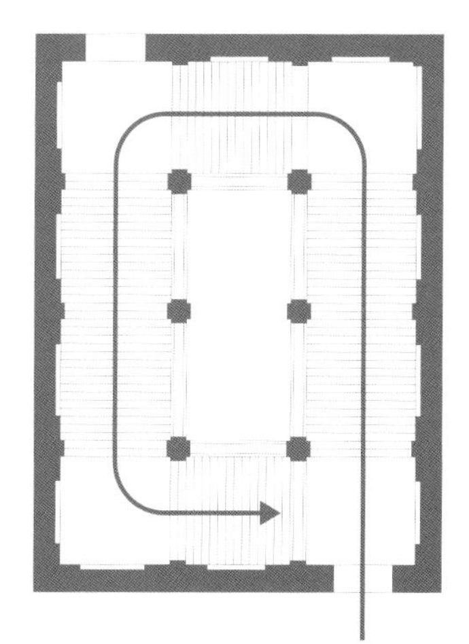

正方形带中柱的螺旋楼梯

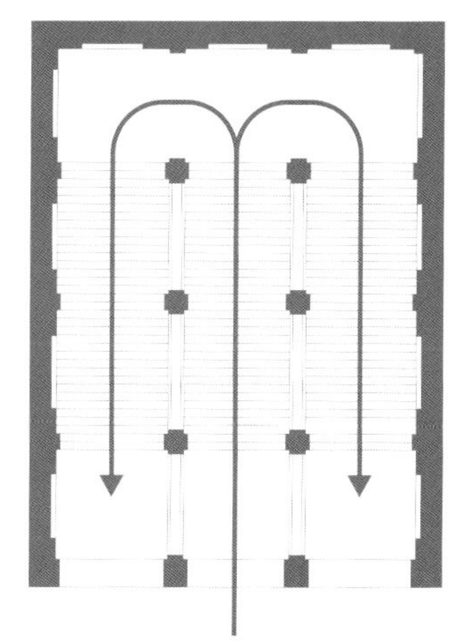

帝国楼梯

布尔戈斯大教堂，金梯，迭戈·西洛埃设计，1519—1523 年

在中世纪，楼梯间的重要性非常低，它们几乎总是被隐藏起来，属于建筑纯功能性的部分。带中柱的螺旋形楼梯占用尽可能少的空间已经成为一条建筑规则。哥特风格的最后阶段用一种新的方式来欣赏空间，并赋予其新的空间表达形式，来强调不断变换的轴线所带来的快乐。这种形式的巅峰是以布卢瓦城堡［Blois］（见第 128 页）和香波城堡［Chambord］为代表的法国的楼梯间。[27] 意大利文艺复兴风格就整体而言并不热衷于楼梯间的发展，它作为主题而言过于动感，因而不能得到文艺复兴建筑师的认可。阿尔伯蒂这样评论楼梯间："一座建筑中楼梯间的数量越少越好，所占面积越小越好。"［*Scalae, quo erunt numero pauciores ... quoque occupabunt minus areae ... eo erunt commodiores.*］因此，标准的文艺复兴楼梯间一般为双跑楼梯，位于两堵实墙之间的第一个梯段先到达两层之间的中间平台，然后旋转 180 度，通过同样位于两堵实墙之间的第二个梯段到达上一层。在从布鲁内莱斯基的育婴

布鲁赫萨尔，主教宫，楼梯间，约翰·巴尔塔萨·诺伊曼于1730年设计

堂到法尔内塞宫等一系列建筑中，这种楼梯间其实只是以某一角度向上延伸的带拱顶的走廊。一种更具想象力的处理方法在15世纪的意大利更为罕见，也没有值得一提的建筑留存至今。但之前提到过的弗朗切斯科·迪·乔尔吉奥写于15世纪70年代关于集中式平面历史的著作绘制了府邸的建议性的平面，其中两个平面展现了新形式的楼梯间，而它们将在未来的几个世纪中成为非常重要的形式。

然而，真正在建筑中将它们实现或者至少推动了它们的普及的不是意大利，而是一个更加躁动的国家——西班牙。这些新形式中的第一个也是最为重要的形式是正方形带中柱的螺旋楼梯间，三个直的梯段围出了一个宽敞的楼梯井，第四条边则是一个平台。继弗朗切斯科·迪·乔尔吉奥的著作之后，这一类型首先出现在位于托莱多的圣若望皇家修道院［S. Juan de los Reyes］中恩里克·德·埃加斯［Enrique de Egas］设计的部分（于1504年完工），同样位于托莱多且同样由埃加斯设计的圣十字医院［the Hospital of the Holy Cross］（1504—1514年）以及米歇尔·卡隆［Michele Carlone］设计的拉卡拉奥拉城堡［the castle of Lacalahorra］（1508—1512年）。多年以后，迭戈·西洛埃［Diego Siloé］在布尔戈斯大教堂中建造了雄伟的金梯［Escalera Dorada］，以T字形为基础发展而来，即从一段直的楼梯开始，然后在平台处分岔，分别向左和向右旋转90度。这一平面已被证明可以追溯到伯拉孟特位于梵蒂冈的巨大观景庭院中的室外楼梯，但是弗朗切斯科·迪·乔尔吉奥的著作要早于伯拉孟特的作品（无疑也对后者产生了影响）。乔尔吉奥为共和府邸［Palazzo della Repubblica］设计了这一类型的楼梯间，多年以后，在热那亚的府邸建筑完全相同的位置，这样的楼梯开始

布鲁赫萨尔，主教宫，一层楼梯平台。约翰·米夏埃尔·费希特梅耶设计的灰泥作品，1752 年

流行起来。

与此同时，西班牙则引入了另一种最为壮观的楼梯间，这种楼梯间也似乎来自于未经建造的意大利图纸。它被称作帝国楼梯［Imperial staircase］，达·芬奇的草图就属于这一类型。帝国楼梯位于一个矩形的类似笼子的空间中，从一个直的梯段开始，在平台处旋转 180 度，左右两边各为平行于第一个梯段的一个梯段，可到达上一层（也可以先是两个梯段，然后是一个梯段）。据我所知，这一类型最早出现于胡安·包蒂斯塔·德·托莱多［Juan Bautista de Toledo］和胡安·德·埃雷拉［Juan de Herrera］设计的埃斯科里亚尔修道院（1563—1584 年）中。在其中向上或向下移动的人们才能最强烈地感知空间。但这一楼梯是在意大利之外发展起来的。如果要考察 16 世纪意大利最优秀的楼梯间，我们会发现伯拉孟特设计的令人愉悦的梵蒂冈的楼梯间虽然有宽敞的楼梯井，上升坡度缓和，尺寸宏大，但仍然属于传统的带中柱的螺旋楼梯。塞利奥和帕拉迪奥也延续了伯拉孟特的做法，虽然他们知道并曾使用过正方形的三跑楼梯，但他们并不关注楼梯间设计，唯一的创新是将带中柱的螺旋楼梯拉长为椭圆形（马代尔诺恰巧在巴贝里尼宫中使用了这一形式），并通过托臂将梯段支撑于墙外，在开敞的墙面一侧没有任何内部支撑。17 世纪的巴洛克风格，尤其在法国，仅仅对这些已有的类型加以丰富（见第 182 页）。埃斯科里亚尔修道院的楼梯间的各种变化也成为显示帝王霸气的标志。诺伊曼在维尔茨堡放有提埃坡罗［Tiepolo］画作的楼梯间也属于这一类型。

但布鲁赫萨尔主教宫的楼梯间却是独一无二的。我们很难用言语再现在被战争损毁之前，有幸在其两个梯段中的任何一个攀爬过的人们所体验到的迷人感受。梯段从一个长方形的前厅开始，在十级台阶之后，人们进入了椭圆形。它在底层平面上是一个昏暗的房间，以模仿意大利洞穴的质朴方式绘有岩石。然后，楼梯间在两面弧墙之间展开，靠外的为实墙，靠内的则为拱廊，人们可以透过它看到昏暗的椭圆形洞穴。拱廊的开口高度随着楼梯的升高而减小。随着人们向上攀登，楼梯间变得越来越明亮，直到人们到达主要层以及其下方的与椭圆形房间同样大小的平台。但上方的拱顶则覆盖了由楼梯间靠外的墙面所形成的更大的椭圆形。这样，平台和将其与两个梯段分开的栏杆仿佛漂浮在半空中，只通过桥与两个主要的沙龙相连。上方巨大的拱顶被很多扇窗户点亮，画上了最华丽的壁画，并用灰泥做出灿烂的烟花装饰。楼梯间的空间趣味通过这一装饰转化为装饰趣味，它在进入大沙龙的门上的涡卷饰［cartouche］中达到顶点。该涡卷饰并非诺伊曼的设计，而是一位来自巴伐利亚的灰泥专家约翰・米夏埃尔・费希特梅耶［Johann Michael Feichtmayr］的作品。他于1752年签下合同。巴伐利亚的灰泥专家几乎全都来自韦索布伦的同一个村，在那里，男孩被自然而然地训练为熟练的灰泥工，就像罗曼式教堂的装饰工匠通常来自意大利北部湖区的村庄，19世纪石膏雕像的制作者和售卖者往往来自萨伏伊，而今日的洋葱贩大多来自布列塔尼。费希特梅耶随着工程四处云游，当他在为一座修道院工作时，仍然像700年前的工匠一样领薪水和膳食。诺伊曼肯定在某些项目中遇见了他，发现了他巨大的装饰创造力。他曾出现在十四圣徒朝圣教堂和布鲁赫萨尔主教宫中。在他的灰泥作品中，没有一个部分是对称的。构图主要采用之字形，从右侧迷人的年轻天使，到左侧更高处的丘比特和小天使，再到顶部的小天使。细部形式似乎永远在变化，向上溅起，又向下落下。它们是什么？有什么含义吗？它们有时像贝壳，有时像泡沫，有时像软骨，有时又像火焰。这种装饰类型在法国被称作“*rocaille*”（即用石子和贝壳做的装饰），它于18世纪20年代前后由梅松尼尔［Meissonier］、奥彭诺尔［Oppenord］和来自地方或有半意大利背景的其他几位艺术家发明，后来被命名为洛可可风格，因为它与文艺复兴的装饰一样，是一种全新的创造，完全不依赖于任何以往的风格。它是一种抽象艺术，其表现价值与当前很多更为自命不凡的艺术作品相同。

布鲁赫萨尔主教宫将空间与装饰完美结合，标志着巴洛克风格的高潮，但它也标志着巴洛克风格的终结。在主教宫建成和诺伊曼去世后不久，温克尔曼［Winckelmann］出版了他最早的几本专著，德国的古典主义复兴运动开始了。诺伊曼的世界与歌德的世界之间毫无联系。新世界的人们不再以教堂和宫殿的思维方式思考。1760年之后，世界各地所设计的教堂都不再是具有历史意义的一流的建筑典范，拿破仑也不再建造宫殿。

必须承认的是，英国的贵族直到维多利亚时代依然在修建府邸，但他们完全没有巴洛克时期缺乏思考的态度。之前的风格对所有人均有约束力，也能为所有人理解，而新的风格只有有教养的人才能理解。这种风格的转变在德国和意大利发生于1760年之后，在法国和英国则出现得更早。但是，那时的法国和英国（以及德国北部、荷兰、丹麦和斯堪的纳维亚地区）都还没有全面接受巴洛克风格及其影响，它们的世界是新教的世界，从很多方面而言也是现代世界。在罗马天主教国家，中世纪的传统一直延续到或者说繁荣到18世纪。在北方，宗教改革运动已经打破了这种快乐的统一性，但也同时为独立思考和感受开辟了道路。在新教国家（也包括高卢主义者［Gallicans］、詹森主义者［Jansenist］、百科全书派［Encyclopedists］的法国），清教主义、启蒙运动已经出现，实验科学取得了现代统治地位，最后属于物质世界的工业革命和属于精神世界的交响乐也诞生了。交响乐之于19世纪与大教堂之于中世纪有着同等重要的意义。

7

英国与法国

16—18 世纪

上图：香波城堡，双螺旋楼梯间，1519 年之后不久
对页：凡尔赛宫，哈杜安-芒萨尔扩建，1678 年

在布鲁赫萨尔主教宫和透明祭坛建造之际，帕拉迪奥式或新古典主义风格的大型别墅在英国各地建造起来，如巴斯附近的普赖尔公园［Prior Park］、候克汉厅［Holkham Hall］、斯托庄园［Stowe］和肯伍德府［Kenwood］。与此同时，凡尔赛宫那经典的雄伟已经让位给了协和广场［the Place de la Concorde］、小特里亚农宫［the Petit Trianon］的新古典主义的精致。显然，哥特风格之后，西欧建筑的发展与中欧非常不同。

16 世纪初，英国、法国、荷兰、西班牙和德国等国家的情况几乎相同。在这些国家中，艺术家在同一时刻被同一种新的风格——意大利文艺复兴风格所吸引，抛弃了哥特风格。15 世纪，各国的学者均已体验了人本主义、古罗马文学的魅力，也体验了经典拉丁风格的纯净和灵活。

印刷术的发明有助于新思想的传播，皇室、贵族和商人中涌现出大量赞助人，其中不少因为这样或那样的原因来到了意大利，在理解了其人本主义特点之后，立刻喜欢上了意大利艺术。这种感觉一定非常强烈，我们甚至无法体会。人们总是忘记那是个交流匮乏和缓慢的时代。英国人只知道垂直式风格，法国人只知道火焰式风格，西班牙人和德国人只知道他们国家所特有的晚期哥特式风格。第一个亲自前往意大利并被文艺复兴风格所打动的法国艺术家是让・富凯［Jean Fouquet］。他于 1450 年左右前往意大利，他归国之后的绘画和泥金装饰手抄本作品中开始出现与通常的火焰式母题有趣结合起来的文艺复兴母题。不久之后，1461—1466 年，弗朗切斯科・拉乌拉纳［Francesco Laurana］——一位雕塑家以及我们之前在乌尔比诺已经见过的卢恰诺・拉乌拉纳的亲戚——正在艾克斯［Aix］为安茹国王勒内［King René of Anjou］工作；1475—1481 年，他完全用文艺复兴风格为马赛主教座堂［the church of the Major］建造了一个小礼拜堂。但艾克斯和马赛都很靠近意大利，真正的变化发生在 1494 年，查理八世［Charles VIII］率军进入意大利，经过多场战役向南进入那不勒斯。他将圭多・马佐尼［Guido Mazzoni］带回法国。马佐尼又被称作帕加尼诺，1498 年在圣丹尼斯大教堂为查理八世建造了葬礼纪念碑，这座纪念碑后来被损毁。一两年之后，其他文艺复兴风格的葬礼纪念碑开始在法国出现：1502 年建造的圣丹尼斯大教堂中的奥尔良公爵［the Dukes of Orleans］纪念碑也是一位意大利艺术家的作品；可以追溯到 1499 年的位于南特大教堂［the cathedral of Nantes］的弗朗索瓦二世、布列塔尼公爵［Duke of Brittany］的纪念碑基本是法国艺术家米歇尔・科隆布［Michel Colombe］的作品。图尔大教堂中查

盖隆城堡，门殿，皮埃尔·费恩设计，1508—1510 年

理八世子女的纪念碑也与科隆布有关。此后不久，大约在 1504 或 1505 年，安东尼奥［Antonio Giusti］和乔瓦尼·朱斯蒂［Giovanni Giusti］来到图尔，并在此定居，还改姓为朱斯特［Juste］。毋庸置疑的是，他们带来的 15 世纪风格［Quattrocento style］是他们唯一的表达媒介。从装饰性雕塑到建筑的雕塑装饰的转变发生于诺曼底的盖隆城堡［the château of Gaillon］。1508—1510 年，这里出现的将壁柱叠加到传统的法国建筑主体上的形式，也一度成为经典的体系。

几乎无需说，丢勒也正是在同一时期离开纽伦堡，来到意大利，在那里吸收了威尼斯文艺复兴风格。在西班牙，事情也在往同一方向发展。在这里，一些贵族家族，尤其是门多萨［Mendoza］家族，也开始转向新的风格。15 世纪 80 年代，文艺复兴风格的大门和庭院开始在各地出现（如科戈柳多、巴利亚多利德等）；到了 1500—1510 年，它们变得更为常见（如位于托莱多的圣十字医院，见第 150 页）。对德国而言，丢勒 1506 年再次前往威尼斯，并开始在自己的画作和雕版中采用意大利装饰。1509 年，富格尔家族［the Fuggers］出资在奥格斯堡修建了一座威尼斯文艺复兴风格的大型礼拜堂，虽然它采用了哥特风格的肋拱顶，不过这是一个例外。整体而言，在此时的德国和荷兰，人们只能在装饰而非建筑中找到文艺复兴风格的痕迹。比如，昆丁·马西斯［Quentin Matsys］和他 1508 年左右的绘画中的意大利母题。英国的情况也是如此。1509 年，亨利七世与马佐尼达成了一份协议，正如我们之前所说，让后者在巴黎为其设计陵墓。但这一任务并没有实现，1512 年亨利八世找到了另一位意大利人、米开朗基罗在佛罗伦萨的同学皮埃特罗·托里贾尼［Pietro Torrigiani］为父亲设计陵墓。这座陵墓由托里贾尼雕刻，安放在威斯敏斯特教堂的亨利七世礼拜堂中，是被精美的哥特式佳作所环绕的一个新来者。垂直式的镶板与由花环环绕的圆形浮雕、垂直式的柱墩与那些装饰优雅的壁柱、垂直式的装饰线条与底座和檐口的古代的装饰线条、垂直式的叶饰檐壁与欢快美丽的玫瑰和莨菪檐壁之间的对比极其强烈，超乎想象。

目前，我们只讨论了法国、西班牙、德国、荷兰和英国是如何转向意大利文艺复兴母题的，完全没有涉及东欧国家的情况，事实上与西欧相比，东欧的转变更为迅速。匈牙利、俄国、波西米亚、波兰和奥地利均是如此。在匈牙利，布达的别墅早在 15 世纪中期之前就已采用“意大利对称式建筑”的形式。科尔文纳马加什一世［Matthias Corvinus］与那不勒斯的一位公主结婚，引入了意大利石匠和雕塑家。最近，他们的一些作品在布达和维谢格尔德城堡［Visegrád Castles］被挖掘出来。[28] 他的一位意大利工匠，来自博洛尼亚和米兰的阿里斯托蒂莱·菲奥拉万蒂［Aristotile Fioravanti］又从匈牙利前往莫斯科，并于 1475 年开始在那里建造了圣母安息主教座堂［the Cathedral of the Dormition］。意大利风格更为明显的天使长大教堂［Cathedral of St Michael］于 1504 年开始建造，也是一位意大利建筑师设计的。不过，两座大教堂都保留了传统的俄罗斯–拜占庭［Russo-Byzantine］平面形式。第一座纯粹的意大利教会建筑是埃斯泰尔戈姆圣殿［Esztergom Cathedral］（赫龙河）中的巴科茨礼拜堂［the Bákocz

威斯敏斯特教堂，亨利七世陵墓，托里贾尼设计，1512—1518 年

Chapel］。它于 1506—1507 年建造，即马加什一世去世 16 年后，平面、立面和所有装饰均为意大利风格。继位的是波西米亚的国王弗拉季斯拉夫二世［Vladislav II］。在他治下，布拉格王宫开始接受新的装饰类型。位于布拉格城堡区［Hradshin］的弗拉季斯拉夫大厅［Vladislav Hall］由德国石匠本尼迪克特·里德［Benedict Ried］于 1493 年建造，其中有辉煌的晚期哥特式拱顶，拱顶上弧形的肋相互缠绕，而窗户则采用纯粹的文艺复兴风格，应该是来自匈牙利的艺术家的作品。除此之外，大厅中还有很多极其混乱的母题，比如扭曲的带凹槽的古典主义壁柱、沿对角线放的壁柱，这些都是思想混乱的表现，与克拉科夫的瓦维尔［Vavel］城堡（这是弗拉季斯拉夫二世的弟弟西格斯蒙德［Sigismund］的住所）一样。瓦维尔城堡建于 1502 年左右的门廊有精美的哥特式过梁，但其外框却为文艺复兴风格。从 1507 年开始，城堡的修建规模增大，且采用了更纯粹的文艺复兴的形式。克拉科夫大教堂［Cracow Cathedral］中西格斯蒙德的葬礼礼拜堂由一位来自佛罗伦萨的建筑师于 1517—1533 年间建造，完全采用意大利的风格。这些数据和日期说明，东欧要先于西欧接受文艺复兴风格。乍一看，这让人惊讶，但其实东欧国家的传统或是弱于西欧，或是与西欧不同，一旦实行对西欧开放的政策，统治者则更愿意接受最近、最新颖和最新奇的事物。

奥地利的情况进一步证实了上述解释。奥地利较为接近德国的传统，因此较晚才转向文艺复兴风格（救世主礼拜堂［Salvator Chapel］门廊，维库纳［Vicuna］，约 1520—1525 年）。[29]

它们已经使用了当时最近和最新的语言。但是，需要记住的是，东欧和西欧在 1500—1520 年间欣然采用的文艺复兴风格并不是同一时期意大利最为重要的工程所采用的风格。我们之前已经介绍了 1520 年罗马的建筑情况。伯拉孟特、拉斐尔和他们的追随者已经基本摒弃了漂亮的装饰，而转向庄重而经典的典范。但这一转向的时机尚未成熟——法国还需要 20 年左右的时间，英国则需要近 100 年的时间。阿尔卑斯山北侧进入文艺复兴初期之时，阿尔卑斯山南侧的艺术和建筑领域则已经历了文艺复兴盛期的巅峰时期。米开朗基罗的美第奇礼拜堂和劳伦齐阿纳图书馆具有风格主义的不和谐感，要早于英国现存最精美的意大利装饰作品——1532 年左右至 1536 年建造的剑桥国王学院礼拜堂唱诗班座位。略早一些修建的礼拜堂本身与来自国外的加建作品之间的对比也非常鲜明，仿佛前者在操着一口大家从小就会的语言，而后者却讲着一门外语，可以理解英国赞助人在崇敬和困惑之间的摇摆。很少有人会彻底采用文艺复兴风格（与英国相比，种族差异更小的法国更是如此），彻底采用文艺复兴风格的则不得不依赖于意大利的工匠，因为英国甚至法国的石匠无法立刻掌握这

埃斯泰尔戈姆圣殿，巴科茨礼拜堂，1506—1507 年

剑桥，国王学院礼拜堂，唱诗班座位，1532—1536 年

种在技术和思想上都非常新颖的风格。

此时有越来越多的意大利人来到法国，受到弗朗索瓦一世［Francis I］的欢迎，但只有为数不多的意大利人继续前行来到英国。达·芬奇 1516 年来到法国，在昂布瓦斯［Amboise］生活，1579 年在那里去世。安德烈亚·德尔·萨尔托［Andrea del Sarto］在 1578 到 1579 年之间在法国生活了一年。之后，除了文艺复兴盛期的艺术家，坚定的风格主义者也在法国出现了。画家和杰出的室内装饰设计师罗索·菲奥伦蒂诺于 1530 年前来，画家、建筑师、室内装饰设计师普列马提乔则于 1532 年前来。他们在法国居住下来，并帮助确立了一种新的建筑师-设计师的类型，让他们不再是执行者，而是需要依靠当地的工匠来实施自己的作品。连若弗鲁瓦·托里［Geoffrey Tory］这位翻译阿尔伯蒂著作的法国人也把意大利艺术家称作“透视、绘画和意向的主导者”。因此，意大利艺术家与优秀的法国传统工匠之间迅速形成了强烈的对立情绪。在法国工匠看来，这些来自意大利的不速之客是江湖骗子和什么都能干的三脚猫。

不过，这种对立并没有体现在建筑上。因为法国石匠大师很快就接受了意大利的建筑语言，并且用它创造出一种既非哥特式也非文艺复兴式的本质上全新的风格，这要感谢种族之间的亲密关系。这种风格可以分为三个阶段：首先是卢瓦尔学派［the Loire school］时期，其次是弗朗索瓦一世末期，第三是亨利二世［Henry II］时期，也是从意大利建筑师到法国建筑师的最终转换。布卢瓦城堡的弗朗西斯一世侧翼建造于 1515—1525 年间，其中的装饰所采用的每一个母题都是意大利北部文艺复兴初期的风格。其中最经常采用的一个母题，也是卢瓦尔学派的标志，是我们之前已经看到、最早用于盖隆城堡的将纤细的壁柱叠加到立面之上的表达方式。这也是鲁切拉宫、文书院宫和意大利北部很多较晚建造的建筑所采用的母题。建筑中主要的楼梯间却是中世纪的带中柱的类型，漂亮的文艺复兴风格的装饰也无法使它真正成为文艺复兴式的楼梯间。

香波城堡是卢瓦尔城堡中最著名的一座，它内部的带中柱的楼梯间位于非常有趣的平面的正中，从精神上而言无疑是文艺复兴式的。但在建筑外部，城堡那坚实有力的圆形塔楼和主楼那同样坚实有力的圆形塔楼看上去都是中

枫丹白露，弗朗索瓦一世长廊，罗索·菲奥伦蒂诺装饰，约 1531—1540 年

世纪式的。走近城堡时，人们能看到卢瓦尔学派的壁柱、屋顶采光窗上欢乐的细柱装饰、典型的威尼斯壁柱、带有贝壳形后殿的壁龛等等。但真正确立香波城堡重要意义的是它的内部。平面在所有方向都是对称的。楼梯间位于中间，是双螺旋楼梯，一个螺旋位于另一个螺旋之上向上延伸，永远不会相交（见第 154 页）。十字形的走廊从楼梯间向外延伸，采用了 16 世纪而非 15 世纪的筒形拱顶，各层平面的角落部分都是一个相对独立的建筑。我们并不知道香波城堡是谁建造的，它于 1519 年开始建造，达·芬奇就是在这一年去世的，他的确曾经思考过双螺旋楼梯这一迷人的母题。或许他曾经提供过建议，但据我们所知整座城堡是法国人建造的。

弗朗索瓦一世晚年的两座主要城堡似乎也都是法国人设计的，它们都于 1528 年开始建造。布洛涅森林［the Bois de Boulogne］中的马德里［Madrid］城堡的平面是一个较长的长方形，或者说两个带角楼的正方形通过两侧为开敞拱廊的大厅相连。外侧的拱廊是整座城堡的特色所在，但这是意大利别墅而非宫殿的母题。枫丹白露宫则是弗朗索瓦一世最具野心的建筑，从开始建设时就规模宏大，采用了很多具有影响力的新母题：金色大门［the Porte Dorée］正中有三个带拱券的凹进，上下相叠，两侧为带三角山花的窗户；外侧朝向白马庭院［the Cour du Cheval Blanc］的宽敞楼梯间的两翼为弧形；椭圆庭院［the Cour Ovale］中的外部楼梯间也有两翼，通过分离的柱子而非壁柱延伸至建筑的正面，这一母题预示着 16 世纪中叶风格的到来。从国际视角来看，委托意大利人罗索·菲奥伦蒂诺和普列马提乔设计的枫丹白露的室内装饰则更为新潮。如前所述，他们粉刷和用灰泥装饰的房间风格后来成为阿尔卑斯山北侧的风格主义学派。

英国的情况则迥然不同。1515 年，为枢机主教沃尔西［Cardinal Wolsey］所建的汉普敦宫［Hampton Court］动工。1529 年，沃尔西认为应该将宫殿作为礼物送给国王。亨利八世则加建了包括大厅［the Great Hall］在内的各种部分。带有托臂梁屋顶的大厅与宫殿、庭院与门塔一样，完全遵循哥特传统。只有为数不多的装饰细部采用了意大利文艺复兴风格，如门塔上带有古罗马皇帝头像的圆形浮雕、大厅屋顶的拱肩上的丘比特裸像和叶饰。它们的完成度都很高，但并没有尝试去消除英式建筑物和

汉普顿宫，大厅，1532—1535 年

意大利装饰之间的巨大差异。

因此，虽然英国和法国在接受文艺复兴风格的过程中有着相同的第一阶段，但两国在第二阶段就走上了不同的道路，而两者的差异在第三阶段进一步增大。在 16 世纪 30 年代，法国年轻一辈的建筑师中最具才华的菲利贝尔・德洛姆［Philibert Delorme］（约 1515—1570 年）、让・比朗［Jean Bullant］（约 1515—1580 年），可能还有皮埃尔・莱斯科［Pierre Lescot］（约 1510—1578 年），都前往罗马学习了古代和文艺复兴建筑。此外，佩鲁齐的学生和建筑师塞巴斯蒂亚诺・塞利奥则于 1540 年来到法国，并成为御用建筑师［*architecteur du roi*］。除了这些我们已经知道的事实，还需要指出塞利奥在 1537 年就已经开始撰写他的第一部建筑专著。来到法国后，他继续出版了其他几部，也设计了一些建筑，如 1546 年左右开始建造的昂西勒弗朗城堡［Château of Ancy-le-Franc］。城堡的立面上建有卢瓦尔学派的壁柱，虽然塞利奥希望采用伯拉孟特式的柱子。在庭院内部，塞利奥成功地将伯拉孟特 aba 的韵律引入法国，他采用了可以被称作凯旋门母题的形式，即主要的开间两侧为成对的壁柱，而每对壁柱中间为一个壁龛。伯拉孟特曾经在梵蒂冈宫的观景庭院中采用过这种形式，现在塞利奥再次加以使用，而其他上述提到的三位法国建筑师中的两位也采用了这一形式。莱斯科修建的朝向内部庭院的卢浮宫将凯旋门母题作为基本音。而其他的母题，比如垂有花环的扁平椭圆形盾牌、粗壮的顶部圆弧山花、大量使用的装饰性雕塑等，都是法国式的，但也丝毫没有损失 16 世纪意大利文艺复兴风格的古典主义的风味。最后各种母题的组合显然不可能出现在罗马，在那里，米开朗基罗把巨大的檐口放置在法尔内塞宫之上；这种组合也不可能出现在意大利北部，在那里，帕拉迪奥建造了那些宁静的别墅和府邸中的第一座；当然也完全不可能出现在西班牙和英国。

凯旋门母题也出现在德洛姆最重要的作品黛安・德・波迪耶城堡［the château of Diane de Poitiers］的阿内礼拜堂［the chapel of Anet］的立面之中。这座城堡在 1547 年左右开始建造，在 1552 年左右建成。它现在较为压抑地呈现在巴黎国立美术学院［the École des Beaux-Arts］的庭院中。立面中有三种柱式的双柱，顶部的双柱和背后的墙面都用法国式的雕刻装饰来丰富其表面。立面有着杰出的展示效果。从另一方面而言，阿内礼拜堂作为法国第一座文艺复兴风格的宗教建筑，显得过于随意，没法启发别人，比如圆形的中心和较短的十字翼之间的斜拱，再比如穹顶斜线或网格镶板天花。[30] 城堡的平面包括三个部分和第四个较低的入口部分，在法国成为未来几代人所遵循的标准平面，在伊丽莎白一世和詹姆士一世的英国则偶尔被模仿。事实上，大约 25 年前在伯里［Bury］就已经按照这一平面建造了。

比朗 1555 年在埃库昂［Écouen］所使用的伯拉孟特的母题也与之相似，但他在同一座城堡的另一个正立面中引入了带科林斯巨柱和雕刻繁复的檐部的被分成三部分的母题，要知道巨柱式在当时是一个非常罕见的母题。此前

巴黎，卢浮宫，朝向庭院的立面，皮埃尔·莱斯科设计，1546 年开始建造

不久，米开朗基罗才刚在卡比托利欧引入了巨柱式；大约十年之后，帕拉迪奥在维琴察的瓦尔马拉纳府邸［Palazzo Valmarana］中也引入了巨柱式。不过，这一主题的确在很长一段时间内成了法国的主题。[31]

西班牙则按照相反的方向发展。在最初欢迎了意大利 16 世纪的宁静的古典主义（见第 113—114 页）之后，她几乎立即就回到了自己充满各种奇怪装饰变体的过去之中。腓力二世巨大的城堡式修道院——埃斯科里亚尔修道院非常朴素，它那 17 个庭院、没有任何装饰的 670 英尺（合 204.216 米）的正面非常特别。另一方面，旅行者在各处看到的则是银匠式［Plateresque］，一种融合了哥特式、摩尔式和早期文艺复兴元素的疯狂的混合式风格，一如既往地布满了立面和内部墙面。显然，文艺复兴风格的含义并没有被真正掌握。

荷兰和德国的情况几乎相同。类似安特卫普的国际性中心城市可能会建造起一座高大、庄严和方正的市政厅（1561—1565 年，科内利斯·弗洛里斯［Cornelis Floris］），正中的三开间骄傲地展示出意大利风格。爱奥尼对柱的主题正确地位于塔斯干柱式之上，科林斯柱式则位于爱奥尼柱式之上，但对柱中间的壁龛更有可能是建筑师在法国而非意大利见到的，也有可能是塞利奥带来的。安特卫普市政厅［the Antwerp Town Hall］的修建时期太早，不但不太可能，而且根本不可能是以显然不可或缺的关于柱式的书籍或一般性的关于建筑的书籍作为范本：汉斯·布卢姆［Hans Blum］1550 年出版的《五种柱式》［*Five Orders*］、迪塞尔索［Ducerceau］1559 年出版的《建筑之书》［*Livre d'Architecture*］、维尼奥拉 1562 年出版的《五种柱式规范》［*Rule of the Five Orders*］、比朗 1564 年出版的《五种柱式通则》［*Règle Générale des Cinque Manières*］、德洛姆 1568 年的《建筑学》［*Architecture*］或帕拉迪奥 1570 年出版的《建筑四书》［*Architecture*］。之前已经提到过，理论书籍的突然出现是风格主义作为主导风格的主要特点。但是，需要强调的是，法国在多大程度上也分享了这种出版著作的新风尚。德国通过谦逊的布卢姆发出了自己的声音；英国也以朴素而本土的方式参与其中，包括约翰·舒特［John

Shute］1563 年出版的《建筑基础》［*Chief Groundes of Architecture*］以及约翰・索普［John Thorpe］藏于伦敦索恩博物馆［the Soane Museum］的图纸，后者明显是为出版而绘制，却从未付梓。它们均完成于 16 世纪末和 17 世纪初，索普从法国和意大利的书籍以及荷兰杰出的装饰样品簿（尤其是 1565 年和 1568 年出版的弗里德曼・德・弗里斯［Vredeman de Vries］的著作）中获取了大量的灵感。

这些样品簿总结了当时佛兰德斯和荷兰对风格主义最杰出的贡献，即被称作带状装饰［bandwork 或 strapwork］的新的装饰语言。科内利斯・弗洛里斯在安特卫普市政厅中非常谨慎地对这种新的装饰语言加以处理。高耸的山墙上有方尖碑、涡卷、女像柱壁柱，却很少用到带状装饰。山墙作为最后一笔，为这座呆板的建筑带来了生气，是完全遵循北方中世纪传统的母题。但在荷兰那些规模较小的市政厅、行会会馆、市场大厅［market hall］和私人住宅中，这些山墙，作为 16 世纪和 17 世纪初的主导动机，充斥着带状装饰。当地的室内装饰设计师和建筑师不准备放弃 15 世纪火焰式建筑已经让他们习以为常的繁复。他们不愿意像西班牙人那样将哥特风格和文艺复兴风格混合成银匠式的乱炖［*olla podrida*］，而是通过坚持和想象力，为自己创造出了新的风格。虽然这些形式可以追溯到风格主义的细部，比如马西米圆柱府邸顶层窗周边的细部以及罗索・菲奥伦蒂诺在枫丹白露的作品，但它们仍然可以被称作新的发明。它们主要由某些粗壮厚重的、以镂空和皮带的外观出现的曲线构成，但通常是三维的，与自然的花环和女像柱形成对比。带状装饰很快在邻国流行起来，包括德国和英国，但当然不包括法国。

要理解伊丽莎白一世和詹姆士一世时期的英国建筑，人们必须熟悉之前提到的三个源泉：意大利文艺复兴初期风格、法国卢瓦尔风格以及佛兰德斯的带状装饰。这种对国外建筑潮流的警醒的兴趣与英国从伊丽莎白一世、格雷沙姆［Gresham］和伯利［Burghley］时代以来新的国际视野在美学上相互呼应。然而，需要时刻铭记的是强

最左图：阿内礼拜堂，菲利贝尔・德洛姆设计，约 1547—约 1552 年，正立面（现在位于巴黎国立美术学院内）

左图：萨拉曼卡大学，入口，约 1525—1530 年

安特卫普市政厅，科内利斯·弗洛里斯设计，1561—1565 年

烈的垂直式传统，即那生动、对称、带石山墙和直棂窗、装饰极其收敛的庄园式住宅的传统，它依然存在。因此，1530—1620 年的英国建筑是一种综合现象，在靠近庭院处以法国和佛兰德斯元素为主，一旦离开庭院，英国传统就浮现出来。这些大多并非原创，既有模仿意味，也较为保守，但偶尔也会发展出现像莱斯科的卢浮宫那样既有原创性也具有民族特色的新的表达方式。

位于史丹佛［Stamford］附近的伯利庄园［Burghley House］是伊丽莎白一世信赖的顾问和朋友伯利勋爵［Lord Burghley］威廉·塞西尔［William Cecil］的作品。这是一座约 160 英尺（合 48.768 米）乘以 200 英尺（合 60.96 米）的带一个内部庭院的雄伟的矩形建筑。1585 年建造的三层亭阁是庭院最主要的特色。它的设计也是基于法国凯旋门母题和典型的法国式对柱中的壁龛。它正确地使用了三种柱式，但三层的柯林斯柱式之间是完全不协调的英国带直棂和横梁的凸窗（在任何时候，只要没有凸窗，英国人就会不高兴），它上方有许多佛兰德斯装饰，包括一些带状装饰和两座方尖碑。文献证据也证实了我们的风格分析。我们知道没有一位当代意义上的建筑师会完全承担整座建筑的建造。伯利勋爵一定给出了很多建议，并体现在设计之中。他代表了一种即将出现的新的建筑师类型：建筑爱好者。1568 年，他为了一本建筑学著作写信寄往巴黎，几年之后他再次写信详细说明一本自己渴望得到的法国著作。另一方面，同样可以确定的是建造伯利庄园的工匠来自于荷兰，事实上庄园的一部分是在安特卫普完成，然后再海运到英国。因此，很容易解释其中的佛兰德斯母题和法国母题。比较难解释的是来自国外的建筑语言和英国本地的建筑语言（烟囱是塔斯干-多立克对柱和檐部）这种随意的组合为什么看上去没有相互排斥。唯一能作为解释的是，伊丽莎白一世统治下的英国如此充满活力，如此渴望接受那些足够冒险、足够动人，甚至有些矫揉造作的一切，以至于能够吸收这些在较弱的时代将导致严重问题的事物。

虽然伯利庄园（以及 1580 年建造的沃莱顿庄园［Wollaton Hall］和 1605—1612 年间建造的哈特菲尔德庄园［Hatfield］入口一侧）足够壮观、有趣，但是少些异国风味的设计才是英国建筑真正的力量所在。威尔特郡 1568 年甚至更早开始建设的朗利特庄园［Longleat］是最早的一座明显采用伊丽莎白风格［Elizabethan style］的建筑。带状装饰只难以察觉地出现在顶部栏杆之上，最后形

北安普顿郡，伯利庄园，内部庭院正中的亭阁，1585 年

成了一种坚毅的方正感。屋顶是平的，数以百计的带有很多直棂和横梁的窗户顶部平直，凸窗也只是微微凸出，四边平直。这种英国的方正感和硕大的窗户的主导地位有时会形成一种奇特的现代的或者说 20 世纪的效果，比如哈德威克庄园［Hardwick Hall］或更为明显的哈特菲尔德庄园花园一侧。更多情况下，这些遵循垂直式传统的窗户与朴素的典型英国式三角形山墙结合使用。这种类型的小型住宅仍然与以往一样是不对称的。大型住宅至少平面是对称的，为 ㄷ 或 E 形。如果规模更大一些，仍然围绕庭院发展。朗利特庄园和伯利庄园之间差异很大，但正是塞西尔、罗利［Raleigh］、莎士比亚和斯宾塞［Spenser］以及很多头脑清晰、精明冷静、身体强壮的商人共同组成了伊丽莎白一世统治下的英国。但这是一个统一的英国，在建筑上有相同的精神和风格，有力、多产、有时自夸、健康和强壮、非常可靠，这有时的确会有些粗糙和沉闷，但从不女性化，也从不歇斯底里。

伯利庄园（或 1603—1616 年间建造的奥德利安德庄园［Audley End］，或哈特菲尔德庄园）等建筑与伊理高·琼斯的最高成就——设计于 1616 年、英国内战前不久才建成的位于格林尼治的皇后宫［the Queen's House］以及 1619—1622 年建造的怀特霍尔国宴厅［the Banqueting House］之间的差别，让 1500—1530 年之间英国建筑风格的转变显得微不足道。到此时，英国才经历了法国在 16 世纪中叶之前所经历的一切。而且英国的经历更令人吃惊，因为伊理高·琼斯将纯粹意大利式的建筑整座整座地移植到英国，而莱斯科、德洛姆和比朗等人只移植了一些特征或者在一定程度上它们背后的精神。

伊理高·琼斯（1573—1652 年）最初似乎是一名画家。在 31 岁时，他成了当时宫廷娱乐中最受欢迎的一部假面舞剧的服装设计师和舞台设计师。他很快成为一名被皇室所接受的舞台设计师，并留下了大量与假面舞剧相关的图纸。图纸绘制精美，服装属于将巴洛克风格与古代历史和神话相结合的奇特风格，舞台布景则几乎完全是古典的意大利风格。琼斯可能在 1600 年左右去过意大利，当时他对绘画和建筑装饰的兴趣可能要比建筑本身更大。但是，那时威尔士亲王［the Prince of Wales］任命其为测量师，即建筑师。此后不久，女王也这么做了；1613 年，国王也是如此。于是他回到意大利，我们从他的草图本里可以看到，他认真地学习了意大利建筑。他以帕拉迪奥为典范：他有一本注释过的帕拉迪奥著作留存至今。

皇后宫位于格林尼治那四处延伸的都铎宫的旁边，属于意大利意义上的别墅。在看完它之后，再看帕拉迪奥的基耶里凯蒂宫，两者在风格上显然关系密切，但并没有直接抄袭的痕迹。事实上，琼斯的作品中完全不存在简单的模仿。他从帕拉迪奥和 16 世纪初的罗马建筑师那儿学到了应该将建筑作为整体对待，从平面到立面都根据理性规则进行设计。但皇后宫并没有罗马文艺复兴或巴洛克风格府邸的厚重感，它最初甚至比帕拉迪奥的乡村住宅更不紧凑，因为它不像现在这样是一个完整的体块，而是由主要位于多佛路［Dover Road］左右两边的矩形体块构成，两个体块之间只通过一座横跨道路的桥连接（现在二层正中的房间）——这个不算独特但有趣的组合在空间上形成了最有效的开放性。与总平面上的自由形成对比的是房间的布局采用最严格的对称性。现在在伊丽莎白风格的乡村住宅中，我们发现设计师已经开始决定将整个立面基本处理成几乎完全对称的形式。人们可能会看到盲窗和类似的发明，在内部无法完全对应的情况下在外部强制形成对称。完全对称的平面在1610年还很少见，虽然这显然已经是大势所趋。在这一点上，伊理高·琼斯是詹姆士风格合理的继承人。但他的立面朴素而高贵，与詹姆士风格大小不一的窗户、凸窗、圆形或多边形的屋顶采光窗、山墙和陡坡屋顶形成鲜明的对比。皇后宫正中带长廊的部分微微向外凸出：这是墙面唯一的动感。底层采用粗面砌筑，二层墙面则非常光滑。一道栏杆将立面与天空隔开。窗户比例经过仔细考虑。除了二层窗户上的线脚檐口之外，整座建筑没有任何装饰。

这也是伊理高·琼斯的原则。他在1614年1月20日写道："外立面的装饰通常应该是坚固的，根据一定规则形成比例，阳刚、自然。"这也是对皇后宫最好的描述。琼斯知道自己正在坚持一种既与当时的英国相反，也与当时的罗马相反的理想——巴洛克风格。"在我看来，"他补充道，"所有这些出自大量的设计师之手，并由米开朗基罗和他的追随者带来的组合装饰，用在坚固的建筑中并不好。"但他并不是鄙视所有的装饰。他在皇后宫内部就使用了装饰，在威尔顿别墅［Wilton House］所谓的双立方体房间［double-cube room］中更是大量使用了繁复的装饰。但即使在那里，也丝毫不显得拥挤。他用鲜花和

威尔特郡，朗利特庄园，约1568年开始建造

伦敦，格林尼治，皇后宫，伊理高·琼斯设计，1616 年开始建造

水果组成的花环显得很紧凑，它们恰好能放入边界清晰的镶板内，从不超过房间的结构分隔。另外，琼斯充分意识到自己的建筑朴素的外部与丰富的内部之间形成了鲜明的对比。他写道：“每个明智的人会让建筑外部的公共空间显得庄严，而在内部就会点燃自己的想象力，有时甚至让它恣意飞翔，正如自然自己往往也很古怪。”他要求一座好的建筑就应该抱有这样的态度。他描述自己的观察的方式非常个人化，对于伊丽莎白一世和詹姆士一世时代的建筑师而言是不可想象的。因为伊理高·琼斯是英国第一位现代意义上的建筑师，他在英国取得的成就可以与意大利早期的艺术家-建筑师在文艺复兴初期取得的成就相媲美。正如人们对阿尔伯蒂或达·芬奇的个人生活感兴趣，天才的琼斯也让人们一次又一次地感慨对他的个性所知甚少。

至于琼斯其他的作品以及其他一些可能出自他手的作品，本书只能提到其中两件。首先是伦敦林肯因河广场［Lincoln’s Inn Fields］的林赛住宅［Lindsey House］。它的底层采用粗面砌筑，二、三层用巨柱式壁柱支撑檐部和最顶上的栏杆，从而成为一系列具有代表性的英国城市住宅［town house］的原型，一直传承至巴斯的皇家新月楼［the Royal Crescent］以及纳什［Nash］位于摄政公园［Regent’s Park］的排屋。然后是科文特花园［Covent Garden］和周边较高的住宅的布局。科文特花园及周边住宅高贵而朴素，底层通过廊台敞开，这是琼斯从里窝那［Leghorn］的广场学来的（事实上，科文特花园在伊夫林［Evelyn］和佩皮斯［Pepys］的时代也被称作广场），因为它是伦敦第一个经过统一规划的广场。它的西侧以圣保罗［St Paul］小教堂为中心，小教堂有一个低矮且非常庄严的古代门廊，该设计受到了意大利 16 世纪建筑著作的启发，是欧洲北部最早带有独立柱子的古典门廊。

此处我们需要提到教堂，虽然只是略微提到。英国的教堂建设停止了大约 100 年的时间，法国却建造了不少有趣的 16 世纪教堂，奇特地混杂了哥特思想和欧洲南方建筑的细部（比如圣犹士坦堂［St Eustache］和圣艾蒂安迪蒙教堂［St Étienne du Mont］，两座教堂均位于巴黎），它们也都是具有重要历史意义的建筑。17 世纪，至少 17 世纪初，也是如此。巴黎接受了耶稣教堂的立面和内部设计（见第 126 页）。如前所述，耶稣教堂的设计在 1600—1750 年间成为最受欢迎的设计样式（耶稣会见习教堂［Jesuit Novitiate Church］于 1612 年开始建造，现已损毁；圣热尔韦教堂［St Gervais］的立面于 1616 年由德·布罗斯（见下文）或克莱芒·梅特佐［Clément Métézeau］设计；斐扬派教堂［Church of the Feuillants］

由弗朗索瓦·芒萨尔［François Mansart］于1624年（？）开始建造；圣保禄圣路易教堂［St Paul et St Louis］由马特朗日［Martellange］和德朗［Derand］于1634年开始建造）。

法国建筑的发展以维尼奥拉为基础，而英国建筑的发展则以帕拉迪奥为基础，两者之间的相似性不需要再专门强调，它们都是17世纪初欧洲北部普遍的发展趋势的一部分。在德国，埃利亚斯·霍尔（1573—1646年）在相同的时间建造了帕拉迪奥式的奥格斯堡市政厅［Augsburg Town Hall］（1610—1620年）。至于法国的府邸建筑，萨洛蒙·德·布罗斯［Salomon de Brosse］（约1550/1560—1626年）在玛丽·德·美第奇［Marie de' Medici］的要求下，在1615年开始建造的卢森堡宫［the Luxembourg Palace］的纪念性平面中融入了佛罗伦萨皮蒂宫风格主义部分的母题。而卢森堡宫的平面则是传统的法国式，即阿内城堡围绕庭院展开的三部分以及取代第四部分的入口一侧的隔墙。奥格斯堡市政厅中的古典主义与德·布罗斯最后一件主要作品——1618年开始建造的雷恩司法宫［the Palais de Justice at Rennes］中的惊人的古典主义更为相似。雷恩司法宫的底层采用粗面砌筑，二层则采用间距放松的壁柱和成对壁柱，法国陡坡屋顶并没有被升起的亭阁打断，整个组合完全是法国式的，是法国17世纪建筑经典阶段的合适前奏。

伦敦，林肯因河广场，林赛住宅，伊理高·琼斯设计，1640年

然而，德洛姆和17世纪初期之间的时代也在彻底的轴线平面方面以更为生动的方式为经典阶段做准备。对轴线平面的偏爱已经在1520年建造的香波城堡中显现出来，它的平面融合了中世纪城堡和意大利文艺复兴府邸的对称形式。从欧洲的角度而言，这一阶段的关键建筑是德洛姆1564年为凯瑟琳·德·美第奇［Catherine de' Medici］设计的杜伊勒里宫［Tuileries］。德洛姆无疑参考了670英尺（合204.216米）长、有四个主要庭院的埃斯科里亚尔宫，杜伊勒里宫长800英尺（合243.84米），有五个主要庭院。不久之后，在查理九世［Charles IX］治下，一个规模更大的工程由之前只作为作家提到过的雅克·安德鲁埃·迪塞尔索（约1510—1585年）设计完成。诺曼底的沙勒瓦勒［Charleval］城堡原本计划设计为一个大正方形，带正方形的内部庭院，正面为荣誉庭院，左右两侧的服务用房各有两个庭院，整体规模设计为超过1000英尺（合304.8米）乘以1000英尺，远大于埃斯科里亚尔宫殿。但这座城堡基本没有建成。[32] 从这些设计中，查理一世和查理二世获取了对巨大的怀特霍尔宫的一些想法，这些想法首先由伊理高·琼斯画成图纸，后来又由他的学生约翰·韦伯［John Webb］实现为纯粹的意大利风格。

1650或1660年之前，追寻这种南部风格的几乎只有琼斯和韦伯两人。詹姆士风格之后，或者说与詹姆士风格一起在英国流行的是带曲线和三角山墙的简朴的荷兰风格（如邱宫［Kew Palace］等）。与之对应的是在法国一直延续到17世纪30年代的亨利四世［Henri IV］风格。

该风格为带隅石和石窗的砖砌建筑，是一种欢乐却有些冷酷、本土得恰到好处的风格。最好的案例包括巴黎的孚日广场［the Place des Vosges］（1605—1612 年）、路易十三的具有原创性的小凡尔赛宫［château of Versailles］（1624 年）、位于诺曼底的巴勒鲁瓦城堡［châteaux as Balleroi］（1626 年左右）和博梅尼勒城堡［Beaumesnil］（1633 年）以及黎塞留的于 1631 年建立、与他的府邸一起由勒梅西埃［Lemercier］（约 1585—1654 年）设计的黎塞留小城等。这座府邸损坏已久，是基于卢森堡宫的模式建造的，因此在建成时就属于一件保守的作品。

在黎塞留的时代，甚至马萨林［Mazarin］的时代，法国纪念性建筑受到了大量新涌入的意大利思想的影响，也就是巴洛克思想的影响。很多一流的建筑师将其发展为经典的法国风格，就好比普桑［Poussin］的绘画、高乃依［Corneille］的戏剧和笛卡尔的哲学。英国没有与之对应的阶段，不过 1660 年之后，明显的对应形式则以一种非常不同的民族表达形式出现了。

弗朗索瓦·芒萨尔（1598—1664 年）是法国这一时期第一位伟大且极其重要的建筑师，路易·勒沃（1612—1670 年）则是第二位。芒萨尔的两件代表作，布卢瓦城堡的奥尔良侧翼和位于迈松拉菲特［Maisons Lafitte］的乡村住宅均建于 1635—1650 年之间。布卢瓦的荣誉庭院尤其突出，它文明、沉默、优雅、不太热情，但并不迂腐，底部为两层凯旋门拱，上方是极具独创性的小半圆形山花。它既与过去的莱斯科时代联系紧密，也与未来光滑完美的洛可可风格的府邸联系紧密。特别是弧线的柱廊，展现出洛可可风格的独特感觉。它对角部中断处的平滑处理非常法国化，也非常纯熟。位于迈松拉菲特的乡村住宅侧翼的椭圆形房间也营造出了类似的室内效果。这些对法国而言都是新鲜事物，似乎是芒萨尔和勒沃两人引入了一种意大利母题。我们已经充分介绍了它在意大利教堂和府邸（巴贝里尼宫）中的运用。而它在法国最显著的运用包括安托万·勒博特尔［Antoine Lepautre］（1621—1691 年）1652 年出版的《府邸设计》［*Desseins de plusieurs palais*］中的那些强大有力、非常意大利和非常巴洛克风格的想象中的府邸——相当于普杰［Puget］的雕塑——路易·勒沃 1661 年建造的四国学院［Collège des Quatre］（现在的法兰西学院［Institutde France］）以及他于 1657 年开始建造的沃乐维康［Vaux-le-Vicomte］乡村住宅。总体而言，四国学院的教堂是一座希腊十字教堂，但各翼之间的角度设计得相当自由，彼此各不相同。教堂最显著的特征是位于正中的椭圆形，上面覆盖着椭圆形穹顶，以及形式相似的中庭。在建筑外部，角部的亭阁与位于中间的教堂通过带弧线的侧翼相连。至少从效果而言，椭圆形也是勒梅西埃在大约 25 年前为黎塞留作为索邦学院［the Sorbonne］的一部分而建造的教堂的中心。1635—1642 年之间建造的这座建筑将希腊十字与原型的中心结合起来，但对两根轴线中的一根特别加以强调。这些平面在空间上极具独创性，与当时意大利的建筑平面一样，虽然建筑的细部与罗马巴洛克风格不同，显得冷酷而克制。索邦教堂也令人难忘，带穹顶的教堂这种意大利的形式突然开始在巴黎出现，而索邦教堂则是其中最显眼的一座。[33] 更惹人注目的芒萨尔的圣宠谷教堂［Val de Grace］于 1645 年开始建造。他很快被勒梅西埃所取代，穹顶一直到 1660 年才建成，只略微早于四国学院。

勒沃的世俗建筑杰作——沃乐维康从很多方面而言都是 17 世纪中叶最重要的法国建筑。它是勒沃为柯尔贝尔的前任富凯建造的，周边是园林。伟大的勒诺特［Le Nôtre］就在这些园林里尝试了自己后来在凡尔赛宫中发展得非常壮观的想法。路易十四的首席画家［*Premier Peintre*］勒·布朗［Lebrun］在凡尔赛宫工作之前也曾经在沃乐维康项目中工作。

这座住宅（与迈松拉菲特和其他的一些住宅一样）放弃了卢森堡宫的传统平面，而采用了巴贝里尼宫的平面。凸出的侧翼较短，而正中的亭阁被一个带穹顶的椭圆形沙龙所占据，这也采用了巴贝里尼宫的模式。在侧翼中，屋顶仍然具有 16 世纪和 17 世纪初法国陡坡屋顶的特点，但科林斯壁柱更为纤细，且为贯通两层的巨柱式。巨柱式对法国人民而言并不新鲜。它曾经出现在 1555 年左右的埃库昂、1573 年左右的沙勒瓦勒城堡、1584 年的拉莫瓦尼翁府邸［the Hôtel Lamoignon］等建筑之中。伊理高·琼斯也曾经基于帕拉迪奥的先例采用了这一形式。但是，沃

上图：布卢瓦，奥尔良侧翼，弗朗索瓦·芒萨尔设计，1635 年开始建造

左图：巴黎，四国学院（法兰西学院），由路易·勒沃开始建造，1661 年

乐维康（以及勒沃的四国学院）的巨柱式则更纤细且更优雅，还让人神奇地联想起 1630 年荷兰所偏爱的巨柱式。

当时的荷兰刚刚取得西方贸易的领导地位，因而受到法国和英国的妒忌和模仿。它在科学上也是如此，还出现了民族历史上比任何时期都多的艺术天才。在建筑上，它则从与亨利四世的风格和詹姆士风格对应的轻松愉快的 1600 年风格，向与法国芒萨尔的风格和英国伊理高·琼斯的风格对应的新的古典主义风格转变。荷兰最伟大的建筑师是雅各布·范·坎彭［Jacob van Campen］（1595—1657 年）。他的第一座古典住宅——位于阿姆斯特丹皇帝运河边的柯伊曼斯住宅［the Coymans House］可以追溯到 1626 年左右。随后，荷兰又建造了鲁本斯的朋友、更著名的科学家之父——外交家康斯坦丁·惠更斯［Constantyn Huygens］的住宅，以及拿骚-锡根［Nassau-Siegen］的约翰·毛里茨［John Maurice］的莫瑞泰斯［the Mauritshuis］。两者均位于海牙，前者建于 1634—

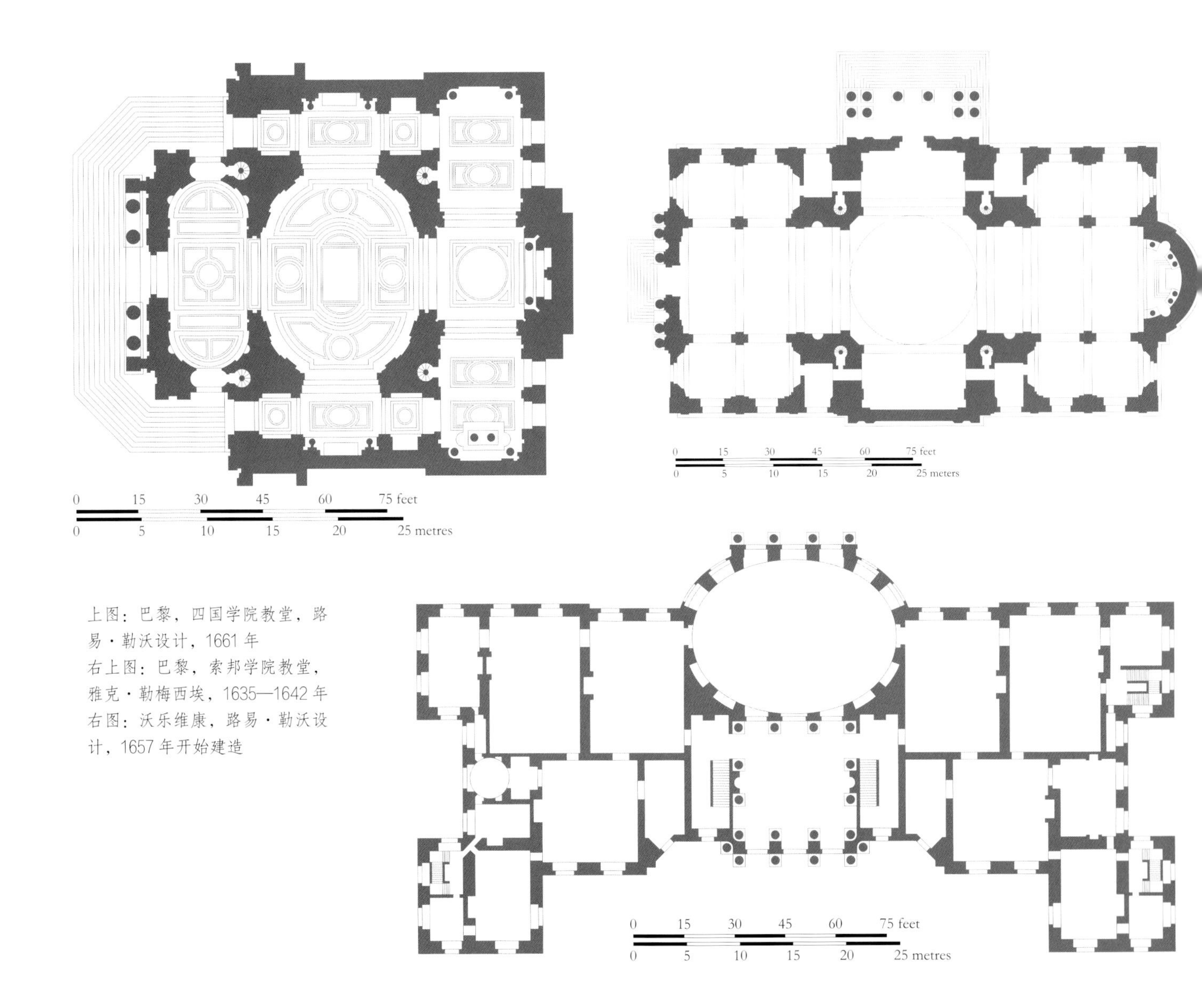

上图：巴黎，四国学院教堂，路易·勒沃设计，1661年
右上图：巴黎，索邦学院教堂，雅克·勒梅西埃，1635—1642年
右图：沃乐维康，路易·勒沃设计，1657年开始建造

1635年之间，后者建于约1633—1636年之间。惠更斯在给鲁本斯的信中提到了自己的住宅，称自己在其中复兴了“古代建筑”［*l'Architecture anciene*］。[34] 我们并不会把他的住宅和莫瑞泰斯住宅归于古代风格，但会毫不迟疑地将两者归于古典主义风格。

莫瑞泰斯住宅有正确的三角山花和巨柱式壁柱，其侧面也有巨柱式壁柱。这很可能对法国，特别是沃乐维康，产生了影响。但它作为一座雄伟的住宅尺度宜人，清水砖墙毫不招摇，各处都散发出一种坚固又舒适的气息，这些都是非常荷兰的，与同时期的法国建筑非常不同。[35]

另一方面，英国可以与荷兰的这些西北特色产生共鸣。它1660年之后的建筑的确在很大程度上受到了范·坎彭、波斯特［Post］和文布恩斯［Vingboons］的建筑以及文布恩斯于1648、1674和1688年出版的带插图的著作的影响。但是，建筑师、业余爱好者和学者，特别是斯图亚特宫廷，也没有对柯尔贝尔和路易十四的巴黎的魅力和成就熟视无睹，这一方面是源于贸易上的成功，另一方面则是源于显赫的君主专制制度。因此，巴黎以代表性建筑为主，而荷兰则以居住性建筑为主。在克里斯托弗·雷恩爵士的作品中可以看到来自两个方面的灵感。他

沃乐维康，路易·勒沃设计，1657 年开始建造

一定仔细研习过荷兰建筑的版画，也曾经亲自前往巴黎，并在那里认识到建筑的设计和监理将成为自己一生的主要工作。雷恩（1632—1723 年）并没有经过建筑师或石匠的培训，而这也是文艺复兴和巴洛克时期的特点。他也不是画家、雕塑家或工程师。他代表了另一种本书尚未提到过的建筑师类型。

雷恩的父亲曾经担任温莎的座堂牧师［Dean of Windsor］，而父亲的哥哥曾经担任伊利主教［Bishop of Ely］。雷恩曾被送去西敏公学［Westminster School］学习，在 15 岁毕业后，他曾担任外科学院［the College Surgeons］的助理外科演示员，然后他前往牛津。当时他主要对科学感兴趣。17 世纪中叶的科学仍然有奇怪、混杂和模糊感。在那些年中，他一共完成了 53 项发明、理论、发现和技术改进，被约翰·伊夫林称作“年轻人的奇迹”。其中一些现在已经微不足道了，但也有一些直接指向天文、物理和工程的核心问题。1657 年，他在伦敦被任命为天文学教授；1661 年，又在牛津被任命为教授。这也是实验科学在欧洲蓬勃发展之际，巴黎成立了皇家科学院［Royal Academy of Science］，而伦敦的皇家科学院甚至更早就开始活动了。雷恩既是创立者之一，也是最杰出的成员之一。牛顿将他和惠更斯、瓦利斯［Wallis］一起称作“这一时代最杰出的数学家”［*huius aetatis geometrarum facile principes*］。他最重要的科学成果是关于摆线、气压计以及帕斯卡的问题。在伦敦的就职讲座中，他揭示了关于星云是与我们一样的其他世界的天空的假说。1664 年，他为威利斯［Willis］的《人脑解剖学》［*Anatomyof the Brain*］绘制了插图。1663 年，他又向皇家科学院展示了他应牛津大学要求设计的谢尔登剧院［the Sheldonian Theatre］的建筑模型。该剧院于 1669 年完工，屋顶是一件精巧的木结构工程作品，但建筑本身却很笨拙，明显是一个没有经验的设计师的作品。他的第二件作品——1663—1666 年间建造的剑桥彭布罗克学院礼拜堂［Pembroke Chapel］也是如此。更早之前，查理二世［Charles II］要求他加固丹吉尔［Tangier］城堡，这也是他与建筑工程产生联系的一次经历。于是，建筑、工程、物理和数学在他的大脑中齐头并进。直到 1666 年伦敦大火，他才决定要专注于建筑设计。雷恩成为重建伦敦的皇家委员会成员之一，也很快被选为包括圣保罗大教堂在内

海牙，莫瑞泰斯，雅各布·范·坎彭设计，约1633—1636年

的很多伦敦新建教堂的设计师。1669年，国王任命他为总测量师。他唯一一次重要的国外旅行的目的地不是意大利，而是巴黎。这是一个很重要的事实。在伊理高·琼斯的远游年［*Wanderjahre*］，巴黎最多只是前往罗马的旅途中的一站。现在，雷恩却在一封信中将巴黎称作“一所建筑学校，或许是当时欧洲最优秀的一所”。巴黎无疑是最重要的一所建筑学校。雷恩在巴黎时，路易十四计划重新修建卢浮宫的东侧部分，并邀请贝尼尼前来设计。贝尼尼的确这么做了，他的方案包括按照罗马模式建造的一个巨大的广场、外侧和庭院立面的巨柱式柱子，以及上方带栏杆的有力的顶部檐口。雷恩成功获得了研究这一方案的几分钟的宝贵机会。不过，贝尼尼一离开，这个方案就被放弃了，取而代之的是克劳德·佩罗［Claude Perrault］（1613—1688年）在1665年设计的著名的东立面。

选择佩罗很有代表性。他是一位业余爱好者和一位著名的医生。他的弟弟是一位律师和一名廷臣，1664年成为负责国王的建筑工程的总监［Inspector-General］，后来曾写了一首名叫《伟大路易的时代》［*Le Siècle de Louis le Grand*］的平庸诗歌。在法国文学史上，他主要作为古今之争［*Querelle des Anciens et des Modernes*］的领导人之一为人所知。布瓦洛［Boileau］为古代辩护，佩罗则为当代风格辩护，而所谓的当代风格只不过是以一定的自由度来运用古代的规范。

克劳德·佩罗的卢浮宫立面在很多方面超越了芒萨尔和勒沃，它代表了从马萨林到柯尔贝尔、从早期到成熟的路易十四风格的转变。立面体现出一种严格的拘谨感，两个重要的母题要归功于佩罗对贝尼尼的方案的了解。贝尼尼和佩罗都采用带栏杆的平屋顶，两人设计的立面都没有明显凸出或凹进的侧翼。在法国，这些都是全新的母题。但除此之外，佩罗的设计完全是民族式的。主要层那纤细的巨柱式对柱矗立在又高又平、类似指挥台的底层之上，感觉非常法国化，虽然极具原创性，但很不学术，以至于同时代一些没有那么大胆的人们从未原谅过他。平圆拱窗和垂有花饰的椭圆形盾牌都非常法国化，后者是直接从莱斯科那儿学来的。

建筑整体非常宏大，显示出一种一丝不苟的雅致。尽管有布卢瓦城堡和迈松拉菲特，但是17世纪前还从未达到过它的高度，之后路易十四时期的建筑师也从未超越过它。佩罗曾经完美地总结了伟大的路易的时代各种各样的、有时有些矛盾的倾向：晚期普桑、高乃依、布瓦洛的庄严和理智，拉辛［Racine］内敛的激情，莫里哀清晰易懂的优雅，柯尔贝尔强大的组织意识。

要欣赏这种风格，有必要记住它所在时代的氛围。首先是16世纪新教和天主教之间的斗争，亨利四世决定改信天主教，因为正如他所说，“巴黎值得一场弥撒”。然后宗教冷淡开始蔓延，直到在枢机主教黎塞留和嘉布遣会的约瑟夫神父［Father Joseph］的政策中变得无所不能。他们在法国打击清教徒，又在国外支持他们，两种做法都纯粹是为了国家之利益。因为他们的思想和野心都以振兴法国为中心，要建立强大和富饶的法国，首先要建立一个严格的集中管理制度。现在强大的国家唯一可见的象征就是国王本人。因此，对于所有支持民族政策的人而言，专制主义是合适的政府形式。于是，黎塞留为专制制度打下了基础。马萨林继续追随，柯尔贝尔这位不屈不挠、颇有能力和坚持不懈的资产阶级则确立了完备的专制制度。他以前所未有的彻底的方式来组织法国：工业和商业的重商主义，皇家作坊，皇家贸易公司，对道路、运河、植树造林等一切工程的密切监管。

巴黎，卢浮宫，东立面，克劳德·佩罗，1665年设计

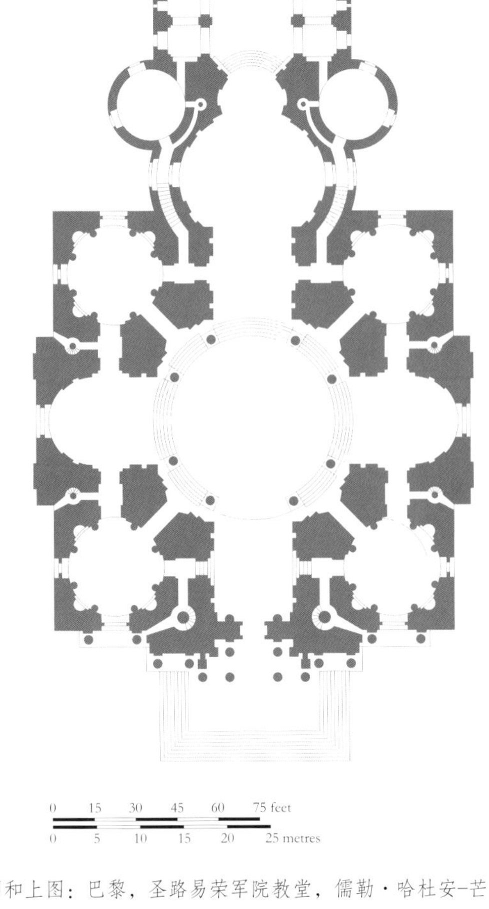

左图和上图：巴黎，圣路易荣军院教堂，儒勒·哈杜安–芒萨尔设计，1675—1706 年

艺术和建筑是专制制度不可或缺的一部分。蓬勃发展的绘画、雕塑和其他应用艺术刺激了出口，同时也增强了宫廷的荣耀。建筑非常有助于创造工作岗位及赞美国王和国家的伟大，但它不应该过于放纵，建筑风格应该遵循王公大臣设定的标准。因此，学院应运而生，一所是绘画和雕塑学院，一所是建筑学院，无论从教育的层面还是从获取社会地位的层面而言，它们都是现代意义上最早的学院，也是有史以来最强大的学院。当艺术家从这些学校毕业并崭露头角之后，就被任命为皇家雕塑家或建筑师，与宫廷关系越来越近，也获得了相应的荣誉和报酬，但也越来越屈从于路易十四和柯尔贝尔的意志。正是在那时的巴黎，建筑部门作为一个行政部门的原则得以确立。法国国王和英国国王从 13 世纪开始就有自己的皇家石匠大师，但他们都属于工匠，并非公务员。测量师、监理员和无论后来以何种称谓出现的职位的职责一直没有清晰的定义。米开朗基罗曾经是教皇建筑的负责人，但是没有人会认为这一任命是一项全职工作。建筑办公室发展起来，对绘图和实际工程的培训体系也就发展起来。

儒勒·哈杜安–芒萨尔［Jules Hardouin-Mansart］（1646—1708 年）是法国官方建筑师的完美典范。他能干、敏捷、适应力强。在他 1675 至 1706 年建造的圣路易荣军院教堂［St Louis des Invalides］中，他与佩罗一样，实现了法国之外难得一见的雄伟和优雅的独特结合。建筑外部和内部的设计都试图在勒梅西埃的索邦学院和勒沃的四国学院的基础上做出改进。建筑内部除了椭圆形的圣坛，从学术上而言更为平衡，也就是比前辈的作品在空间关系上少些动感。但建筑的穹顶建造成里外两层，人们可以通过里层圆顶上的大开口看到外层圆顶上被隐藏的窗户所照亮的绘画。人们在建筑外部也能发现它的巴洛克效果，虽然它带多立克和爱奥尼柱式的门廊比例看上去很准确。值得一提的是它自由而有韵律的柱间距（取自佩罗），以及分层级向中心递进的平面：首先从墙面到各翼的柱子，然后到门廊各边的柱子，最后到中间的四根柱子。无论是希腊人，还是帕拉迪奥，甚至维尼奥拉，都会对此表示强烈反对。

克里斯托弗·雷恩爵士却不反对。他于 1675—1710 年建造的圣保罗大教堂虽然明显是一座古典主义的纪念性建筑，但事实上也与荣军院教堂的穹顶一样，是古典风格和巴洛克风格的结合。圣保罗大教堂的穹顶作为世界上最完美的穹顶之一，的确为古典风格。它的轮廓线比米开朗基罗的穹顶和哈杜安-芒萨尔的穹顶更宁静。它的装饰，包括鼓座边的柱廊等，也非常不同于圣彼得大教堂向外凸出的一组组柱子和断裂的檐部，以及圣路易荣军院教堂很具本土风格的平圆拱窗和采光亭纤细、优雅的形状。但更仔细的观察能让我们发现，即使在采光亭上，两侧柱子的壁龛开间和长廊前的开间交替也是一种不太古典的变化元素。采光亭本身也与芒萨尔的一样奇怪。圣保罗大教堂1685年开始建造的立面上，有雷恩（与哈杜安-芒萨尔一样）从佩罗的卢浮宫立面那里学来的对柱以及两边的两个精美的塔楼（1700年之后设计），无疑是巴洛克式的。侧立面也很引人注目，不过形成了一种世俗府邸般的效果。窗户甚至以有假的透视效果的壁龛为框，与四喷泉圣卡罗教堂和巴贝里尼宫类似。在建筑内部，各部分的稳定感则与整体的空间动感形成鲜明的对比。穹顶的宽度相当于中厅和侧廊之和——雷恩可能从伊利大教堂或帕维亚大教堂［the cathedral of Pavia］等意大利建筑的图纸上记住了这一母题，它为整体增加了光彩和惊喜。按对角线放置的柱墩被挖空成巨大的壁龛，壁龛使侧廊和歌坛侧廊的外墙具有一种起伏的动感。窗户以类似的效果被切割成歌坛和中厅的筒形拱顶和蝶形拱顶［saucer domes］。雷恩在教堂和府邸中无疑体现出古典风格，但这是一种巴洛克式的古典主义。以才华横溢、变化多端的沃尔布鲁克圣史蒂芬教堂［St Stephen's Walbrook］（1672—1677年）为代表的城市教堂尤其明显地展现了这一点。

它的底层平面与十四圣徒朝圣教堂的平面一样难分析。但它的表达形式却冷峻而清晰。建筑外部是一个简单的矩形，与十四圣徒朝圣教堂一样对内部的惊喜保持沉默。它的正中是一个宽阔的缓缓升起的（用木材和灰泥建造的）蝶形穹顶，坐落在仅由12根细柱支撑的八个拱券之上。它在技术上的成就与轻松轻盈的外观一样杰出。12根细柱形成一个正方形，四个拱券连起正方形各边中间的两根柱子，正方形各角的第三根柱子上升起不完整的拱顶，从而在角部又形成四个拱券。各边角部的三根柱子又通过平直的檐部相连，于是各边都形成一种平直低矮—拱券高耸—平直低矮的韵律。这是第一个有创意的相互关联的效果。向穹顶望去，我们看到八个高度相同的拱券，但向我们前方望去，正方形各边的开间则各不相同。但这并不是全部。各边正中带拱券的开间也可以看作是进入十字的各翼的入口。这是一个拉丁十字，因为南侧和北侧两翼非常浅，而带祭坛的东翼有一个较长的十字拱顶，西翼的长度则是东翼的两倍。为了做到这一点，西翼由柱子分隔的两个开间构成，与一般的纵向教堂相同。由于这些柱子与其他所有的柱子形式相同，人们进入教堂的第一印象

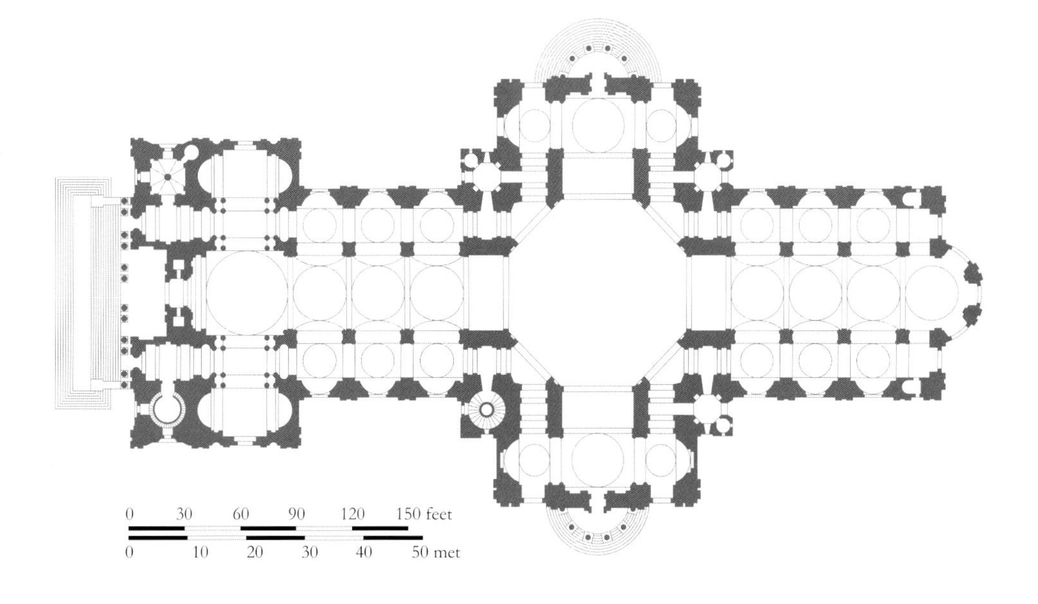

伦敦，圣保罗大教堂，克里斯托弗·雷恩爵士设计，1675—1710年

是较短的带侧廊的中厅通向宽度难以预测的穹顶。作为结尾，这个看似为中厅的空间有狭窄的带平顶的外廊，而这些外廊则一直延伸到东端的墙面。但我们不能一直称其为廊道，因为它们到某一位置升高成为十字的北翼和南翼，然后再下沉成为圣坛的侧廊。人们稍后当然会发现，内廊与中厅一样，进入宽大的交叉部。教堂的整个矩形一共由16根柱子构成，这些高贵的柱子从学术层面而言保持中立性，但它们被用来创造一种只有巴洛克风格能够欣赏的空间复调，即珀塞尔［Purcell］时代的建筑。

人们也需要考虑到雷恩设计的其他的城市教堂与它们的空间质量的关系。他在1666年伦敦大火之后设计了51座教堂，其中绝大多数是在几年内设计的。他把这些教堂作为一个实验室，尝试了各种集中式、纵向式、折中式平面，并赋予其各种各样的立面形式。纵向教堂一般包括中厅和侧廊。侧廊中的廊台是英国新教徒的要求。中厅与侧廊之间用巨柱（纽盖特街［Newgate Street］上的基督教堂［Christ Church］），或附有巨柱的柱墩（圣玛丽勒波教堂［St Mary-le-Bow］），或两种柱式的叠柱形式［superimposed orders］（位于霍尔本的圣安德鲁教堂［St Andrew］、皮卡迪利的圣雅各教堂［St James］）进行分隔。有的有天窗，有的没有天窗（位于霍尔本的圣安德鲁教堂；位于康希尔［Cornhill］的圣彼得教堂）。有天窗的话，天窗有的位于上方的墙上（圣马格努斯教堂［St Magnus］），有的则嵌入拱顶之中（圣布莱德教堂［St Bride］、圣玛丽勒波教堂等）。拱顶有的采用筒形拱顶（圣玛丽勒波教堂，皮卡迪利的圣雅各教堂，圣布莱德教堂等），有的则采用交叉筒拱拱顶（纽盖特街上的基督教堂）。这种简单的枚举并不能描绘出这些教堂实际的美学效果。

集中式平面的基本形式是一个穹顶位于一个正方形之上（如圣米尔德里德教堂［St Mildred］），或位于一个八边形之上（如圣玛丽厄普邱奇［St Mary Abchurch］或圣斯威辛教堂［St Swithin］）；或者是一个嵌入希腊十字的正方形，正中又是一个正方形，上方是一个穹顶或交叉筒拱，四角为较低的屋顶或穹顶（圣安妮和圣阿涅塞教堂［St Anne and St Agnes］、拉德盖特山［Ludgate Hill］的圣马丁教堂［St Martin］）。五点形的平面历史悠久。先是米什米耶幸运女神庙，然后是威尼斯的文艺复兴建筑（圣金口若望堂），让我们熟悉了这一平面。荷兰人从那儿继承了这一做法（哈勒姆［Harlem］的新教教堂［Nieuwe Kerk］，范・坎彭设计）。雷恩显然有来自荷兰的图纸，在采用各种新平面的尝试中，乐于接受来自各地的想法。

对页：伦敦，圣保罗大教堂，克里斯托弗・雷恩爵士设计，1675—1710年

但他最感兴趣的设计问题并不是纵向平面或集中式平面，而是两者的结合，即有集中倾向的纵向平面或有纵向平面的集中式平面。在这一点上，他与同时代法国和意大利的巴洛克建筑师保持一致。加利克希斯的圣雅各教堂［St James Garlickhythe］就是有集中倾向的纵向教堂的一个案例，它的中厅和侧廊长五开间，左右两边中间的开间都处理成耳堂，也就是说没有廊台，尽端有覆盖祭坛上方的窗户。圣安东林教堂［St Antholin］和圣贝尼特芬克教堂［St Benet Fink］则都是带椭圆形穹顶的有纵向倾向的集中式教堂，前者的柱子形成一个加长的八边形，后者则形成一个加长的六边形。圣安东林教堂的外墙基本上就是矩形，而圣贝尼特芬克教堂的外墙则是加长的十边形。最后就建成了复杂的沃尔布鲁克圣史蒂芬教堂。

其他新教国家的建筑师也分享了雷恩对教堂设计强烈的科学兴趣，特别是荷兰和德国北部。西里西亚出生的尼古劳斯・戈德曼［Nikolaus Goldmann］1665年在荷兰的莱顿以建筑学教授的身份去世。他已经开始撰写一部关于建筑的著作，这部著作最终由莱昂哈德・克里斯蒂安・斯图谟［Leonhard Christian Sturm］（1669—1719年）完成。斯图谟是一位数学家，曾在1712年和1718年的著作中为新教教堂的设计提出了很多天才且往往很实用的解决方案。

荷兰对德国北部产生了很大的影响，这体现在内灵［Nering］设计的柏林的教区教堂［Parochial Church］（1695年）、科尔伯［Korb］设计的威斯特伐利亚的黑伦［Hehlen］教区教堂（1697—1698年）等建筑中。两座教堂都采用了荷兰模式的集中式平面。这一时期末还建造

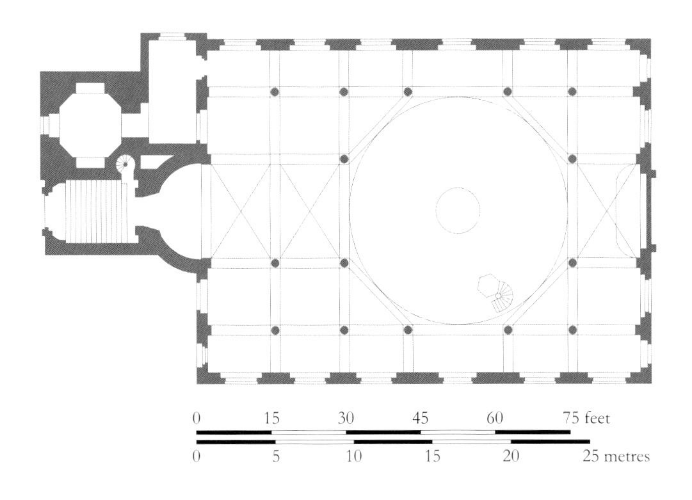

上图和对页：伦敦，沃尔布鲁克圣史蒂芬教堂，克里斯托弗·雷恩爵士设计，1672—1677 年

了雄伟有力的德累斯顿圣母教堂［Frauenkirche］，这也是第二次世界大战中最严重的建筑损失之一。圣母教堂是德累斯顿城的木匠大师格奥尔格·贝尔［Georg Bähr］（1666—1738 年）在 1722—1743 年间建造的。（教堂建设后期，他已去世。——译者注）平面是一个正方形，四角为圆角，圣坛向外凸出，是比半圆形略大的弧形。建筑内部基本为圆形，八根巨大的柱墩支撑着较陡的石穹顶。柱墩之间是三层的廊台，这种解决方案在美学上非常令人满意，但在其他方面仍然有些问题。但是，整体而言，圣母教堂内部和外部的弧线形成对比，大胆陡峭的穹顶和四个优雅的角楼有意识地形成一种平衡，这些都让人难以拒绝。没有什么能比它更有说服力地表明德国和西欧巴洛克之间的差别了。

我们之前发现，集中式构图的原则对理解文艺复兴和巴洛克建筑至关重要，在城市规划上得到了最大胆的应用。最早的设计前面已经介绍了（见第 100—101 页），但是在费拉莱特的时代，它们只是设计，而且停留在设计阶段，而在风格主义的时代，集中式的城镇真的建成了。

最著名的案例是斯卡莫齐［Scamozzi］位于威尼托的九边形小镇和帕尔马诺瓦要塞［fortress of Palmanova］（1593 年）。同年，思道五世［Sixtus V］根据一个大胆的总体规划（见第 131—132 页）开辟了横贯罗马的又长又直的新道路，这也被亨利四世治下的法国所继承。法兰西广场［the Place de France］是亨利四世去世后不久规划的，但从未实施。它包括一个近似半圆的圆弧和很多宽阔的以法国省份命名的放射形大道。[36] 受到亨利四世启发，路易十四最终也把环岛［rondpoint］作为他主要的规划母题。环岛后来也成为法国巴洛克风格的标志。600 年前，教堂圣坛的放射形小礼拜堂就在这个国家被构想出来。星形广场［the Place de l' Étoile］可以追溯到路易十四执政时期，虽然当时它还位于郊外，直到 1800 年才变成巴黎城的一部分。[37] 这种尺度宏大的规划中最雄伟的一个无疑是凡尔赛宫（见第 155 页）。在建筑层面上，凡尔赛宫是分三次建造的：第一次是路易十四的砖石狩猎小屋，第二次是勒沃雄伟的扩建，第三次是哈杜安-芒萨尔史无前例的扩建。哈杜安-芒萨尔于 1678 年开始设计时，决定遵循勒沃的立面做法，这也导致他没有足够华丽的母题来主宰最后长达 1800 英尺（合 548.64 米）的立面。建筑内部比外部成功。主厅装饰浮夸，让人印象深刻，同样让人印象深刻的还有镜厅［Galerie des Glaces］的长度。1689—1710 年加建的小教堂虽然在外部不够统一，但是它仍然是那个时代最高贵的房间之一，仍然为国王和他的随行人员建造了一个廊台或阳台，也就是说仍然保持了亚琛的传统。较为纤细的柱子从方柱墩和拱券构成的基础上升起，光从廊台窗和天窗上倾斜而下。但管风琴琴箱用完整的棕榈树作为装饰，这也提醒着我们正处于巴洛克时期。

除了宫殿本身，整个凡尔赛的规划也只能称作巴洛克风格。宫殿朝向勒诺特雄伟的公园，公园中有大型的花坛、十字形的水面、喷泉、看上去永无止尽的平行或发散的大道、经过修建的高大的树篱之间的墙面——大自然被人类的双手制服，为伟大的国王服务，而国王的卧室就位于整个构图的正中。在靠近城镇的一侧，荣誉庭院迎接着三条来自巴黎的宽阔、逐渐汇聚的道路。各地的城市规划都深受这些原则的影响。18 世纪最著名的案例可能是德国西南部的卡尔斯鲁厄。整个城市在 1715 年被设计为一个大的星形，而公爵宫则位于正中。另一个著名的案例是朗方［L' Enfant］1791 年的华盛顿规划。

在英国，雷恩的规划只被国王考虑了几天就放弃了。是因为它过于大胆吗？它是否只有在君主专制制度下才

能实现，因为为雄伟的城市规划征收土地要比伦敦城更容易？还是说这个逻辑上不妥协的方案将未来伦敦生活环境设计得太不英国，因此无法被认真接受？事实上，伦敦对 17 世纪和 18 世纪城市规划的贡献是广场［square］。这种形式据说是伊理高·琼斯引入的，是一个封闭、私有的空间，周边环绕着设计相似但不相同的住宅，源自好的方式而非严格的纪律。或许值得补充的是，经过一个又一个广场走过伦敦西区的感觉，显然是游客在撒克逊或早期英国教堂中穿过一个又一个隔间的典型英国感觉的现代和世俗的翻版。

伦敦和巴黎的个人城市住宅也存在同样的对比。在伦敦，除了一些例外（不过这些例外不像现在这么少），伦

凡尔赛，镜厅，哈杜安-芒萨尔设计，1678 年

敦的贵族和富商生活在联排住宅之中，而巴黎的贵族和富商则生活在分离的府邸［*hôtel*］之中。在伦敦，这些住宅的底层平面经过演化日益简化，在 17 世纪末之前已经标准化了。入口位于一侧，直通楼梯，每层的前后各有一个大房间，服务用房位于地下室。直到维多利亚时期，大大小小的各种住宅几乎都采用这种布局。但这种布局没有什么有效的空间元素。另一方面，在巴黎，建筑师从约 1630 年开始就发展了具有很强一致性和原创性的住宅平面，不断地追求更为精妙的能满足功能和空间要求的解决方案。其中标准的元素是与街道分隔开的荣誉庭院，办公用房和马厩位于左右两个侧翼，主楼位于后方。芒萨尔于 1635 年开始建造的弗里利埃府邸［Hôtel de la Vrillière］和让·迪塞尔索于 1637 年左右开始建造的布雷通维莱尔府邸［Hôtel de Bretonvillers］是最早的平面完全对称的案例。第一个高水准的作品是勒沃 1639—1644 年建造的兰伯特府邸［Hôtel Lambert］，庭院有两个圆角和一个椭圆形的前厅，这也是我们曾在布卢瓦城堡、沃乐维康和四国学院中见过的母题。不久之后勒博特尔设计的博韦府邸［Hôtel de Beauvais］（1655—1660 年）痴迷于曲线。然后我们在沃乐维康和卢浮宫之间也看到了相同的反映。柯尔贝尔不喜欢曲线，曾在 1669 年把它们说成“品位不佳，尤其是在建筑外部”，路易十四晚年的公寓虽然规模更雄伟，但母题和装饰的空间趣味性较为欠缺。

1700—1715 年间最为重要的发展与内部装饰有关。在哈杜安-芒萨尔一位主要的执行者——让·勒博特尔手中，内部装饰变得越来越精美复杂。精致取代了雄伟，精美的表面装饰取代了高浮雕，有些柔弱的优雅取代了阳刚之气。在路易十四执政的最后几年，洛可可的氛围得以巩固。

事实上，洛可可来自法国，虽然本书首先介绍了德国的洛可可风格这种极端且最为杰出的空间形式。“洛可可”一词一语双关，它似乎源自意大利语的巴洛克［barocco］一词，暗指对那些奇怪的岩石或贝壳形状的热情，这也是洛可可装饰的典型特征，之前我们已经在布鲁赫萨尔主教宫和十四圣徒朝圣教堂中分析过了。它们似乎在 18 世纪 30 年代出现在德国，其实是 1715—1730 年之间法国的发明，或者说是在法国产生的发明。这一代负责推动洛可可从勒博特尔的纤细优雅向内容充实发展的设计师无一例外都不是正宗的法国人：画家华托［Watteau］是佛兰德斯人；吉尔斯–玛丽・奥彭诺尔［Gilles-Marie Oppenord］（1672—1742 年）的父亲是荷兰人；朱斯特–奥勒留・梅松尼尔［Juste-Aurèle Meissonier］（1695—1750 年）则有普罗旺斯血统，并生于都灵；托罗［Toro］有一个意大利名字，生活在普罗旺斯；瓦斯［Vassé］也是普罗旺斯人。正是因为这些建筑师和室内装饰设计师，法国装饰重新注入了活力，来自意大利巴洛克风格的曲线也再次出现，装饰物再次获得了三维的形式，而全新的出色的洛可可装饰也被构思出来。

这一发展在建筑外部表现得并不明显。奥彭诺尔和梅松尼尔的立面设计并没有建成。洛可可在住宅的设计和装饰中获得了最大的成功。洛可可风格是沙龙、小套间［*petit apartement*］和精致生活的风格。装饰则要更加优雅，通常活力也比德国少得多，但平面则空前精妙。[38] 凡尔赛宫园林中哈杜安–芒萨尔于 1687 年为皇室休闲和曼特农夫人［Mme de Maintenon］建造的大特里亚农宫［the Grand Trianon］就预示了这一发展。大特里亚农宫为单层建筑，平面不对称，不过细节雄伟而古典。

在巴黎府邸的标准平面中，建筑师喜欢面对或克服的一个困难是朝向荣誉庭院的正面和朝向花园的背面，即使不在同一轴线上，也必须是对称的。库尔道纳［Courtonne］设计的马提尼翁府邸［Hôtel de Matignon］就展现了一种非常巧妙的解决方案。在这座府邸以及很多其他同时代的府邸中，门厅、陈列柜、衣柜［*garderobes*］和内部小杂院的新颖的布局手法都需要研究，它们的设计以促进整个府邸的运营为目的，同时也填补了曲线房间和壁龛后面奇怪的角落。楼梯的形式和位置则是另一个问题。它的位置需要能与前厅和服务用房联系便利，同时又不会妨碍不同房间之间的顺畅通达，也不会遮挡具有代表性的壮丽远景。不同楼层之间也需要顺畅通达，楼梯的形式也需要相应地选出。西班牙已被证明是 16 世纪在楼梯方面最有进取心的国家，只有这个国家那么早就感觉到了楼梯采用巴洛克风格的可能性。它的三种主要的楼梯形式——开敞的正方形带中柱螺旋楼梯间、T 形楼梯以及所谓的帝国楼梯（见第 150—152 页），都在 17 世纪传入北方。正方形螺旋楼梯间在詹姆士时代的英国流行起来，它们往往采用木结构，尺寸明显减小，差不多与中世纪的楼梯一样狭窄，并由来自佛兰德斯或英国的木雕艺人进行华丽的装饰（如哈特菲尔德庄园、奥德利安德庄园等）。只有伊理高・琼斯设计的位于伦敦小院长庭院［Little Dean's Yard］的阿什伯纳姆宅邸［Ashburnham

下图：巴黎，兰伯特府邸，勒沃设计，1639—1644 年
右下图：巴黎，马提尼翁府邸，库尔道纳设计，1722 年开始建造

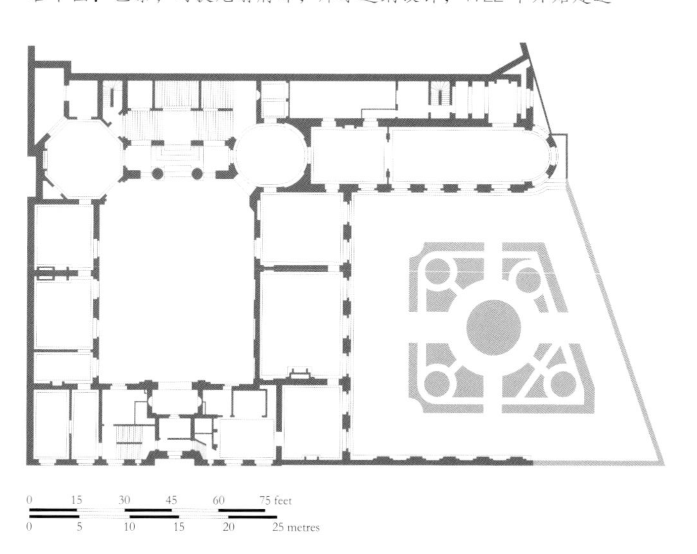

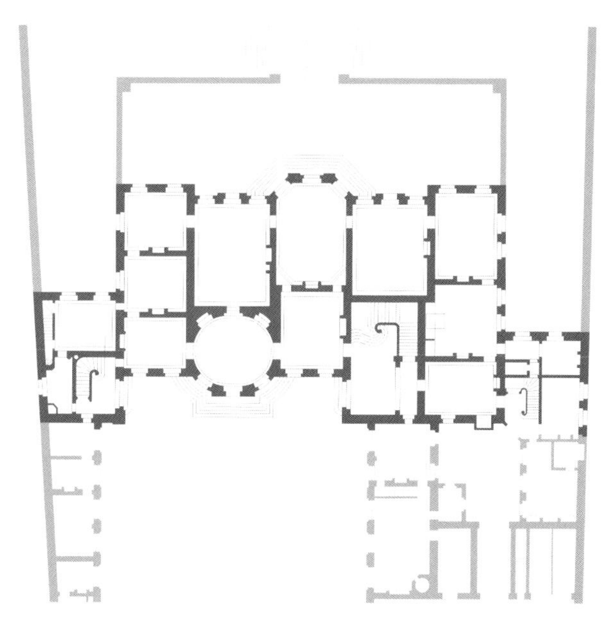

左图：汉普斯特德，芬顿住宅，1693 年
对页：布伦海姆宫，牛津郡，约翰·凡布鲁爵士，1705 年设计

House］效仿了西班牙的宽敞。然而，阿什伯纳姆宅邸和其他一些有巴洛克宽度的案例，如位于英国伯克郡的科尔斯希尔住宅［Coleshill］（由雷恩早期的竞争者之一——罗杰·普拉特［Roger Pratt］设计）都是英国极少数的例外。当时的意大利也有例外（隆盖纳［Longhena］：圣乔治马焦雷教堂，威尼斯，1643—1645 年——科尔斯希尔住宅似乎就是从它发展而来的）。只有热那亚真正喜欢与西班牙一样宽阔、明亮和轻盈的楼梯间。法国显然已经通过多个渠道了解了这些。勒沃在 1671 年的凡尔赛宫大使楼梯［Escalier des Ambassadeurs］中采用了 T 形楼梯，在杜伊勒里宫采用了皇家风格楼梯；而更早之前，芒萨尔在布卢瓦城堡中采用了开敞的正方形螺旋楼梯。芒萨尔从帕拉迪奥那边学到了优雅的建造方式，即楼梯段不支撑在实墙上，只固定在外墙上，朝向楼梯井的一侧除了较扁的拱券外没有其他支撑。这一类型在巴黎的府邸和法国的乡村住宅中以数不胜数的变化形式出现，这些细微的变化都旨在让形式更加灵活。

在建筑外部，巴黎的府邸也有同样优雅的变化，虽然从来没有像德国和奥地利的府邸和住宅那样采用大胆的洛可可形式；而英国 17 世纪和 18 世纪的砖砌住宅除了一些装饰细部，几乎完全标准化了。可以确定的是，这与法国的古典风格没有关系，但它最初可能与不那么做作的亨利四世建筑以及之后荷兰的建筑有些关系。

乡村住宅，至少在 1660 年之后，在法国并不重要，因为法国统治阶级的生活主要以宫廷为中心；而英国绝大多数的贵族和几乎所有的乡绅仍然只把他们位于伦敦的住宅当作临时住宅，却把他们在郊区的宅邸作为真正的家。因此，在英国的乡村宅邸中，人们能期待出现一些变化，事实上也能找到一些变化。然而，更重要的是，在 17 世纪下半叶，城市住宅的标准化已经成为被广泛接受的事实，一种更小的乡村住宅也开始出现（显然是以莫瑞泰斯为模板）。它也有很多令人快乐的经过微小变化的形式，广泛运用于郊区各地，比如伦敦周边的汉普斯特德、罗汉普顿、汉姆、彼得舍姆等村庄以及索尔兹伯里大教堂周围等，可以说无处不在。它们往往为带隅石的砖砌建筑，要么完全是长方形的，要么两边各有一个短翼，入口有三角山花、雨棚或门廊，住宅正中顶部为一个更大的三角山花。这些可爱的房子纯熟、永恒、恰当，太过著名，此处无须赘述。但它们的起源和传播还没有得到充分的说明。最早的案例可能是 1663 年建造的位于伦敦附近的埃尔特姆小屋［Eltham Lodge］，它由休·梅［Hugh May］和雷恩 17 世纪 60 年代最重要的竞争者普拉特和韦伯一起设计。到 1685 或 1690 年，这一类型无疑已经完全成熟了，它通常包括一个宽敞的带开敞楼梯井和丰富木刻装饰的三跑楼梯、形状简单直接的房间，但它们不怎么具备法国 18 世纪建筑师在著作中强调的方便性［*commodité*］。

显然，英国人眼中的舒适性与法国人眼中的非常不同。无论法国评论家怎么批评，这些建于 1700 年左右的

住宅今天依然与建成时同样耐用。18 世纪，英国也有一些规模更大的乡村住宅被建造起来，从我们现在的观点来看，它们似乎是为了展示而不是为了舒适而设计的。这一说法经常被用来批判牛津附近的布伦海姆宫［Blenheim］，这座宫殿是国家赠送给马尔博罗公爵［Marlborough］的，由约翰·凡布鲁爵士［Sir John Vanbrugh］（1664—1726 年）于 1705 年设计。他的设计风格源自雷恩最雄伟、最巴洛克的时期，也就是设计格林尼治医院［Greenwich Hospital］的时期，但是依然有鲜明的个人特色。雷恩似乎从未原谅自己。他从不会让自己的理智屈服于更强的力量。凡布鲁的设计非常猛烈、残忍和直接，必然会冒犯他那个时代的理性主义者。他的家庭来自于佛兰德斯；他豪爽的气质似乎不太符合雷恩和雷诺兹［Reynolds］的国家——英国的气质，而更符合鲁本斯的国家——佛兰德斯的气质。他最初是军人，后来在法国被捕，关押在巴士底狱。释放之后，他回到英国，开始撰写戏剧，获得了很大的成功。之后，他突然开始在霍华德城堡［Castle Howard］从事建筑工作。1702 年，他被任命为工程监察官［Comptroller of Works］——一个神奇的职业，与雷恩的非常不同。

布伦海姆宫按照巨大的规模设计。人们并不知道布伦海姆宫平面是否以帕拉迪奥带侧翼的别墅以及带荣誉庭园的凡尔赛宫为基础。主楼有巨大的门廊，巨大柱子位于巨大的壁柱之间，上面还有一个硕大的阁楼。侧立面同样带有巴洛克的厚重感，特别是侧翼又矮又粗的正方形角部塔楼。对于雷恩而言，“巴洛克”一词需要经过仔细的资格审核才能使用，而任何熟悉贝尼尼、博罗米尼和其他意大利建筑师的人都会把这些塔楼称作巴洛克风格。在这里，强大的力量反抗压倒性的重量；在这里，有强烈外凸的线脚和窗户，两边粗短的壁柱过于靠近它们，仿佛要压碎它们一样；在这里，半圆形窗户与上方的半圆形拱券相对放置，故意造成一种不和谐感，更高处还有平圆拱。所有的一切都相互冲突，大胆的构图顶部也没有采用圆满的方式作为建筑的结束。凡布鲁不愿意接受任何人的恩惠，以方尖碑和大球的形式作为塔楼的顶。壁柱和窗户也独具原创性，但没有这么极端。它们的一些细部让人想起米开朗基罗的作品。但是，一提到米开朗基罗，就立马让布伦海姆宫，包括整个入口立面，显得粗糙，自然也显得夸张和招摇：这就是，既佛兰德斯又巴洛克。

但人们也要小心，不能过多地把凡布鲁的设计归因于佛兰德斯的原型。因为他在布伦海姆宫是与别人合作，在其他项目中则与雷恩之前的主要助手合作。这位前任助手曾经全面接受过商业训练，也很有经验。这位先生——尼古拉斯·霍克斯穆尔［Nicholas Hawksmoor］（1661—1736 年），据我们所知是个地地道道的英国人，但他的风格和凡布鲁以及雷恩的圣保罗大教堂西侧的塔楼一样巴洛克。这在他全权负责设计和实施建设的更晚的作品，特别是在伦敦的教堂中体现得非常明显。像 1723—1739 年建造的斯皮塔佛德基督教堂［Christ Church, Spitalfields］这样的建筑，尽管只是范围不断扩大的郊区中的一座教区教堂，但也和凡布鲁的所有建筑一样夸张任性。整个构图似乎故意断开：门廊和奇怪的带拱券的正中部分有晚期罗马巴洛克风格和雷恩的风格，上方则后退并用墙面上的壁柱重复相同的母题，形成比塔楼略宽的构件。于是这个中间部分分别向左和向右延伸，在各边没有采用任何手段进行掩饰。最后，构图的顶部是一个塔尖，这给整首晚期罗马巴洛克风格的乐曲增加了一个奇怪的哥特式音符。霍克斯穆尔其他一些教堂的塔楼哥特化得更加直白。因为他在雷恩的一些城市教堂中所具有的权威性，使得英国这种回归中世纪精神的倾向要远远超前于其他国家，成为英国巴洛克风格的一个重要组成部分。

英国巴洛克风格是描述雷恩圣保罗大教堂西侧塔楼、霍克斯穆尔的教堂和凡布鲁的时代唯一合理的术语，虽然与贝尼尼相比，这些 18 世纪初的英国建筑师也属于古典主义者。他们很少会对墙面采用米开朗基罗发明的塑性处理，这种处理形成了意大利和德国南部的巴洛克建筑中那起伏的立面和内部。英国建筑中的动感也从未如此隐晦，如此狂热。各空间部分从不会像四喷泉圣卡罗教堂或十四圣徒朝圣教堂那样，为了融入彼此而放弃自己独立的存在。它们都试图保持自己独立的存在，特别是独立的实心圆柱。英国巴洛克风格是反对自身的静止和冷静倾向的巴洛克风格。

人们在雷恩、霍克斯穆尔和凡布鲁时代的建筑内部，也会体验到同样的冲突。在建筑内部，各个房间也受到空间关系的约束。这些房间都是根据古典主义的原则设计和装饰的：如果较小，则采用镶板；如果较大，则采用柱子或壁柱。在布伦海姆宫中，巨大的入口大厅可以通往沙龙，后者则是整个花园立面中两组对称房间的中心，所有房间的门在同一轴线上，这也被称作纵贯房间［*enfilade*］，与凡尔赛宫一样。但是，楼梯作为典型的动感元素，却不像在同时期法国或德国的府邸中那样显眼——这一点有着最为重要的意义。对空间动感缺乏兴趣并不意味着在设计上低人一等。相反，布伦海姆宫与德国王室最大的新宫殿规模相当，也同样不切实际，至少从我们的角度而

伦敦，斯皮塔佛德基督教堂，尼古拉斯·霍克斯穆尔设计，1732—1739 年

言是这样的。

但是，喋喋不休地强调厨房和服务用房与餐厅距离很远这一事实似乎有些不友好——事实上，它们都位于两个侧翼中的同一个，位于马厩所在的侧翼对面（一种被广泛接受的帕拉迪奥传统）。仆人可能需要走很长一段路，热腾腾的菜肴可能在到达目的地之前很久就变凉了。对我们而言，这似乎是一种功能性的错误。但凡布鲁和他的委托人却会认为这种说法极其粗俗。他们有很多仆人。与他们自愿遵循的、比我们想象更为严格的礼仪相比，我们所谓的舒适性显得没有那么重要。建筑的功能并非全是实用性

的，还有理想性的。而布伦海姆宫的确实现了理想性的功能。然而，并不是所有凡布鲁的同代人都会同意这一点。比如蒲柏［Pope］有一句经常被引用的名言：“这甚好。但汝将在何处就寝，何处进餐？”他这是何意？今日的批评家把这句话解读为物质舒适性的不足。但是蒲柏则更富哲理。他想要探讨的是，到底怎样的房间和建筑才是好的。他不喜欢凡布鲁宏大的规模和辉煌的装饰，认为这些是不理智、不自然的。他强调，“辉煌的所有光芒”都应该来自“理智”，并且说：

> 有些事物比它的价格更重要，
> 而有些事物比品位更重要——那就是理智。

他描述了他这一代——凡布鲁之后的一代的想法。蒲柏生于1688年，而凡布鲁则与乔纳森·斯威夫特［Swift］和丹尼尔·笛福［Defoe］年纪相仿（雷恩跟约翰·德莱顿［Dryden］也年纪相仿）。

与蒲柏的诗歌对应的是伯灵顿勋爵和他的圈子的建筑。伯灵顿勋爵理查德·波义耳［Richard Boyle］生于1694年，比蒲柏年轻六岁。他在一位年轻的苏格兰建筑师科伦·坎贝尔［Colen Campbell］（1729年去世）的影响下，转而相信朴素庄严的帕拉迪奥风格。1715年，坎贝尔开始在伦敦附近用纯粹的帕拉迪奥风格建造一座大型乡村住宅——万斯泰德［Wanstead］府邸。可能在同一年，他开始在皮卡迪利建造伯灵顿勋爵的住宅。这座建筑依然存在，但已经在很大程度上改建了。1716年，威尼斯建筑师莱奥尼［Leoni］开始出版帕拉迪奥《建筑四书》的英文版。1717年，伯灵顿勋爵亲自为自己位于伦敦附近奇西克［Chiswick］的花园设计了一座帕拉迪奥式的浴室［*bagno*］。1719年，他再次来到意大利，并对帕拉迪奥展开了认真的研究。1730年，他出资出版了他在意大利购买的帕拉迪奥不为人知的图纸。此前在1727年，他出资出版了画家、景观设计师和建筑师威廉·肯特［William Kent］撰写的关于伊理高·琼斯作品的著作（1727年）。这些出版物确立了帕拉迪奥风格在英国乡村住宅中的坚实地位，这一地位在之后50年几乎没有受到任何挑战，在

诺福克，侯克汉厅，威廉·肯特，1734年设计

经过一些修改之后又持续了近100年。

普通的城市住宅却没有受到影响。只有在很少的案例中，帕拉迪奥风格的影响范围超过了立面母题。在一些地方，比如在伯灵顿勋爵设计的一座住宅中，建筑师试图干预伦敦城市住宅标准化的平面，这是在抗议理性主义者强加的新规则，这些抗议与当年理性主义者针对缺乏秩序的凡布鲁的抗议同样强烈。查斯特菲尔德勋爵［Lord Chesterfield］曾建议住宅的主人应该买下对面的住宅，这样就可以从容地欣赏自己的住宅，还不用住在其中。

在伯灵顿勋爵的努力下，乡村住宅完全转向帕拉迪奥风格。在凡布鲁的作品中，平面和外部布局千变万化。现在，主楼正中有一个门廊，独立的侧翼通过低矮的廊台与建筑主体部分相连接，这已成为通俗的做法。位于诺福克的候克汉厅和位于巴斯附近的普赖尔公园都是典型的案例。候克汉厅是威廉・肯特1734年为农业改革家莱斯特伯爵［Earl of Leicester］托马斯・科克［Thomas Coke］设计的。普赖尔公园则是当地建筑师老约翰・伍德［the elder John Wood］（约1700—1754年）1735年为拉尔夫・艾伦［Ralph Allen］设计的。老伍德凭借自己的天赋以及设计英国最时髦的温泉胜地的机会，成为他这一辈建筑师中最重要的一位。与帕拉迪奥的别墅相比，从它们发展而来的这些英国住宅规模更大，也更笨重。它们往往以帕拉迪奥不能容忍的自由度吸纳各种母题：房间的形状变化更多，外部弧线大胆的楼梯融入园林（普赖尔公园中的弧线楼梯是19世纪建造的）。但更为重要的是，英国帕拉迪奥风格的乡村住宅是为矗立在英式园林中而设计的。

同一个赞助人同时想要规则的帕拉迪奥住宅和随意的英式园林，而同一个建筑师又需要同时设计两者，这起初看上去似乎是矛盾的。但受到伯灵顿勋爵提携的威廉・肯特以英式园林设计的创始人之一而广为人知。而伯灵顿勋爵位于奇西克的别墅（约1720年建造）自由地模仿了帕拉迪奥的圆厅别墅，是造园中的所谓“现代品位”最早的案例之一。这些都是事实。这是如何发生的？风景式园林是否只是一时奇想？并非如此，它是有意识地反法国艺术方针的一部分。勒诺特的园林体现了专制制度，体现了国王对国家的绝对统治，还体现了人类对自然的统治。积极扩张的巴洛克力量在塑造了住宅之后，又涌入自然之中。进步的英国思想家认识到这一点，但并不喜欢它。沙夫茨伯里勋爵［Shaftesbury］说这是“对王侯园林的嘲弄”，蒲柏也在自己工整的对句中讽刺了这些园林：

片片树林相望，
条条小径作伴，
个个平台对称。

将建筑的准则强加于园林，这显然是不自然的。约瑟夫·艾迪生［Joseph Addison］1712年在《旁观》［*Spectator*］中写道：“拿我自己来说，观赏一棵树，我宁愿看它枝繁叶茂的样子，也不愿看它被修整成数学图形。”这一宣言丝毫不压抑对自然的信仰，显然是自由主义和宽容对专制制度的反抗；这是辉格党人的反抗。但是，它的奇特之处在于虽然这些抨击是以大自然的名义发起的，但艾迪生和蒲柏仍然是从牛顿以及布瓦罗的角度来理解大自然。布瓦罗在自己1674年的《诗艺》［*Art of Poetry*］一书中反驳了南方的巴洛克风格，认为它是不理智的，因而也是不自然的。正如我们在蒲柏对布伦海姆宫的评论中所见，对艾迪生和蒲柏而言，理智和自然是同义词。

此外，沙夫茨伯里勋爵还提到“对天然之物的热爱”，还认为“人类的自负和任性通过打破（他们的）原始状态而破坏他们真正的秩序”，然后你会听到对古典主义建筑和自然园林之间令人迷惑的对应关系的解答。宇宙的原始状态是和谐与秩序，正如我们在新望远镜展示的星系有序运行的轨迹中所看到的那样，也正如我们在新显微镜展示的生物结构中所看到的那样。再次引用沙夫茨伯里勋爵的话：“理智、秩序和比例的思想无处不在。”为了描述和谐相比混乱的优势，沙夫茨伯里勋爵明确指出“一些高贵建筑师的规则和统一的堆积”要高于“一堆沙石”。但是，一堆沙石难道不是自然的原始状态？可18世纪初人们并不愿意承认这一点。于是我们就得到了这种模棱两可的奇怪解答。淳朴的自然是比例的秩序与和谐，因此自然的建筑就是遵循帕拉迪奥原则的建筑。但是淳朴的自然在普通人眼中，也是田野与篱笆墙。这至少在英国，也是人

巴斯，皇家新月楼，小约翰·伍德，1767—约 1775 年

们真正喜爱的事物。因此园林必须尽可能保留这种淳朴的自然。艾迪生最早得出这一结论。他疾呼:“为什么不能将整个房屋置于园林之中?”“人们可以将自然的风景作为自己的财产。”继艾迪生之后,蒲柏1713年在《卫报》中也表达了相同的观点。更重要的是,他在自己位于特威克纳姆[Twickenham]的微型园林中将这一观点付诸实践。但是,在1719—1725年间这座园林的“提升”(用18世纪的术语)中,另一件非比寻常的事情发生了。这些最早的反法国花园绝非后来意义上的风景式园林,它们也不是蒲柏口中的“朴实无华的自然”[Nature unadorned]。它们的平面中精心设计的曲折小径和小溪看似随意,但其实跟规则的巴洛克一样是人为的。或者像霍勒斯·沃波尔[Horace Walpole]1750年说的那样:“每位公民都会花很多精力把自己的一亩三分地整理得很不规则,就像以往他们把地整理得跟领结般规则一样。”现在所有这些“扭曲和旋转”(再次引用沃波尔的话)明显都是洛可可风格,也比18世纪末的那些真正尝试不触碰自然的花园更接近布鲁赫萨尔主教宫中用石子和贝壳做的装饰。这是英国版本的洛可可风格——就像与欧洲大陆的巴洛克风格相比,雷恩的巴洛克风格具备典型的英国特征。

因此,人们会记得雄伟优雅的法国17世纪和18世纪建筑是城市化的,因为凡尔赛园林中的笔直大道也有城市精神;而人们在看1660—1760年间规则的英国帕拉迪奥式住宅时,也不应该忘记它们以英式园林为补充。老约翰·伍德的普赖尔公园就有这样不规则的场地。即使在乔治时代英国最城市化的开发项目中,如新爱丁堡和最重要的巴斯,自然唾手可得,并被欣然接受。

老约翰·伍德是继伊理高·琼斯之后第一位将帕拉迪奥风格的一致性整体运用于一个英国广场的建筑师。从1660年开始,伦敦和其他地方规划的广场都留给各个房主按照自己的喜好来设计。只是因为乔治时代的品位习惯,这些住宅都没有跟旁边的住宅发生猛烈的冲突。老约翰·伍德在巴斯皇后广场[Queen Square]中建造了一座正中带门廊的府邸,也适当强调了角部的体块,这发生于1728年。25年后,他又用统一的主题设计了圆形广场[the Circus](1754—约1779年)。他的儿子小约翰·伍德[the younger John Wood](1781年去世)在1767—1755年左右建造的皇家新月楼中打破了之前紧凑的广场形式。巨大的半椭圆形的正面包括30座带有爱奥尼巨柱的住宅,他大胆地采用宽阔的微微倾斜的草坪作为对该立面的唯一回应。这里达到了与凡尔赛宫完全相反的效果。自然不再是建筑的仆人,两者是平等的。浪漫主义运动[the Romantic Movement]即将到来。

在伦敦,罗伯特·亚当[Robert Adam]在阿德尔菲[Adelphi]中引入了由整排住宅构成的府邸立面的设计原则。在阿德尔菲中,伟大的街道布局和朝向泰晤士河的立面享誉欧洲,但是已经损毁了,不是被炸弹损毁的,而是战前不久被唯利是图的伦敦人损毁的。菲茨罗伊广场[Fitzroy Square]和芬斯伯里广场[Finsbury Square]也继续采用了这一原则。虽然亚当的作品于18世纪六七十年代在国际上获得声誉——此时英式园林也开始影响欧洲——但是不应该将他的作品和伯灵顿圈子的帕拉迪奥风格靠得过近。他完全属于另一个类型。一般来讲,他们之间的差异可以通过一个事实来体现,即亚当被认为是所谓的古典复兴[Classical Revival]运动的开端。但这并不是全部的解答,因为古典复兴运动其实只是更广泛的浪漫主义运动的一部分。因此,通过再次兴起的对古希腊和古罗马建筑的直接靠近,以及英国风景式园林的兴起,我们开始思考1760—1830年欧洲的核心议题——浪漫主义运动。

8

浪漫主义运动：历史主义以及现代主义运动的开端

1760—1914年

上图：伦敦，丘园宝塔，威廉·钱伯斯爵士，1762 年
对页：伦敦，摄政公园排屋，约翰·纳什设计，1811—1825 年

浪漫主义运动起源于英国。在文学领域，这一事实广为人知。在艺术领域，尤其在建筑领域，这还有待确定。浪漫主义文学是情感对理智、自然对人为、简单对浮夸、信仰对怀疑主义的回应。浪漫主义的诗歌表达了对自然的新热情以及对早期或遥远文明完整、基本和无可置疑的生活的放弃自我的崇拜。这一崇拜促进了对高贵的野蛮人［the Noble Savage］、高贵的希腊人［the Noble Greek］、有道德的罗马人［the Virtuous Roman］和虔诚的中世纪骑士［the Pious Medieval Knight］的发现。无论它的目标是什么，浪漫主义具有一种渴望的态度，是对现状的敌意。有的人主要将现状视为轻率的洛可可风格，有的人则认为它是缺乏想象力的理性主义，还有的人把它看作丑陋的工业主义和重商主义。

浪漫主义精神的所有表达都包含了对现在的以及刚刚过去的风格的反对，尽管浪漫主义运动中的一些倾向源自18世纪的理性主义和洛可可风格。比如，前面已经说明，"风景式园林"这一真正的浪漫主义概念可以追溯到艾迪生和蒲柏，最初是以洛可可的面目出现的。与之相类似，浪漫主义运动中最流行的建筑表现形式——中世纪形式的复兴，在真正的浪漫主义运动开始之前就开始了，在具备浪漫主义的完全特征之前已经经历了18世纪风格的各个阶段。

事实上，哥特风格从未在英国完全消亡。1700年之前，很多地方项目中就有不自觉的哥特延续［Gothic Survival］现象；早在伊丽莎白一世晚期（1580年沃莱顿庄园）和詹姆士一世时期（1624年剑桥圣约翰学院［St John's College］图书馆），就出现了自觉的哥特复兴［Gothic Revival］运动。如前所述，雷恩在他设计的一些伦敦教堂中也采用了一些哥特形式。他用两种方式来证明这些形式是合适的，他的解释也预示了18世纪和19世纪的论点。首先，他建议在原本有哥特式作品的地方采用哥特风格，因为"偏离旧形式会形成令人不快的组合，任何品位高雅之士都不会喜欢"。但他也写道，他认为他伦敦的哥特教堂"并不是不优雅，而是有装饰性"。因此，提倡哥特风格，既是为了保持一致性，也是为了优雅美观。

霍克斯穆尔在教堂塔楼中的中世纪化不是出于一致性或优雅美观的考虑。在他看来，中世纪是充满原始男子气概的时代，他的这个观点超越了雷恩的观点。这或许可以称作巴洛克哥特风格［Baroque Gothicism］。领袖人物是凡布鲁，正是他将巴洛克哥特风格带入住宅建筑之中。

伦敦，布莱克希斯，约翰·凡布鲁爵士私宅，1717—1718 年凡布鲁爵士自建

1717—1718 年间，他在布莱克希斯建造了自己的住宅，类似城堡，建有防御工事一般的圆塔。他也在自己装饰或设计的很多项目中引入了类似城堡的结构。我们通过他的书信知道了他这么做的原因。他希望自己的建筑有男子气概［*masculine*］，而这些垛口似乎在成长。因此，粗壮的圆塔和城垛甚至出现在他的乡村住宅中，除此之外，那些住宅都采用了当时流行的风格。然而，中世纪城堡对他而言还有原始之外的意义。他并没有像 18 世纪晚期的建筑师那样建造假的遗迹，而是在找到真正的废墟之后，要求将它们保存下来，因为它们“生动活泼地反映出……曾经住在其中的人们（以及）在其中交易的非凡之物”，也因为它们“凭借野生灌木中的紫杉和冬青成为最优秀的风景画家所能创造的最宜人的景物之一”。

凡布鲁和霍克斯穆尔那质朴的中世纪风格随着他们去世也不复存在了，但刚才从凡布鲁（关于布伦海姆宫）的备忘录中引用的两段话也成为浪漫的复兴主义［Romantic Revivalism］的基础。正如之前提到的，凡布鲁有两个论点，一个是联想的，一个是如画的。两者都被 18 世纪的理论家进一步发展。建筑之所以披着特殊的风格的外衣，是因为这一风格能够让人引发联想。建筑应该与周围的自然一起设计，因为艺术大师们在壮游［the Grand Tour］中探访了位于罗马和附近的古罗马建筑遗址。他们在其中发现了克罗德·洛林［Claude Lorraine］、普桑、杜盖［Dughet］和萨尔瓦托·罗萨［Salvator Rosa］史诗和田园诗般的风景画中的真实和动人之处。英国的收藏家自由地购买这些作品，促进了艺术家和园林设计家、业余爱好者和专业人士品位的形成。

洛林或许深受蒲柏和肯特（毕竟他在成为一名建筑师之前曾经是一位画家）的赞赏，但特威克纳姆和奇西克的园林却丝毫没有洛林风景画中的安详宁静。洛可可风格必须消亡，这种美才能再现。诗人威廉·申斯通［William Shenstone］1745 年左右为自己设计的李骚斯花园［the Leasowes］显然是最早用更缓和的曲线取代之前“扭曲和旋转”的风格的花园之一。这些柔和的曲线和他建造的很多纪念性的座椅和神庙都有助于创造出令人愉悦的忧伤情感。兰斯洛特·布朗［Lancelot Brown］（万能布朗，1715—1785 年）是 18 世纪中期造园历史中最伟大的名字。他的园林有宽敞的缓坡草坪、巧妙分散的树丛以及蜿蜒的湖泊，它们也彻底改变了整个欧美地区的园林艺术。这已经不属于洛可可风格了，但具有哥尔斯密［Goldsmith］《威克菲牧师传》［*Vicar of Wakefield*］的柔和简朴，也有罗伯特·亚当的建筑的纯真优雅。

但是，亚当的建筑要比布朗的园林更加复杂。罗伯特·亚当（1728—1792 年）以英国古典复兴之父之名而享誉全球。他复兴了古罗马的灰泥装饰，对古典主义母题进行合适的改动，这些与园林中的新英式风格一样，给欧洲大陆带来了广泛的影响。但是，根据我们对古希腊和古罗马的了解，我们很难期待一位真正的古典复兴主义者的作品会这样精致。亚当的作品中哪里有希腊的高贵气质或者罗马的男子气概？事实上，与亚当的所有建筑相比，伯灵顿勋爵的帕拉迪奥风格有更多的高贵气质，凡布鲁的建筑有更多的男子气概。比如可以将亚当的锡永宫［Syon

布伦海姆宫鸟瞰，园林由万能布朗设计

House］长廊［Long Gallery］的墙面与任何一座帕拉迪奥式的府邸相比较。亚当以轻快的节奏用秀丽精美的灰泥装饰自己的墙面。他喜欢将房间全部用柔和的圆壁龛装点，圆壁龛用两根独立的柱子和上面的檐部隔开。这种对空间关系的掩饰，这种通透性——空气从房间涌入柱子之间和檐部上方的壁龛之中——显然都是反帕拉迪奥式的、具有独创性的、生气勃勃的。它再次出现在建筑外部，即通往锡永宫的园林的入口遮屏上。伯灵顿勋爵同样会说这是轻浮和邋遢的。对亚当的遮屏而言，凡布鲁在布伦海姆宫侧翼正中的亭阁就像巨人堆积的巨石。亚当装饰优雅的壁柱和向天空显示出轮廓的狮子浮雕看上去就像一个专横苛刻的人，而伯灵顿勋爵就像一个学究。用亚当自己的话来说，他在建筑中欣赏的是"上升与下降、前进和后退以及其他丰富的形式"以及"各种轻快的线脚"。

现在这显然很有启发性。它既不是巴洛克风格，也不是帕拉迪奥风格——虽然在他自己乡村住宅的外部，亚当并不经常偏离帕拉迪奥的标准，更不是古典主义的。如果非要归类，它属于洛可可风格，这是18世纪中叶的欧洲风格在英国的短暂而隐蔽的展现。在罗伯特·亚当的作品中看到典型的古典复兴风格也没错，他的确是在年轻时前往罗马，还经由罗马前往斯普利特学习并测量了戴克里先宫的遗址。回到家乡之后，他在1763年以精装本的形式出版了自己的研究成果。现在关于这些古代遗迹的版画对开本被非常正确地视为文艺复兴的标志。亚当的作品之前最重要的作品还有詹姆斯·斯图尔特［James Stuart］和尼古拉斯·雷维特［Nicholas Revett］的《雅典古迹》［*Antiquities of Athens*］，该书的第一册于1762年出版。两位建筑师的工作费用由对考古感兴趣的绅士刚刚组成的伦敦俱乐部——业余爱好者协会［Society of Dilettanti］承担。两年后，杜蒙［Dumont］出版了帕埃斯图姆的神庙。英国的建筑师和艺术大家在这些书中第一次领略到希腊多立克柱式的力量和简洁。从16世纪关于柱式的书籍出版开始，直到那时，人们知道并使用的多立克柱式大多是较为纤细的种类，如果带凹槽就是罗马的多立克柱式，

米德尔塞克斯，锡永宫，罗伯特·亚当，始建于1761年

如果没有凹槽就是塔斯干-多立克柱式。希腊多立克柱式短而粗的比例以及完全没有柱础，让帕拉迪奥主义者非常震惊。威廉·钱伯斯爵士［Sir William Chambers］，伯灵顿勋爵之后一辈的帕拉迪奥传统的拥护者以及1768年皇家艺术学院的创立者之一，将希腊多立克柱式称为彻头彻尾的野蛮。亚当也不喜欢它。值得记住的是，它在18世纪60年代的专著中再次出现。它也成为古典复兴最简朴的一个阶段或一种类型的母题，这一阶段或类型在英国也被称作希腊复兴［the Greek Revival］。在法国，勒·鲁瓦［Le Roi］1758年出版了较短的《希腊遗迹》［*Ruines de Grèce*］。在德国，温克尔曼在1763年出版了经典的《古代艺术史》［*History of Ancient Art*］，这是第一部承认并分析了希腊艺术的真实品质、它"高贵的单纯和静穆的伟大"的著作。这两本著作都可以与斯图尔特和雷维特的作品相媲美。

然而，温克尔曼对这些品质的认识仍然更多停留于文学层面，而不是视觉层面，因为他认为观景殿的阿波罗［the Apollo Belvedere］和拉奥孔群雕［the Laocoon］等希腊巴洛克和洛可可晚期的作品地位要高于其他古代雕塑。奥林匹亚和埃伊纳岛的人像，甚至帕台农神庙的人像，是否会让他感到震撼？这并非完全不可能。他对希腊艺术的品位可能并没有超越约书亚·威治伍德［Josiah Wedgwood］。威治伍德的花瓶直接复制了5世纪的希腊案例，当时他们认为这些是伊特鲁里亚的花瓶，威治伍德甚至把自己位于特伦特河畔斯托克的新工厂称作伊特鲁里亚［Etruria］。但威治伍德陶瓷用品的风格柔和优雅，属于亚当风格而非希腊风格。不过，其中仍然有一种不可否认的成为希腊风格的渴望，考古著作中明显有一种相比罗马更倾向希腊的倾向。亚当斯，以及与他同时代的詹姆斯·斯图尔特——"雅典人"斯图亚特（1713—1788年），一丝不苟地在北方的土地上完整重建希腊建筑，并为北方赞助人建造多立克神庙。如果这不是真正的希腊复兴，那是什么呢？即使我们忘记了联想和意图，只用我们的眼睛，也能看到一座多立克形式的微型凉亭矗立在风景式园林之中，是园林中一件如画的陈设。斯图亚特这样的多立克神庙为伯明翰附近的哈格利园林增添了色彩。与此同时，园林的主人又在它附近建造了一间哥特式的守门人小屋和一把质朴的座椅，以纪念詹姆斯·汤姆森［James Thomson］的《四季》［*Seasons*］。哈格利的多立克神庙建造于1758年，是欧洲最早的多立克复兴［the Doric Revival］风格的纪念性建筑。

哈格利的多立克风格和哥特风格的唯一的差别是其中一个是正确的，而另一个不是。园林的主人接受过古典主义的教育，只能欣赏其中一种风格，而不能欣赏另一种。建筑师，甚至农村的建筑工人，到1760年已经掌握了足够多的关于古代建筑的柱式和细部的知识，能够复制出一座微缩的帕台农神庙，或者在不出过多差错的情况下复制出一段残破的古罗马输水道。在最早的哥特复兴案例中，对古文物的知识依然有所不足。因此，古希腊和古罗马的模仿成果看上去有些枯燥，而数不胜数的哥特座椅、隐士小屋、"伞形结构"［umbrellos］、假遗迹以及其他装饰性建筑都幼稚得有些迷人，显得轻松愉快。它们属于哥特式洛可可风格，而亚当的建筑属于古典主义洛可可风格。

哥特风格在英国乡村住宅中的推广要归功于霍勒斯·沃波尔，他位于伦敦附近的著名的草莓山［Strawberry Hill］在全欧洲的行家和年轻一派的建筑师中变得知名。1750年，他将原有的小屋哥特化，并进行扩建。从某一方面而言，他的哥特作品要领先于其他具有相似品位的建筑师，特别是我们之前提到的帕拉迪奥主义者

特威克纳姆，米德尔塞克斯，草莓山，扩建并哥特化，约1750—1770年

和风景式园林先驱威廉·肯特。沃波尔坚持他的室内应该使用正确的细部。壁炉或墙壁镶板是从中世纪陵墓和遮屏复制而来。但他尊崇哥特风格中的一些其他特征，与我们不同。在1748—1750年的书信中，他提到哥特母题给当时的建筑带来了“迷人且令人尊敬的哥特风格”以及“异想天开的新奇感”。草莓山的确凭借又细又薄的外部装饰，以及其内部带有镀金扇形拱顶和将镜子作为镶板的花饰窗格的美丽画廊，显得既迷人又异想天开。哥特形式有趣的使用在精神上更接近于齐彭代尔［Chippendale］的中式家具，而不是华兹华斯［Wordsworth］在廷腾寺［Tintern Abbey］的感受或维多利亚时代的新哥特式教堂。沃波尔本人反对中国风［*chinoserie*］的潮流，但总体而言，中式桥梁、微缩的帕台农神庙和哥特遗迹共同属于1750年的风格。事实上，我们发现连罗伯特·亚当也喜欢用皮拉内西［Piranesi］那光彩照人的洛可可风格来绘制遗迹，有时也会用温和的中世纪风格来设计民居。我们也发现威廉·钱伯斯爵士虽然坚守帕拉迪奥风格，但是也设计了丘园［Kew Garden］的中式宝塔（见第190页）。

丘园原本有洛可可园林最富变化的一场豪华表演：在中式宝塔（令人欣慰地留存至今）之外，还有潘神庙、埃俄罗斯［Aeolus］神庙、隐修［Solitude］神庙、太阳神庙、贝罗纳［Bellona］神庙、胜利神庙、孔庙、罗马剧场、阿尔罕布拉宫、清真寺、哥特教堂、破败的拱券等等。在这异国风格的大杂烩中，土耳其、摩尔人、哥特和中国风格的趣味与伏尔泰的《札第格》［*Zadig*］和《巴布克的幻觉》［*Babouc*］以及孟德斯鸠的《波斯人信札》［*Lettres Persanes*］相似，都具有洛可可风格复杂的双关含义。事实上，中式宝塔并不能引发浪漫主义者严肃的沉思。当浪漫主义运动稍后将这些情感注入园林之时，很多园林装饰都因为不合适而被淘汰了。但对沃波尔而言，草莓山也具有联想的品质。从某种意义而言，这就是他的《奥特兰托堡》［*Castle of Otranto*］。这似乎很难让人相信，但在他看来，贝克福德［Beckford］的放山修道院［Fonthill Abbey］那宽敞的长廊和巨大的塔楼具有一些可以从现存的插画中欣赏到的黑暗的中世纪令人敬畏的特质。在这里，百万富翁的怪癖似乎创造出了一些真正浪漫的效果。放山修道院是詹姆斯·怀亚特［James Wyatt］（1746—1813年）从1796年开始建造的。但早在1772年，歌德就在斯特拉斯堡大教堂前描述了自己对建筑中的哥特精神的热烈赞赏之情："它矗立着，仿佛一棵崇高的宽拱的上帝之树，巨枝一千，细枝百万，叶如海中之沙，向左邻右舍诉说主之荣耀……直至纤维，皆为形体，一切以整体为目的。坚固巨大的建筑如此轻盈地耸入天空！它们雕镂得多么纤细，却又永恒不坏……停下，兄弟，辨别最深刻的真理……从强大、粗糙的德国灵魂中快速激发……亲爱的青年，不要被当代软弱的口齿不清的美学教条弄得在豪迈的伟大面前像姑娘家一样扭扭捏捏。"[39]

现在，这里的哥特风格不再与洛可可、中国式和印度式属于同一类型；它代表了真实、诚恳、基本的一切——事实上，很大程度上代表了温克尔曼和之后不久歌德自己在希腊艺术中发现的精神。在严肃的美学家和艺术家眼中，古希腊艺术和哥特艺术都能够将他们从18世纪的轻率中拯救出来。法国比英国更专注于洛可可风格，所以对洛可可风格的反抗也更为强烈。它最早从18世纪50年代开始。洛吉耶神父［The Abbé Laugier］作为一名业余爱好者，在1753年发表了《论建筑》［*Essai sur l'architecture*］一书，并在其中宣传："让我们保持简单和自然。"小夏尔-尼古拉斯·柯升［Charles-Nicolas Cochin the Younger］（1715—1790年）是一位年轻有为的版画家。1754年12月，他在《法兰西信使报》［*Mercure de France*］上发表了他迷人的《恳求金匠》［*Supplication aux Orfèvres*］一文，请求金匠不要延续他们的S形曲线和其他"巴洛克形式"，提出"只有直角才能形成好效果"。

第一个转向更多古典主义形式的伟大的法国建筑师是昂热-雅克·加布里埃尔［Ange-Jacques Gabriel］（1698—1782年）。他从未去过意大利，更多是通过17世纪最具古典主义风格的法国建筑师的案例形成了自己成熟的风格——与帕拉迪奥和伊理高·琼斯在英国的复兴相对应。加布里埃尔是首席御用建筑师。他最重要的作品包括1751年开始建造的军事学校［the École Militaire］、1757年开始建造的协和广场北侧的两座建筑以及1762年开始建造的位于凡尔赛宫园林中的小特里亚农宫。它们没有任何革命性。比如，军事学校的楼梯属于芒萨尔在布卢瓦城堡中采用的形式，但带格子的较浅的拱顶和结实的青铜扶手在洛可可的优雅之后，给人一种安心的坚固感。与加布里埃尔所有的建筑一样，石工非常精美。协和广场那两座建筑的立面在二层设有佩罗曾经在卢浮宫东立面采用过的长廊。小特里亚农宫既没有曲线的凸出，也没有曲线的穹顶，甚至没有三角山花，它是一个极其美观的小立方体，只有一些最为克制的外部装饰。

有人认为小特里亚农宫受到了英国帕拉迪奥风格的影响。但无论是整体还是细部，都没有证据能证明这一假设是正确的。英国对凡尔赛宫的影响要来得更晚一些，既体现在帕拉迪奥风格的形式——1770年左右由理查德·米克［Richard Mique］（1728—1794年）设计的王后修道院［the Couvent de la Reine］，也体现在风景式园林装饰更多变的形式上——1777年左右也是由米克设计的献给丘比特的圆厅或圆形外廊式建筑［monopteros］，以及1781年左右同样由米克设计的玛丽王后的著名的仿诺曼式的庄园［Hameau］。当时，巴黎的富人也同样热衷于拥有英式园林［*jardin sanglais*］。擅长设计这些公园的专家包括弗朗索瓦-约瑟夫·贝朗格［Francois-Joseph Belanger］（1744—1818年）。他在18世纪70年代设计了巴加特尔公园［the Bagatelle］和圣詹姆斯公园［the Folie St James］。卢梭的阿蒙农维拉［Ermenonville］也建于此时。[40]1775年，有一封名为"论对英式园林的狂热"［*sur la manie des jardin sanglais*］的信件发表。有一位画家——于贝尔·罗贝尔［Hubert Robert］（1733—1808年）与贝朗格和风景式园林密切相关，这本身也是一个独特的事实。他1775年活跃于凡尔赛宫，似乎也与莱兹荒园［the Desert de Retz］有关。于贝尔·罗贝尔曾于1754年被送往罗马，成为蓬帕杜夫人［Mme de Pompadour］的弟弟的门生。蓬帕杜夫人的弟弟是一名建筑总监［the Surintendant des Bâtiments］，四年前被姐

凡尔赛，小特里亚农宫，昂热-雅克·加布里埃尔，1762 年开始建造

姐送来这里。他在这次寻找更严肃的古典主义风格的难忘之旅中得到了撰写《恳求金匠》的柯升以及雅克-日梅恩·索弗洛 [Jacques-Germain Soufflot]（1713—1780 年）的陪伴。索弗洛后来成为加布里埃尔之后一代的最重要的一位法国建筑师，他主要以在所谓的革命期间建造先贤祠 [the Panthéon] 得名。先贤祠于 1755—1792 年作为圣热纳维耶夫教堂 [the church of Ste Geneviève] 而被建造。对法国而言，先贤祠的确是一个革命性的设计，然而它对英国而言，革命性就略少一些。先贤祠的穹顶显然参考了雷恩的圣保罗大教堂，这证明索弗洛知道并支持英国建筑。这座大型建筑采用独立的希腊十字平面，辉煌的穹顶位于交叉部上空带柱廊的高鼓座之上。四个侧翼上还有四个低一些的穹顶，在很大程度上与拜占庭风格的圣使徒教堂、佩里格 [Pengueux] 大教堂、威尼斯的圣马可大教堂以及 1460 年左右的斯福尔扎的徽章中的穹顶一样。虽然在这些和其他相似的教堂中，穹顶位于实墙或柱墩之上，但是索弗洛选择将他的穹顶尽可能地放在支撑笔直的檐部的柱子上。环绕整座教堂的前廊基本只有柱子，只是在正中的穹顶四角下，索弗洛采用了纤细的三角柱墩以及贴在其上的柱子。这些后来被扩建了，并加入了外窗，这在一定程度上削弱了索弗洛原本希望在他的教堂中创造的轻盈感。具有严格的规律性和纪念性的罗马细部与这种轻盈感的结合是他最独到的贡献，它令人信服地与罗伯特·亚当同期在英国开始的实践相呼应。但亚当只是本能地让自己的建筑变得更加轻盈，索弗洛却是基于考虑周到的理论来实践。这一理论既有趣又模棱两可，值得评论。洛吉耶神父和其他人批判柱墩上的壁柱是不自然的，换言之，它们属于巴洛克风格。而柱子是自然的，依据希腊先例来看也是正确的。与此同时，柱子也是更加纤细的支撑结构，因此，如果它们能满足支撑荷载的需要，那就是更为理性的解决方案。而哥特教堂恰恰是用最少的质量支撑最大的荷载，事实上，索弗洛在 1762 年提到，人们应该把希腊柱式与人们赞赏的哥特建筑的轻盈感相结合。几年后，著名的桥梁和道路工程师学校的校长佩罗内 [Perronet] 也说了同样的话："圣热纳维耶夫教堂处于巨大的古代建筑和轻盈的哥特建筑之间。" 在这个意义上，法国在 18 世纪中叶也出现了自己的哥特复兴运动。但英国的哥特复兴能引发人们的记忆，法国的哥特复兴却是结构性的，事实上由于它是纯粹结构性的，以至于很难引起人们的注意。

索弗洛早在 1741 年就曾经做过关于哥特建筑的讲座。1750 年他在意大利时就前去拜访了帕埃斯图姆的神庙，还非常详细地将它们绘制下来。如前所述，他的图纸最终

上图和左图：巴黎，先贤祠（圣热纳维耶夫教堂），雅克-日梅恩·索弗洛，1755—1792 年

0 50 100 150 200 250 feet
0 15 30 45 60 75 meters

于 1764 年由杜蒙出版。虽然索弗洛欣赏古代遗迹，但却没有模仿它们，这与下一代的法国年轻建筑师不同。这些建筑师在 18 世纪 50 年代和 60 年代来到罗马法兰西学院［the Académie de France］，出生于 1725—1750 年间的他们在法国并没有起到主导作用。勒杜［Ledoux］是最令人熟悉的名字，布雷［Boullée］近年来也逐渐为人所知，但他们都没有其他几位成功。不过这些更为成功的建筑师在狭小的圈子外也鲜为人知，他们包括：奥德翁剧院［the Odéon］的两位建筑师德·威利［de Wailly］和玛丽-约瑟夫·佩尔［Marie-Joseph Peyre］，建造外

圣彼得堡，证券交易所，托马·德·托蒙，1801 年

科学院［the School of Surgery 或 the École de Chirurgie］的安托万［Antoine］、路易［Louis］和雅克·贡杜安［Gondoin］，参与嘉布遣会修道院［the Capuchin House］（现康多赛中学［Lycée Condorcet］）建造的布隆尼亚尔［Brongniart］，以凯旋门［the Arc de Triomphe］和鲁莱圣斐理伯教堂［the church of St Philippe du Roule］知名的查尔格林［Chalgrin］，曾经在瑞典工作过的德普雷［Desprez］、贝朗格等等。他们的风格非常相似，均受到加布里埃尔和索弗洛、英国和罗马的影响。该风格的特征包括形体采用严格的正方体；没有攒尖式屋顶，甚至没有任何可见屋顶；穹顶采用罗马万神庙的半球形（不同于巴黎先贤祠的更巴洛克式的穹顶）以及伯拉孟特的形式；门廊采用笔直的檐部，而非三角山花（勒杜 1767 年的于泽斯府邸［Hôtel d' Uzès］和 1768 年的贝努维尔城堡［Château of Bénouville］，布雷 1772 年的布吕努瓦府邸［Hôtel de Brunoy］，路易 1772—1780 年的波尔多大剧院［Theatre of Bordeaux］、1779—1782 年的奥德翁剧院，卢梭［Rousseau］1782—1786 年的萨利姆府邸［Hôtel de Salm］——现荣勋宫［Légiond' Honneur］，布隆尼亚尔 1807 年的巴黎证券交易所等）；采用带格子的筒形拱顶（查尔格林 1774—1784 年的鲁莱圣斐理伯教堂）；相比于其他更高更精美的柱式，更倾向于塔斯干和希腊多立克柱式。英国从雷恩晚年开始，就偏爱塔斯干柱式，早在 1758 年就在哈格利引入了希腊多立克柱式。在法国，它最早在 1778 年出现在勒杜位于巴桑松［Besançon］的剧场，并在 1778—1781 年间某一时间出现于安托万设计的巴黎慈善医院［the Hospital of Charity］的礼拜堂入口中。但与希腊多立克柱式相比，法国人更喜欢粗矮的塔斯干柱式，由于没有凹槽，它显得更加原始。布隆尼亚尔 1780 年在嘉布遣会修道院（现杜哈佛路［rue du Havre］上的康多赛中学）中，画家大卫［David］1784 年在自己划时代的《荷拉斯兄弟之誓》［*Oath of the Horatii*］，波耶特［Poyet］1798 年在柱街［rue des Colonnes］两侧，托马·德·托蒙［Thomas de Thomon］1801 年在圣彼得堡的证券交易所中均使用了塔斯干柱式。塔斯干柱式和多立克柱式与洛可可风格青睐的曲面上的壁柱相对立，它们代表了与优雅相对的力量。与之相类似，为了反对洛可可风格的精致和小巧，建筑师开始采用宏大的规模。他们往往纸上谈兵，完全不顾设计的建筑能否建成，设计了皇家宫殿或更加民主的建筑，如定义不明的学院、博物馆、图书馆，甚至不止一次地设计了宇宙规律的发现者艾萨克·牛顿的纪念堂。

在罗马诱导这些年轻人这么做的是乔凡尼·巴蒂斯塔·皮拉内西（1720—1778 年），他是生活在罗马的威尼

斯建筑师，建成作品寥寥，质量也让人失望。但他却绘制了数不胜数的建筑版画，有些作品异想天开，但更多的作品旨在真实描绘罗马的遗迹。事实上，它们的细部非常真实，但它们设想的卓绝规模和构图却如霍勒斯·沃波尔所言，“甚至比罗马人在其最辉煌的顶点所吹嘘的还夸张”。斐拉克曼［Flaxman］承认，他发现“罗马的古迹不如他在看过皮拉内西的版画后所习惯于设想的那样惊人”，这非常能说明问题。皮拉内西的确凭借罗马建筑的版画而享誉欧洲。1757 年他被授予伦敦古文物协会［the Society of Antiquaries in London］荣誉会员的称号，并将自己出版的关于战神广场［the Campus Martius］的书献给罗伯特·亚当。在他的版画中，所有建筑似乎都是巨人的作品，人类就像微不足道的侏儒蹲在其中或者匍匐进出。这一作品与皮拉内西生机勃勃的使用雕刻刀和蚀刻针的手法，均体现出不只一点洛可可风格的随想。但它们，以及对金字塔和他快去世时对帕埃斯图姆中的希腊多立克柱式等原始形式的热情，也预示着浪漫主义时期的到来。再次引用霍勒斯·沃波尔的话，凭着这股热情，他能“用建筑之山攀登天堂之门”。

法兰西学院的法国学生对皮拉内西的狂热崇拜最惊人的成果是佩尔出版于 1765 年的《建筑文集》［*Oeuvres d'architecture*］，其中有法国学院府邸、大教堂等建筑的夸张设计。佩尔于 1753—1757 年之间在罗马，查尔格林于 1759—1763 年之间在罗马，而贡杜安则于 1761—1766 年之间在罗马，等等。布雷和勒杜都不了解意大利。[41] 但如果没有皮拉内西和佩尔，就无法理解他们的风格。艾蒂安-路易·布雷（1728—1799 年）与皮拉内西一样，对建筑实践兴趣不大，他的荣誉来自于 18 世纪 80 年代和 90 年代为讲座和发表准备的一系列大图纸，它们都与佩尔的一样夸张：集中式希腊十字教堂四面都有 16 根巨柱支撑的门廊；正方形的集中式博物馆四面都有半圆形的门廊，每个门廊都有四排柱子，每排各 38 根，一共 152 根；国家图书馆设有一个巨大的阅览室，上面为尺度不明的筒形拱顶；墓地入口为一个又矮又胖的金字塔，两边为方尖碑；一座战士纪念堂采用了石棺的形式，高度约 250 英尺（合 76.2 米）；牛顿纪念堂内部完全为球形，如果图中绘制的小人尺度准确，那它的高度约达 500 英尺（合 152.4 米）。但我们或许不应该期待这些图纸的比例是准确的。皮拉内西曾经破坏了对比例准确性的坚持。布雷在评价自己的图纸时曾为感性的建筑而非理性的建筑辩护，为特色、雄伟和魔力辩护。他很少为实用性担心。

克劳德-尼古拉斯·勒杜（1736—1806 年）则更为成功。虽然他脾气古怪，又爱争论，但是他仍然得到了大量城市住宅、乡村住宅和其他类型的项目委托。巴黎于 1760—1820 年建造的更为富庶的住宅只有少数留存下来，它们并不是其中最有特色的。这一风格对当时在巴黎漫步的游客而言，一定比对现在几乎完全依靠版画的我们而言显得更引人注目且有说服力。勒杜除住宅建筑以外的作品中最有意思的是以下这些。首先是 1784—1789 年间建造的巴黎的税务站［toll house］，其平面和立面变化多端，但风格都显得雄壮有力，采用塔斯干、多立克或粗面砌筑的柱子。其次是 1778—1784 年间建造的巴桑松的剧场，之前已经谈论到，它的内部采用希腊多立克柱式，它们以柱廊的形式，矗立在半圆形的阶梯式观众席的顶部。半圆形作为简单的几何形状必定受到勒杜和这一圈子中其他建筑师的青睐，贡杜安曾经在 1769—1770 年间将其用于外科学院的设计中；巴黎大革命之后，日索尔［Gisors］和勒库安特［Lecointe］又将其用于波旁宫［the Palais Bourbon］的五百人立法院［the Conseil des Cinq-Cents］（1797 年）之中。但勒杜最激动人心的设计是位于巴桑松附近的卢河边的阿尔克-塞南［Arc-et-Senans］的绍村盐场［the Salines de Chaux］，主要建于 1775—1779 年间，尽管它的形式不够完整。门房建有一个很深的采用塔斯干柱式的门廊。门廊后是一个壁龛，粗面砌筑围绕壁龛中间的圆形展开，整个面仿佛未经雕琢的天然岩石，从石刻的水缸中涌出石刻的泉水——整座建筑是古典主义和浪漫主义的完美结合，出于对基本和原始之物的共同崇拜而互相吸引。

然而，这些特点采用了与勒杜其他的设计不同、甚至矛盾的形式，但勒杜其他的设计由于某些原因从未建成。他希望卢河勘测员的住宅具有一个桶形中心，河流从中穿过，在一端以“瀑布”形式流下；他建议莫佩尔蒂

阿尔克-塞南，绍村盐场，克劳德-尼古拉斯·勒杜，1775—1779年

[Maupertuis] 的公园管理员住宅采用完整的球体形状，建议枪炮铸造厂的熔炉采用金字塔形。这里，对基本几何形状的渴望让建筑师为了建筑本身而忘却了所有实用性的考虑，虽然洛可可风格之前已经在各处用更为复杂和柔和的曲线取代了这些形状。勒杜也曾经设计了一座理想城市，在1806年出版了一部对开本巨著，其中有一篇探讨社会改良的充满困惑的文章。这座城市中，公共建筑的作用非常模糊，比如“献给道德价值崇拜的宫殿”等。这种模棱两可的表述经常出现在法国大革命的语汇中。勒杜本人并不支持革命，但是以他为最激昂的代表的那个建筑师群体却被恰当地称作革命建筑师，因为他们反抗公认的权威和习俗，为独创性而斗争。

这一立场与1750—1760年的立场相比，又发生了变化。之前的敌人是洛可可风格，而现在的敌人则是轻率地接受古代风格，并将其作为法律的制定者。勒杜拒绝接受帕拉迪奥风格或古希腊风格，他和圈子里的其他建筑师希望重新思考每个项目的问题，重新感受每个项目的特点。他们坚持认为，不可能通过对以往风格的模仿形成健康的建筑风格。从这一层面而言，他们是正确的。文艺复兴风格从不只停留于模仿。而18世纪的帕拉迪奥主义者、19世纪早期的希腊复兴主义者们则模仿得过于频繁。歌德的《伊菲革涅亚在陶里斯岛》[*Iphigenia*] 虽然最具古典意味，但仍然保持了独创性。事实上，他在斯特拉斯堡赞美得最多的就是爱德华·扬 [Edward Young] 那样的独创性。因此，歌德时代数量不多的真正有天赋的建筑师以最大的自由来运用希腊和罗马的形式。

这里必须要论及其中两位建筑师：英国的约翰·索恩爵士 [Sir John Soane] 和普鲁士的弗里德里希·基利 [Friedrich Gilly]。索恩（1753—1837年）与勒杜一样，不易相处，性格多疑专横，虽然颇为大方。佩尔的《建筑文

伦敦，约翰·索恩爵士住宅和博物馆，伦敦林肯因河广场，1812—1813年自建

集》出版时，索恩12岁，很可能在1776年前往罗马之前就对此书印象深刻。来到罗马后，他还有可能认识了皮拉内西。他肯定知道帕埃斯图姆，并在皮拉内西关于帕埃斯图姆的版画图册出版的1778年开始使用希腊多立克柱式——这往往意味着建筑师对朴素的渴望。1788年，他被任命为英格兰银行［the Bank of England］的建筑师。建筑外部在被近来的行长和董事转变为一个20世纪商业的展示台之前，曾经展现出一种全新的、让大多数人震惊的简朴风格。建筑内部则更清晰地展现出他对表面完整性的理解。墙面平滑地向拱顶延伸，线脚被最大程度地缩减。拱券从柱墩升起，它们似乎只相交于点。索恩不允许任何先例扼杀自己的风格。1811—1814年间建造的杜尔维治美术馆［the Dulwich Gallery］以及1812—1813年间建造的位于伦敦林肯因河广场的私宅都是他最为独立的设计。他的私宅原本设计的宽度为现在的两倍。底层在实际的墙面之外建有极其朴素的拱廊；二层重复了这一非同寻常的母题，但稍有变化，中间用爱奥尼柱子支撑最细的楣额枋，两边则用典型的索恩式雕刻装饰来减轻柱墩的重量。左右两侧的顶部亭阁都富有创意。除了爱奥尼柱子，整个立面没有一个源自古希腊或古罗马的母题。英国在这座建筑中比在任何其他建筑中都更接近一种不受过去约束的新风格。但是，索恩的风格中的元素非常复杂，既有来自皮拉内西和法国的元素，也有来自英国的元素。索恩私宅的立面与现在一样，只建造了他所设计的众多遮屏中的一面，并建有四个不支撑任何东西的哥特式托架作为额外的装饰。这些托架来自于威斯敏斯特大厅，索恩在建造威斯敏斯特宫［the palace of Westminster］时将其融入住宅的立面之中。这最为直接地展示了佩罗内所谓的古代风格和哥特风格的折中立场。索恩在住宅后面建造了一座配置齐全的博物馆。事实上，在这座博物馆中，古代建筑的局部挨着哥特建筑的局部，新古典主义的细部和新哥特风格的细部同时出现，最引人注目的中央装饰品是一座真的埃及石棺。整个博物馆复杂得令人难以置信，小房间互相穿插连通，地面高度总是出现难以预料的变化，头上和脚下经常会出现开口，镜子（往往是扭曲的镜子）则无处不在，消解各种边界。一间小房间中，就有超过90面镜子。不再忠实于稳定和安全，这完全不是希腊风格，而是非常浪漫主义的。如前所述，古典复兴只是浪漫主义运动的一个方面。

弗里德里希·基利（1772—1800年）的小作品也证实了这一点。他在柏林接受训练，从未去过意大利。但是，他曾经有机会前往巴黎和伦敦，从而见到了勒杜这一群建筑师的作品，并可能见到了索恩的作品。但不应该夸大他们对基利的影响；因为在他前往巴黎和伦敦之前，他已经设计了两件杰作中的一件。这两件杰作让我们见证了他的天赋，虽然只是通过图纸。它们都没有被建造起来。第一件作品是腓特烈二世［Frederick the Great］国家纪念堂（1797年），第二件则是柏林国家剧院［National Theatre］，两者均清晰地体现了歌德时代的理念。不带三

柏林国家剧院设计，弗里德里希·基利，1798年

角山花的多立克门廊作为开口，雄伟庄严。半圆形的窗户虽然来自英国，但却是巴黎的革命建筑师喜爱的母题。观众席的半圆柱体——即勒杜在巴桑松的剧院的半圆柱体，与舞台的正方体形成对比，在功能上很有说服力，又具有很好的美学效果。在这一设计中，我们也很接近新世纪的新风格。

为什么具有独创性的“现代”风格需要100年的时间才能真正被接受？为什么19世纪会忘记索恩和基利，而沾沾自喜地满足于对过去的模仿？对于在商业、工业和工程上如此独立的一个时代而言，如此缺乏自信实在让人费解。维多利亚时代恰恰在精神层面缺乏活力和勇气。建筑标准首先需要改变；因为虽然诗人和画家能够忘记自己的时代，在孤独的书房和画室中成就伟业，建筑师却不能与社会对立。对于具有视觉鉴赏力的人们而言，他们看到美随着城市和工厂的猛烈而不受控制的增长而到处被摧毁，对自己所在的世纪感到绝望，因而转向更鼓舞人心的过去。此外，铁匠和磨坊主通常没有文化，白手起家，并不像从小被教育要遵守审美准则的绅士那样，认为需要遵循某一公认的审美品位。在过去，违背审美准则建造住宅是没有礼貌的。因此，英国18世纪的住宅样式统一，只有少许变化。但新的实业家毫无礼貌，是坚定不移的利己主义者。如果他出于某种原因喜欢某一建筑风格，那么什么都不能阻止他按照自己的想法，用这一风格来建造住宅、工厂、办公楼或俱乐部。不幸的是，他们知道很多风格，因为如前所述，18世纪的一些富有经验而悠闲的行家为了好玩，已经探索了很多不合常规的建筑语言，而一些浪漫主义的诗人则痴迷于对遥远时空的怀旧的幻想。洛可可风格重新采用了异国的风格，而浪漫主义运动则赋予它们情感的联想。19世纪既失去了洛可可风格轻盈的触感，也失去了浪漫主义情感的热忱。但它依然坚持多种风格，因为联想的价值观是新的统治阶级唯一能接受的建筑价值观。

我们之前已经看到，凡布鲁出于联想的原因而为遗迹辩护。约书亚·雷诺兹爵士也在1786年《谈话录》[*Discourse*]第十三篇中很睿智地提出了相同的观点。他明确地提出“通过观点的联想影响想象”是建筑的原则之一，“因此我们自然会崇敬古代；无论建筑给我们带来怎样的回忆，古代的习俗和礼仪，比如古代骑士制度下的贵族城堡，一定能带来这样的快乐”。

因此，在这位皇家艺术学院已故院长看来，实业家和商人将联想的标准放在首位是合乎情理的。他们的眼睛并没有接受过欣赏视觉标准的训练，但建筑师的眼睛接受过这样的训练，因此这个世纪真正的病症在于建筑师满足于成为讲故事的人，而非艺术家。但当时的画家也同样糟糕，他们要成功，也必须讲故事或用科学的精度描绘自然的物体。

因此，到1830年，我们发现建筑层面的社会和审美情况都令人担忧。建筑师坚信，工业革命之前创造的一切事物都必定要比表达自己时代特征的事物优秀。建筑师的雇主也失去了所有审美的敏感性，他们在评判建筑时不再考量美学效果。他们能理解并评判的一点是建筑模仿得是否正确。对风格自由和新颖的处理逐渐发展成考古的严谨。这一转向也要归因于历史研究工具的发展，这也是19世纪的特征之一。19世纪的确是历史决定论的世纪。在构建体系的18世纪之后，19世纪在很大程度上满足于对已有哲学的历史和对比的研究，而不是对道德和美学等本身的研究，这令人惊讶。神学和哲学领域也是如此。类似地，建筑学者们抛弃了美学理论，而专注于历史研究。幸好建筑领域与艺术、文学、科学领域一样，从工业领域中引入了劳动分工，建筑师总是能够从各种各样的历史细节中汲取灵感。难怪他们没有时间和欲望去发展19世纪的独创风格。即使是索恩和基利，我们也要小心，不能高估他们的独创性和“现代性”。索恩设计了很多比他的私宅更加传统的项目，其中甚至有一些哥特风格的设计。基利绘制并出版了普鲁士西部最雄伟的德国骑士的城堡。这些图非常精致，而他愿意在其上耗费如此多时间，这一态度不完全是浪漫主义和爱国主义的。至少，对古文物研究的追求也是同样显而易见的。吉尔丁［Girtin］和透纳［Turner］早期的水彩画也是如此。他们是18世纪关于雅典和帕埃斯图姆的优雅版画与19世纪关于大教堂遗址和中世纪细部的浩繁书籍之间的过渡，虽然仍然是一个极具创造力的浪漫主义的过渡。

在这些书中，也能发现类似的转变：早期的书籍仍相当简略，而之后变得越来越相近，通常也非常乏味。在实际的建筑中，我们从优雅和异想天开中发现了同样的发展，有时它们能激发学者的灵感，有时却极其缺乏想象力。草莓山属于洛可可-哥特风格，罗伯特·亚当则属于洛可可-古典复兴风格。下一代建筑师以约翰·纳什［John Nash］（1752—1835年）为代表。纳什没有索恩那种充满创造力的不妥协的怒气。他手法高明，无忧无虑，社交上很成功，但艺术上较为保守。他的老摄政街［Regent Street］的临街立面和摄政公园周边府邸一般的立面（见第191页）大多设计并建造于1811—约1825年间，仍然具有18世纪的灵活性。但它们之所以值得纪念，是因为它们是杰出的城市规划方案的一部分，该方案将18世纪的如画风格与20世纪田园城市的思想联系起来。这些巨大的排屋面朝风景式园林，一些优雅的别墅则位于其中——这实现了巴斯的皇家新月楼中将住宅与草坪并置所预示的建筑理念。

虽然摄政街-摄政公园的立面几乎完全是古典主义的，纳什在需要的情况下也能以同样的热情建造哥特风格的建筑。他对联想的分寸有着很好的把握，正如他自己的城市住宅选用新古典主义，而乡村宅邸则采用哥特风格（包括哥特风格的温室）。此外，他在什罗普郡［Shropshire］建造了克郎克山庄［Cronkhill］，这是一座意大利别墅，建有由较为纤细的柱子支撑的圆拱廊以及南欧农舍那种向外伸出的宽大屋檐（罗斯科［Roscoe］的《洛伦佐·美第奇》［*Lorenzo Medici*］于1796年出版）；还建造了位于布里斯托附近的布莱斯城堡［Blaise Castle］（1809年），采用乡村的古老英式小屋风格，包括设有封檐板的山墙和茅草屋顶（让人们回忆起《威克菲牧师传》、玛丽王后位于凡尔赛宫园林中的奶牛场以及庚斯博罗［Gainsborough］和热鲁兹［Greuze］画中甜美的农民孩子）；他还用印度风格重新设计了布莱顿的英皇阁［the Brighton Pavilion］，这一风格出现在1800年之后不久建造的位于科茨沃尔德的塞津科特［Sezincote］之中，它的主人出于个人的怀旧之情坚持采用这一风格。“印度哥特风格”［Indian Gothic］是这一风格极具特色的当代名称。

因此，19世纪初，建筑的化装舞会就已经在这里如火如荼地展开了：古典主义风格、哥特风格、意大利风格、古英式风格等。到1840年，供建造者和顾客参考的样品簿包括了更多的风格：都铎风格、法国文艺复兴风格、威尼斯文艺复兴风格等等。但这并不意味着在19世纪的各个时刻，所有这些风格都被真正采用。人们的喜好随着潮流而变化。一些风格联合起来。一个令人熟悉的案例是摩尔式的犹太教堂，另一个案例则是坚持用建有城垛的城堡形式建造监狱。对1820—1890年间建筑的阐述必然将围绕对各种时期风格变化的描述。

古典主义风格方面，1820—1840年这一阶段以最为正确的新希腊风格为特点。对古典主义风格的处理已经毫无想象力，这甚至要早于对中世纪风格的处理。但是，这一风格却取得了不错的效果，在最优秀的建筑

伦敦，大英博物馆，罗伯特·史密克爵士，1823 年开始建造

师手中呈现出一种高贵的庄重感。大英博物馆［the British Museum］由罗伯特·史密克爵士［Sir Robert Smirke］（1780—1867 年）于 1823 年开始建造，是英国最杰出的案例之一，或者说能够成为英国最杰出的案例之一，如果从远处就能看到它的正面和伊瑞克提翁神庙［the Erechtheum］的爱奥尼柱式的话。卡尔·弗里德里希·申克尔［Carl Friedrich Schinkel］（1781—1841 年）是基利的学生，也是欧洲大陆这一时期最伟大、最敏感、最具独创性的代表。威廉·斯特里克兰［William Strickland］（1787—1854 年）或许是这一时期美国精力最旺盛的建筑师。

现在，随着希腊复兴的到来，我们不能再把美国排除在西方建筑之外。直到 18 世纪末，美国的建筑都具有殖民地风格，与北美洲、中美洲和南美洲的西班牙人和葡萄牙人的晚期哥特风格、文艺复兴风格和巴洛克风格的建筑一样。美国的希腊复兴风格仍然在很大程度上依赖欧洲的、特别是英国的案例，但是特别注重工程技术、卫生设施和各种设备的国家特色开始凸显。这种严格的新希腊风格的思想背景是 19 世纪初受过教育的阶层的自由人本主义，是歌德的精神，即创造我们最早的公共博物馆和艺术馆、最早的国家大剧院的精神，也是重建和拓展教育的精神。

哥特风格方面，相应的发展则将我们带回到浪漫主义运动。年轻的歌德对斯特拉斯堡大教堂的热情可以说是一位革命性的天才对另一位天才的崇拜。对他之后的一代而言，中世纪成为基督教文明的理想。最杰出的浪漫主义作家之一和最有启发性的哥特主义者之一——弗里德里希·施莱格尔［Friedrich Schiegel］改变了信仰，皈依于罗马天主教。这发生于 1808 年。1802 年，夏多布里昂［Chateaubriand］撰写了《基督教真谛》［*Genie du Christianisme*］。然后在 1835 年左右的英国，奥古斯塔斯·威尔比·普金［Augustus Welby Pugin］（1812—1852 年）将基督教等于哥特风格这一等式运用于建筑理论和实践。对他而言，用中世纪的形式建造是一种道德责任。他还将走得更远。他主张，中世纪的建筑师是可靠的工匠和坚定的基督徒，既然中世纪的建筑是好的建筑，那么只有可靠的工匠和优秀的基督徒才能成为好的建筑师。这似乎将联想的态度宿命性地加以扩展。类似地，同时代的古典

伦敦，国会大厦，查尔斯·巴里爵士和 A. W. N. 普金，1836 年开始建造

主义者开始将偏爱哥特风格的建筑师打上反启蒙主义者的烙印，更糟糕的是将他们的作品打上教皇主义的烙印。就整体而言，哥特主义者的论证更为充分，而且以一种出乎意料的方式对艺术和建筑产生了更有益的作用，但古典主义者设计的建筑具有更高的美学价值。1836 年开始建造的国会大厦在审美上比之后所有哥特风格的大型公共建筑都更为成功。竞赛——一个很有意义的征兆——要求设计采用哥特或都铎风格。民族传统的纪念性建筑必须采用民族风格。建筑师查尔斯·巴里爵士［Sir Charles Barry］（1795—1860 年）更倾向于古典主义和意大利风格。但普金与他合作，负责建筑内外几乎所有的细部。因此，整座建筑具有其他建筑师设计的垂直式风格建筑所没有的强烈生命力。

但是，只要把国会大厦作为整体来考察，就会发现甚至连普金的哥特风格也只是徒有其表。虽然建筑的塔楼和尖塔的确有如画的非对称形式，但是朝向河流的立面强调了正中和角部的亭阁，属于帕拉迪奥形式的布局。根据普金的传记作者和学生本杰明·费里［Ferrey］的记载，普金本人曾说："先生，全都是古希腊风格，古典主义风格的主体加上都铎风格的细部。"人们可以很轻松地通过想象在国会大厦的立面上增加威廉·肯特式或约翰·伍德式的门廊。颇为奇怪的是，虽然大英博物馆是完美的古希腊风格，但更仔细的调查却揭示出它同样也是一座帕拉迪奥风格的建筑。正中的门廊和向外凸出的侧翼是令人熟悉的特征。伯里克利时代的雅典人从未构思过如此松散铺开的建筑。

因此，虽然哥特人和异教徒之间展开了激烈的斗争，但是两方都没有认识到这一时期的细部运用仍然停留在表面。道德论战和联想标签被随意使用，但建筑作为一项实现功能的设计工作却没有引起重视，或者说至少没有引起讨论。即使在今天，针对大英博物馆和国会大厦这样的案例，人们过多地从美学角度思考，而很少从功能角度思考。但不应该忘记的是，为民主政府和为人民的要求建造宫殿也同样是新鲜事。事实上，建造公共建筑，特别是这样设计的公共建筑，在 1800 年之间非常罕见。当然，1800 年之前有市政厅，其中最辉煌的是雅各布·范·坎彭在 1648—1655 年建造的阿姆斯特丹市政厅（现在的王宫），还有安特卫普、伦敦和阿姆斯特丹的证券交易所。伦敦的萨默塞特府［Somerset House］最初用于政府办公和学术团体。但这些都是例外。如果人们试图找出 19 世纪所有时期、所有国家最优秀的城市建筑，那么其中必定会包括不少教堂、为数不多的宫殿，当然还有很多私人住宅；但最多的还是政府、地方和后来私人的办公楼、博物馆、画廊、图书馆、大学和学校、剧场和音乐厅、银行和证券交易所、火车站、百货商店、酒店和医院等等。这些建筑不是为了宗教或奢化的需要而建造的，而是为了以各种群体为代表的人民的利益和日常使用需要而建造的。于是，建筑新的社会功能出现了，代表了新的社会分层。而针对这些新用途去发展平面形式的工作通常不是匿名进行的，至少在我们看来是这样的。文艺复兴时期的图书馆是带两到三条侧廊的大厅，医院的平面也几乎与此相同，两者都来自中世纪修道院建筑，没有经过大的修改。而现在，对图书馆而言，建筑师为了容纳带堆叠装置的专门的藏书室设计了新的平面。对医院而言，建筑师按照不同疾病类型组织单独的病房和建筑，尝试了不同的平面体系。对监狱而言，星形平面得以发明（本顿维尔［Pentonville］）并广为接受。对银行和证券交易所而言，玻璃覆盖的中央大厅被证明是最实用的处理方法。对博物馆和画廊而言，特别优秀的照明系统非常重要。对办公楼而言，最重要的是最为灵活的底层平面。因而，每种新的建筑都有自己独特的处理方式。

但是，成功的建筑师都忙于对立面进行新的装饰，而没有时间注意到这些。维多利亚盛期最受尊敬的建筑师乔治·吉尔伯特·史考特爵士［Sir George Gilbert Scott］（1811—1878 年），曾说建筑的重要原则是“要装饰结构”。甚至可能知道更多的拉斯金也说：“装饰是建筑的主要部分。”（《建筑及绘画讲座集》［*Lectures on Architecture*］，1853 年，图书馆版，第十二卷，第 83 页）因此，随着古典主义者和哥特主义者的斗争逐渐平息，其他的风格开始取代它们。对于中世纪，普金之前的几代人都支持垂直式。而普金和他之后的建筑师，特别是史考特，却非常讨厌垂直式。此时 13 世纪和 14 世纪初的哥特风格被认为是正确的，史考特和他的同事在不得不对一座教堂进行修复时，从不介意用更早的窗户的仿制品来替换真正的垂直式窗户。他们的考古知识增加了，而且总体而言，随着世纪前进的步伐，他们的模仿变得更为敏感。从垂直式向早期英国式的变化属于 19 世纪 30 年代，虽然 50 和 60 年代，拉斯金的《威尼斯的石头》［*Stones of Venice*］曾引发了威尼斯哥特风格［Venetian Gothic］的插曲。模仿 13 世纪风格的作品中，最精美的建筑来自维多利亚时代末的几十年，如博德利［Bodley］，特别是皮尔森［Pearson］的教堂（伦敦吉尔伯恩圣奥古斯丁教堂［St Augustine’s］、特鲁罗大教堂［Truro］）。然而，谈到独创性，这些技艺高超的复兴主义者则远远不及威廉·巴特菲尔德［William Butterfield］和詹姆斯·布鲁克斯［James Brooks］等人。巴特菲尔德的细节极具独创性，非常粗糙和丑陋（伦敦玛格丽特街［Margaret Street］诸圣教堂［All Saints］、伦敦霍尔本圣奥尔本斯教堂［St Alban’s］）；而布鲁克斯的平面有时会完全摈弃对英国哥特式先例的依赖（伦敦拉文德山［Lavender Hill］升天教堂［Ascension］）。

没有任何一个国家像英国那样如此全心全意地接受哥特复兴的各种潮流和形式。法国在很长时间内都与其保持距离。园林中如画的哥特建筑非常少见，哥特风格的浪漫主义解读在 19 世纪 20 年代才出现，考古解读在 19 世纪 30 和 40 年代才逐渐出现。伊托尔夫［Hittorff］为波尔多公爵［the Duc de Bordeaux］于 1820 年举办的洗礼仪式设计的装饰是浪漫主义的哥特风格的一个案例，而 1846 年开始建造的由高乌［Gau］设计的圣克洛狄德圣殿［Ste Clotilde］则是考古的哥特风格一个最重要的案例；伊托尔夫和高乌都出生于科隆（J. I. 伊托尔夫，1792—1869 年；F. X. 高乌，1790—1853 年）。事实上，自从 1814 和 1816 年发现了科隆大教堂原始平面图，并决定按照这些平面图完成大教堂的修建后，科隆就成为全球哥特建筑尝试的中心。1842 年，普鲁士国王为新的项目奠基。此后，从汉堡到维也纳，优秀的哥特教堂以及之后的公共建筑拔地而起。与此同时，在法国，阿尔西斯·德·科蒙［Arcisse de Caumont］开创了考古学大会［Congrès Archéologiques］（1833 年），成立了法国考古学会［Société française d’Archéologie］（1834 年），并开始以学术的方式编撰中世纪建筑清单（如《卡尔瓦多斯历史建筑统计》［*Statistique Monumentale du Calvados*］，1846 年），历史遗产保护委员会［Commissiondes Monuments Historiques］也成立了（1837 年）。

在南方人的对立阵营中，意大利文艺复兴盛期府邸的雄伟风格取代了纯洁的新希腊风格。这在勒杜和一些同时

左图：伦敦，改良俱乐部，查尔斯·巴里爵士设计，1837 年
对页：巴黎，歌剧院，夏尔·加尼耶，1861—1874 年

代建筑师的作品对拱廊和带柱子的长廊（即 15 世纪风格的母题）的偏好中就早有预示。但欧洲第一座真正的新文艺复兴风格的府邸似乎是 1816 年克伦茨［Klenze］设计的慕尼黑博阿尔内城堡［Beauharnais Palace］。自此之后，慕尼黑在 19 世纪 30 年代建造了一些杰出的建筑（格尔特纳［Gärtner］设计的国立图书馆［National Library］，1831 年）。德累斯顿也是如此，这要归功于戈特弗里德·森佩尔［Gottfried Semper］（歌剧院，1837 年）。巴黎最有趣的早期案例是夏尔·罗奥·德弗勒里［Charles Rohault de Fleury］（1801—1875 年）设计的穆浮塔街［rue Mouffetard］的兵营，采用了很深的 15 世纪的粗面砌筑。在伦敦，这一风格最初出现在查尔斯·巴里爵士的旅行家俱乐部［Travellers' Clubs］（1829 年）和改良俱乐部［Reform Club］（1837 年）。帮助文艺复兴风格传播的一定是它的高浮雕，这与新古典主义的扁平感和新垂直风格的纤细感非常不同；它也是更加繁荣的代表，而这也是维多利亚时代主导阶级的理想。

在建筑中重新采用圆拱的除了文艺复兴风格的方式，还有北方罗曼式风格、意大利罗曼式风格、早期基督教风格和拜占庭风格。德国人非常聪明地创造出一个术语来概括所有这些风格以及对意大利文艺复兴风格的模仿——圆拱风格［*Rundbogenstil*］。19 世纪 20 年代，申克尔开始在一些偏早期基督教风格教堂的设计中使用这种风格。他的学生路德维希·佩修斯［Ludwig Persius］（1803—1845 年）则沿用这一风格，并取得了巨大的成功（萨克洛夫［Sacrow］救世主教堂［Heilandskirche］，1841 年；波茨坦和平教堂［Friedenskirche］，1842 年）。英国主要的案例包括：1840—1842 年建造的詹姆斯·威廉·怀尔德

[J. W. Wild] 的伦敦斯特里汉姆 [Streatham] 基督教堂，它明显受到了普鲁士的影响；1842—1843 年建造的托马斯·亨利·怀亚特 [T. H. Wyatt] 的位于威尔顿 [Wilton] 的教堂。在法国，夏尔·奥古斯特·奎斯特尔 [Ch. Aug. Questel]（1807—1888 年）位于尼姆的具有新罗曼式风格的圣保罗教堂 [St Paul] 可以追溯到 1835—1851 年，而莱昂·沃杜瓦耶 [Leon Vaudoyer]（1803—1872 年）设计的具有伦巴第罗曼式风格（或拜占庭风格？）的马赛大教堂 [cathedral of Marseilles] 则于 1852 年就开始建造了。

于是，早在 1830 年之前，法国就重新发现了她本土的文艺复兴初期风格。1822 年，一座真正的文艺复兴初期住宅——弗朗索瓦一世住宅 [Maison de François I] 作为新工程的一部分重建；1835 年，真正的文艺复兴初期市政厅由戈德 [Godde] 和勒苏尔 [Lesueur] 以同一风格扩建；1839 年，沃杜瓦耶开始以法国文艺复兴风格建造法国国立工艺与技术大学 [the Conservatoire des Arts et Métiers]。与之对应的是伊丽莎白时代和詹姆士时代的形式在英国的复兴，特别是对乡村住宅而言。它们的联想价值毫无疑问是民族的，而它们的美学感染力则仍然来自于更加生动的表面装饰。显然，在不断变换的时代装束背后，潜在趋势是生动与壮观、迪斯雷利 [Disraeli] 时代华丽的风格和格莱斯顿 [Gladstone] 时代浮夸的风格。甚至可以说，法兰西帝国风格 [the French Empire style] 已经与勒杜和他所在圈子的风格有所区别，它不那么朴素，更加浮夸，也更为华丽。皮埃尔·维尼翁 [Pierre Vignon]（1763—1828 年）1816 年建造的马德莱娜教堂 [Madeleine] 等显然具有罗马帝国的特征，而不再是古希腊式的，也不再像勒杜的建筑那样具有原创

对页：巴黎，歌剧院，楼梯
右图：伦敦，水晶宫，约瑟夫·帕克斯顿，1851 年

性。只有在 19 世纪 40 年代和 50 年代，南方的风格才变得越来越混乱和喧闹，直到新巴洛克风格形成。1861—1874 年建造的巴黎歌剧院［the Opéra in Paris］是夏尔·加尼耶［Charles Garnier］（1825—1898 年）的杰作，也是新巴洛克风格最早和最优秀的案例之一。另一典范是波拉尔［Peolaert］巨大的布鲁塞尔司法宫［Law Courts］（1866—1883 年）。在英国，采用这种第二帝国风格［Second Empire style］的建筑少之又少。在那里，出现了采用最极致的巴洛克形式的帕拉迪奥复兴，建筑师们深受雷恩的格林尼治医院的启发。然后，随着形式稍显合理以及美国古典主义再次复兴的显著影响（如麦金、米德与怀特［McKim, Mead & White］），英国还出现了特别成功的爱德华帝国风格［Edwardian Imperial style］（如塞尔福里奇百货［Selfridge's］）。在德国，19 世纪末和 20 世纪初，新巴洛克风格以威廉二世风格［Wilhelmian］的名义出现；在意大利，维托里奥·埃马努埃莱二世［King Victor Emmanuel II］纪念堂则让罗马蒙羞。然而，在这些建筑设计之时，反对如此肤浅的——的确非常肤浅——建筑理念的声音开始出现，并传播开来。它不是由建筑师发起的，也不可能由建筑师发起，因为它涉及社会改良、工程等多方面的问题，而建筑师对这些不感兴趣。绝大多数的建筑师与画家一样，由衷地厌恶工业发展。他们不能理解，工业革命虽然改变了普遍接受的社会秩序和审美标准，但也为新的审美和秩序创造了机会。它创造了充满想象力的新材料和新的制造过程，也为设计规模大到难以想象的建筑创造了可能。

在新材料方面，铁和 1860 年之后的钢让建造比以往更大的跨度、更高的高度以及发展比以往更灵活的底层平面成为可能。玻璃与铁和钢一起，让工程师能够将整个屋顶和整面墙建造成透明的。19 世纪末投入使用的钢筋混凝土结合了钢材的抗拉强度和石材的抗压强度。但建筑师们对此所知甚少，而把它们留给了工程师。因为到 1800 年左右，随着劳动分工的日益细化，建筑师与工程师的岗位分离，分别接受单独的训练。建筑师在老一辈建筑师的办公室以及在建筑学院中学习，直到自己像 17 世纪的公务员-建筑师一样开展建筑实践，不过现在主要是为私人雇主而非国家服务。工程师在大学专门的学院或在（法国和中欧）专门的技术大学中接受训练。早期用铁建造的建筑最为完美的案例——悬索桥，如布鲁内尔［Brunel］1829—1831 年设计、1836 年开始建造的克里夫顿悬索桥［Clifton］，就是工程师而非建筑师的作品。[42] 1851 年设计了水晶宫［the Crystal Palace］的帕克斯顿［Paxton］则

肯特，贝克斯利希斯，红屋，菲利普·韦伯为威廉·莫里斯建造，1859 年

是一位杰出的园丁和园艺家，习惯于用铁和玻璃建造温室。将铁柱用于美国仓库建造，并在 19 世纪四五十年代在铁柱之间采用玻璃从而将整个立面变得通透的，作为建筑师往往不为人所知或并不著名。在法国，一些接受过训练并广为人所接受的建筑师以非常显眼的方式使用铁材料（如圣热纳维耶夫图书馆 [Bibliothèque Ste Geneviève]，1845—1850 年，亨利·拉布鲁斯特 [Henri Labrouste]（1801—1875 年）设计，建筑外部采用高贵克制的意大利文艺复兴风格，建筑内部则采用铁柱和构成拱顶的拱券）——甚至偶尔在整座教堂的内部采用（圣尤金教堂 [St Eugène]，巴黎，1854 年开始建造）——它们受到了大多数人的攻击和嘲讽。[43]

在所有这些设计中，将建筑视为一种社会服务的观点清晰可见，但这一观点从根本而言是站不住脚的。普金首先认识到了这一点，并将回到古罗马的信仰作为唯一的出路。此后不久，约翰·拉斯金在《建筑的七盏明灯》[*The Seven Lamps of Architecture*]（1849 年）中提出建筑首先必须是真实的。不久之后，他开始认识到要实现这一点，必须同时考虑社会和审美问题。威廉·莫里斯 [William Morris]（1834—1896 年）实现了从理论向实践的飞跃。他受到了拉斯金和拉斐尔前派 [Pre-Raphaelites] 的影响，也曾经是罗塞蒂 [Rossetti] 的学生以及最认真的新哥特风格建筑师之一。但他不满足于他所看到的绘画和建筑实践，即绘画是为展览而作的架上绘画艺术，建筑是写字台和画图板的作品。

拉斯金将自己的社会活动与美学理论相分离，而莫里斯则是以唯一可能的方式将两者成功结合的第一人。他没有成为一名画家或一名建筑师，而是成立了一家设计和制造家具、布料、壁纸、地毯、彩色玻璃等的公司，而且说服他拉斐尔前派的朋友加入。在他看来，在艺术家再次成为工匠、工匠再次成为艺术家之前，都无法挽救即将被机器毁灭的艺术。莫里斯极其痛恨机器，他将机械化和劳动分工视为这个时代的全部罪恶。从他的角度而言，他是正确的。他所找到的解决方案在美学上是成立的，但从长远来看，在社会层面上不够合理。创造一种新的风格是成立的；但试图抵抗这一世纪的技术潜力来创造新风格，与古典主义者将市政厅设计成希腊神庙的做法一样逃避现实。与莫里斯的诗歌一样，莫里斯公司 [Morris & Co.] 为自己的产品选择的形式受到中世纪晚期风格的启发。他并没有模仿。他认识到了历史决定论的危险。他所做的是将自己沉浸在中世纪的氛围和美学原则中，然后用相似的特点，基于相似的原则完成新的创造。这也是为什么莫里斯之前一代的所有的应用艺术已经不再重要，而他的布料和墙纸依然能够经久不衰的原因。

莫里斯的社会和美学理论——体现于他从 1877 年之后曾经做过的多个报告和演讲——也将在历史上保持活力。他试图恢复以前的服务信仰，控诉了当代建筑师和艺术家不屑于为日常生活需要而设计，批判了所有由个别的天才为行家的小圈子而创造的艺术，还试图以不懈的热情让只有“人人皆能分享”、艺术才重要的原则回归。就这样，他为现代主义运动奠定了基础。

在莫里斯为艺术哲学和设计做出努力的同时，理查森在美国、韦伯和诺曼·肖在英国也在为建筑美学做出努力。亨利·霍布森·理查森 [Henry Hobson Richardson]（1838—1886 年）无疑仍然属于阶段性复兴的时代。他曾经在巴黎求学，带着对法国罗曼式风格的力量的深刻印象

最上图：贝德福德公园田园郊区，诺曼·肖设计，1878 年
上图：科尔沃尔，莫尔文，佩里克罗夫特，沃塞设计，1893 年

回到新英格兰。他虽然将这一风格继续用于教堂、公共建筑和办公建筑（位于芝加哥的马歇尔菲尔德百货批发商店［Marshall Field's Wholesale Store］），但已不再出于联想的原因。他认为，这些朴素而巨大的石立面以及有力的圆拱所传达的情感内容比他所熟悉的其他形式更符合我们所在的时代。而他和他的追随者在 19 世纪 80 年代设计的乡村住宅要比同时期欧洲建筑师的设计更加自由和大胆，或者我们应该说除了英国的菲利普·韦伯［Philip Webb］以外的欧洲建筑师。韦伯（1830—1915 年）喜爱朴素的砖墙，并在砖墙上采用了威廉和玛丽以及安妮女王时代［the William and Mary and Queen Anne period］简单纤细的窗户，不过他依然赞同哥特风格和都铎风格的结实真诚的建筑风格。他的第一件作品——1859 年为莫里斯（以及与他一起）设计的位于伦敦附近贝克斯利希斯［Bexley Heath］的红屋［the Red House］已经将尖拱券和窗框顶部为扇形的长窗相结合。

理查德·诺曼·肖［Richard Norman Shaw］（1831—1912 年）延续了这种做法，即从非常不同的风格中汲取

格拉斯哥，艺术学院，查尔斯·雷尼·麦金托什，1898—1899 年

上图：巴塞罗那，圣家族大教堂，安东尼·高迪，1903—1926 年
对页：巴塞罗那，公寓楼，安东尼·高迪，1907 年

混合母题，形成如画的可能性。他的手法更加轻快，想象力更敏锐，但品位却有所欠缺。在 40 多年的职业生涯中，他从未停止尝试新时期各种风格的当代魅力。因此，他设计过露明木架的都铎式乡村住宅，也尝试过荷兰文艺复兴风格的多山墙砖建筑，之后又采用了非常克制的新安妮女王风格或者说威廉和玛丽风格，最后才加入了浮夸的爱德华帝国风格［Edwardian Imperial］。但是，他最享受的还是将不同世纪的母题混合并加以运用。通过将一些都铎式的、一些 17 世纪的与他自己发明的母题结合起来，他创造出一种轻快、具有动感的效果，而莫里斯的设计相比之下则显得沉闷。

诺曼·肖对建筑职业产生了直接和非常广泛的影响。一系列建筑师曾在他的事务所工作，在模仿他自己的形式之外，他也留给了他们遵循莫里斯的思想的自由。他们和与莫里斯更亲近的学生一起发起了工艺美术运动［the Arts and Crafts Movement］。一旦人们了解莫里斯教授的内容，就会觉得这个名字不释自明。这一小组的成员对建筑传统给出越来越多具有独创性的诠释，并且几乎全都集中于城市和乡村住宅的设计。莱萨比［Lethaby］、普赖尔［Prior］、斯托克斯［Stokes］、霍尔西·里卡多［Halsey Ricardo］都是很值得注意的名字。他们在现在并不知名，但他们在早期活动时，即 1885—1895 年间，采用了如此新颖和独特的方法，在整个欧洲可谓独一无二。他们中最杰出的是查尔斯·F. 安斯利·沃塞［Charles F. Annesley Voysey］（1857—1941 年），而他与肖和莫里斯并没有个人的联系。他的布料、壁纸、家具，尤其是金属制品的

设计如此新颖和优雅，其革命性效果丝毫不亚于莫里斯的设计。他的建筑设计也同样精致可爱。时代的细部已经不复存在了，但他并没有尝试去消除整体的时代特色。事实上，恰恰是这种不费力气、毫不做作的特性给他的建筑赋予了魅力。此外，一旦更加靠近他的建筑，人们就会被裸露的墙壁、长长的水平条窗等大胆的做法所震撼。在这些19世纪90年代的建筑中，英国的建筑最接近现代主义运动的语汇。

在之后40年，也就是20世纪的头四十年，没有一个英国人的名字值得提及。英国曾经在建筑和设计上领先欧洲和美国很长时间，但现在它的优势已经不复存在。风景式园林艺术、亚当的风格和威治伍德的风格是从英国向外传播；哥特复兴运动源自英国；机器生产的应用艺术的堕落以及对此的积极回应均发生于英国。莫里斯、诺曼·肖和沃塞的居住建筑复兴［domestic revival］是英国的；将艺术统一于建筑的指导之下的这种新的社会观点也是英国的；第一个完全独立于过去的设计成就也是英国的。在1885年前后阿瑟·H. 麦克默多［Arthur H. Mackmurdo］组织的世纪行会［Century Guild］的作品之中可以发现这些。

新艺术运动［Art Nouveau］是欧洲大陆第一个新风格，事实上这种风格拼命求新，从英国的设计尤其是麦克默多的设计中汲取灵感。它于1892年兴起于布鲁塞尔（维克多·霍塔［Victor Horta］位于保罗-埃米尔詹森大街［rue Paul-Émile Janson］的住宅）。到1895年，它已经成为法国和德国的最新时尚（吉玛［Guimard］，贝朗热城堡［Béranger］，巴黎，1894—1898年；恩德尔［Endell］，埃尔维拉工作室［Atelier Elvira］，慕尼黑，1897年）。但它一直都只是一种装饰风格。唯一的例外是游离在欧洲各种事件边缘的两位建筑师：巴塞罗那的安东尼·高迪［Antoni Gaudí］（1852—1926年）以及格拉斯哥的查尔斯·雷尼·麦金托什［Charles Rennie Mackintosh］。高迪的风格虽然与丰富且充满想象力的西班牙晚期哥特风格以及西班牙巴洛克风格有关，也似乎与摩洛哥建筑有关，但本质上是原创的——的确是极其独特。在科洛尼亚古埃尔教堂［the church of the Colonia Güell］（1898—1914年）、古埃尔公园［Parque Güell］的建筑（1905—1914年）、圣家族大教堂［the Sagrada Familia］的耳堂立面（1903—1926年）以及1905年的两栋公寓中，形式像糖面包和蚁丘一样生长出来，柱子并不竖直，屋顶如同波浪或蛇一样扭动，表面采用马约里卡［maiolica］锡釉陶器饰面，或将杯盘碎片固定于厚砂浆中作为饰面。这些虽然可能品位不佳，但却充满了活力，处理大胆而无情。

麦金托什的风格完全没有高迪的粗野意味，但与高迪一样具有独创性。苏格兰的城堡和庄园宅邸对于麦金托什具有极其重要的意义，就与西班牙的哥特风格和巴洛克风格对高迪而言一样。他的作品，1898—1899年建造的格拉斯哥艺术学院，将拉长的怀旧的曲线与新艺术运动银灰、淡紫和玫瑰色的色调以及笔直矗立、富有弹性、棱角分明的结构相结合，形成了自身的特色。如果出现木材，则漆成白色。这种特殊的组合带来了超越新艺术运动的可能性，如果说麦金托什在奥地利和德国比英国更受赞赏，那是因为这些国家在1900年后不久都开始找寻从新艺术运动的丛林中突围的道路。英国的沃塞与苏格兰的麦金托什都有助于推动这一进程，因此普鲁士政府在1896年派赫尔曼·穆特修斯［Hermann Muthesius］前往伦敦，他隶属于大使馆，担任建筑、规划和设计相关事物的观察员一职。他旅居英国七年，让德国充分了解了英国居住建筑复兴的情况。那些推动德国20世纪新风格形成的人们从未隐藏过对英国的感激之情。在这一点上，德国的情况与法国、美国的情况存在根本的差别。这三个国家都对现代建筑的创立起到了最大的推动作用。英国在关键时刻放弃了。英国人性格过于保守，他们既反对革命、甚至逻辑的一致性，也反对激进的做法和毫不妥协的行动。因此，英国建筑的发展停滞了30年。沃塞的都铎风格的传统主义之后是雷恩风格和乔治风格的传统主义，它们都很适合居住建筑，但对大型建筑或办公建筑而言，如果不是显得痛苦地自大，就是显得虚弱无力。

能够展现出20世纪全新独创风格的最早的私人住宅是弗兰克·劳埃德·赖特［Frank Lloyd Wright］

对页上图：柏林，涡轮机工厂，彼得·贝伦斯，1909年
对页下图：巴黎，香榭丽舍剧院，奥古斯特·佩雷，1911—1912年

TURBINENFABRI

THÉATRE DES CHAMPS-ÉLYSÉES

巴黎，富兰克林路，公寓，奥古斯特·佩雷设计，1902—1903 年

右图：托尼·加尼耶的工业城市行政楼草图，1904 年展出
右下图：阿尔费尔德，法古斯工厂，瓦尔特·格罗皮乌斯和阿道夫·迈耶，1911—1914 年

（1869—1959 年）的作品，于 19 世纪 90 年代建造于芝加哥。它们采用自由生长的底层平面，通过露台和悬挑的屋顶实现室内外的交织，将不同的房间相互打开，对水平方向加以强调，并采用长条窗。这些都是我们在今天的住宅中所熟悉的做法。同样在芝加哥，早在 19 世纪 80 和 90 年代，最早的钢结构建筑出现了（威廉·勒巴隆·詹尼［William Le Baron Jenney］：家庭保险公司大厦［Home Insurance Company］，1884—1885 年），立面也不再对钢结构加以掩饰（霍拉伯德与罗氏［Holabird & Roche］，马凯特大厦［Marquette Building］，1894 年）。如果说建筑外部的细部仍然采用某种时代风格，那它通常是理查森极其朴素的美国罗曼式风格，路易斯·沙利文［Louis Sullivan］（1856—1924 年）的圣路易斯的温莱特大厦［Wainwright Building］（1890 年）、布法罗的担保大厦［the Guaranty Building］（1895 年）、芝加哥的卡森、皮里与斯科特商店［the Carson, Pirie & Scott Store］（1899—1904 年）等摩天大楼完全摆脱了过去的痕迹。沙利文用直棂和窗台形成的网格覆盖除了底层和顶层的所有楼层，确立了今天依然适用的立面做法。

美国在摩天大楼方面占据领先地位，而法国则是第一个设计真正具有混凝土特点的住宅的国家。建造于 20 世纪最初几年的这些住宅要归功于托尼·加尼耶［Tony Garnier］（1861—1948 年）和奥古斯特·佩雷［Auguste Perret］（1874—1955 年）。托尼作为法兰西学院的寄宿生曾于 1901 年来到罗马。在罗马，他并没有按照安排去研究古罗马帝国时代的古迹，而是参与设计了一座理想的工业城市——一座可以在他位于罗纳河河谷的故乡建造的小镇。我们即将看到，不论从规划角度而言，还是从建筑外观而言，这一设计具有开创性。建筑基本都是混凝土结构，私人住宅为朴素的立方体，公共建筑则建有悬挑的雨棚，其大胆程度绝不亚于赖特设计的住宅。“工业城市”［Cité Industrielle］的规划设计曾于 1904 年展出，但直到 1917 年相关著作才得以出版。这让佩雷抢占了先机，来展现混凝土并不仅仅是一种实用的材料。他著名的位于富兰克林路［rue Franklin］的住宅可以追溯到 1902—1903 年；他位于蓬蒂厄路［rue Ponthieu］的直接将混凝土裸露在外，没有任何饰面材料的车库，可以追溯到 1905 年；而他的香榭丽舍剧院［Théâtredes Champs Elysées］则是第一座用钢筋混凝土建造的公共建筑，可以追溯到 1911—1912 年。

就在同时，约瑟夫·霍夫曼［Josef Hoffmann］（1870—1956 年）和阿道夫·路斯［Adolf Loos］（1870—1933 年）也以同样新颖和热门的风格进行建筑和室内设计。在德国，最为重要的是德意志制造联盟［Deutscher Werkbund］的成立，它旨在为进步的制造商、建筑师和设计师提供一个聚会场所。事实上，在它成立仅仅一年之后，建筑师彼得·贝伦斯［Peter Behrens］（1868—1938 年）就受到柏林通用电器公司（AEG）的邀请，负

责该公司的新建筑、产品、包装甚至文具的设计。贝伦斯 1909 年建造的涡轮机工厂代表了工业建筑新的尊严。他最重要的学生瓦尔特·格罗皮乌斯［Walter Gropius］（1883—1969 年）的第一件作品也是工厂，即 1911—1914 年建造的位于汉诺威附近的阿尔费尔德［Alfeld］的法古斯工厂［the Fagus Works］。玻璃幕墙在转角处延续，角部不设有直棂或支柱；建筑采用平屋顶，而抛弃了檐口；门廊处设有水平条带；再加上主楼正立面的韵律，这些都给人以它属于 20 世纪 30 年代的错觉。格罗皮乌斯的下一个作品也是如此，即 1914 年在科隆举行的德意志制造联盟展览会的示范工厂和办公楼。其中最令人意外的母题是完全用弧形的玻璃包住的两个楼梯间，这样建筑的骨架和内部的情况都自豪地暴露出来。人们能够立刻发现，这一母题与赖特流动的底层平面一样，都展现出西方对空间运动永恒的热情。

到 1914 年，年轻一代杰出的建筑师已经勇敢地与过去决裂，全方位地接受了机器时代：新的材料、新的步骤、新的形式、新的问题。这些问题中还有一个尚未提及，虽然它对建筑的重要性甚至要超过建筑本身，那就是城市规划。之前曾经提到，工业革命所带来最重要的变革之一就是城市的激增。为了应对这一情况，建筑师不得不专注于为这些城市中数量庞大的新工人阶级提供充足的住宅，以及为这些工人日常的上下班规划合理的交通路线。但是，建筑师只关注建筑立面，仅此而已；19 世纪的市政当局也是如此。到处都是新的公共建筑，它们就跟金钱可以购买的商品一样华丽，比如曼彻斯特市政厅［Manchester Town Hall］、位于伦敦附近的埃格姆的皇家霍洛威学院［the Royal Holloway College］、伯明翰的法院、伦敦郡会堂［London County Hall］。巴黎歌剧院和布鲁塞尔司法宫之前已经提及。类似规模的建筑还有很多，如罗马的法院、阿姆斯特丹的荷兰国立博物馆［Rijksmuseum］、柏林的技术大学［Technische Hochschule］等。最雄伟也最不协调的组合出现在维也纳新建的环城大道［Ringstrasse］两旁：哥特风格的市政厅、古典主义风格的议会大厦、文艺复兴风格的博物馆等等。人们并不能说政府和市议会没有成功担负起他们义不容辞的责任，即给建筑一次慷慨的机会。

他们的失败在于没有履行他们更为重要的义务，即为他们的公民提供体面的生活条件。有人可能会说，这是自由主义哲学的结果，因为这种哲学传授给他们的是，当每个人自己照顾自己时，每个人才最开心，而对私人生活的干涉违背自然，往往是有害的。或许这个解答能让历史学家满意，但它并不能让社会改良主义者满意。社会改良者认识到工业城市中百分之九十五的新建住宅是由投机建造商按照明显不足的规范所允许的最低廉的造价建造的，便想尽自己最大的力量带来一些改变。如果他是威廉·莫里斯那样的人，他会提倡中世纪社会主义，逃入更幸福的手工艺的世界。如果他是阿尔伯特亲王［Prince Albert］和沙夫茨伯里勋爵那样的人，他会成立依靠私人的慷慨大方来改善工匠和工人住宅的协会。但如果他是开明的雇主，那他会更进一步，委托别人为他的工人按更令人满意的标准设计和建造一个住宅区。因此，泰特斯·索尔特爵士［Sir Titus Salt］于 1853 年在里兹附近建造了索尔泰尔［Saltaire］。它现在看上去了无生气，但它曾是先驱之作。1888 年，利华兄弟［Lever Brothers］开始建造阳光港［Port Sunlight］；1895 年，吉百利［Cadbury］开始建造伯恩维尔［Bournville］。两者都是最早的作为田园郊区修建的工厂住宅区，从它们开始——以及诺曼·肖早在 1875 年就按照相同的原则设计的伦敦附近的贝德福德公园［Bedford Park］，不过它主要是为更富裕阶层中的私人住户设计的——田园郊区和田园城市运动广泛传播，这是英国对现代欧洲建筑之前的历史的另一贡献。随着第一座独立的田园城市——莱奇沃思［Letchworth］以及美学成就最高的田园郊区汉普斯特德［Hampstead］的建造，这一运动达到顶点。莱奇沃思是巴里·帕克［Barry Parker］和雷蒙德·昂温［Raymond Unwin］在 1904 年设计的，而汉普斯特德也是这两位建筑师于 1907 年设计的。然而，所有这些，以及整个田园城市和田园郊区的理念，都是对城市本身的逃避。恰恰就在同时，托尼·加尼耶已经在自己的工业城市中率先着手解决城市问题，并承认需要思考工业、住宅和公共建筑的位置布局。

9

现代主义运动

上图：米兰，维拉斯加塔楼，BBPR 建筑事务所设计，1958 年竣工
对页：卢浮宫，钢与玻璃金字塔，贝聿铭设计，1985—1989 年

这不可或缺的最后一章与前面几章有所不同。前面几章讲述的是历史，而这一章在多大程度上能被称为历史依然存疑，因为只有在本书作者“起作用”时，它或多或少才开始准确起来。

当建造活动在第一次世界大战及战后共六七年的停滞后再次兴盛起来时，它要面对这样的局面：新的建筑风格已经存在，它已经由一些充满勇气和决心、具有杰出想象力和创造力的人们创立。他们已经完成了一场自500年前文艺复兴风格取代了哥特式的形式和原则以来最伟大的革命，他们的胆量似乎在布鲁内莱斯基和阿尔伯蒂之上；因为15世纪的大师们宣扬向古罗马的复归，而新的大师则提倡向未知领域冒险进发。他们的名字和作品已经在上一章有所提及，还将在这一章被多次讨论。毫无疑问，他们的论点非常合乎逻辑。他们所做的是不得不做之事。他们创造的风格显然与建筑所处的新的社会和工业环境相适应。20世纪是群众的世纪，也是科学的世纪——不需要过度地概括，人们就可以得出这一结论。新的风格拒绝接受手工艺和心血来潮的设计，极其适合大量未知的雇主；而它采用单纯的表面和最少量的线脚，也极其适合构件的工业化生产。钢、玻璃和钢筋混凝土并没有支配新的风格，它们属于新的风格。既然一切都是如此，人们或许期望，新的风格一旦确立，将发展顺利，不会遇到任何危机——有些人的确是这么设想的。但有意思的是，在1920—1925年间，新的风格并没有按照先驱们在1900—1914年间铺下的道路笔直前进。

相反，1919年充满着一种令人不安的情绪，人们刚刚从动荡和原始的生活状态中回归正常，不可挽回地对和平和繁荣丧失了信心。受到这种情绪的影响，新建筑和设计发展为表现主义 [Expressionism]，它在某些方面更接近于新艺术运动，而非1914年的风格。其中最著名的案例是汉堡的智利大楼 [Chilehaus]（1923年）以及柏林大剧院 [Grosses Schauspielhaus] 的室内设计（1919年）。智利大楼由弗里茨·赫格尔 [Fritz Hoeger]（1877—1949年）设计，竖向柱墩惊人地贯穿整个建筑，砖墙则凹凸不平；柏林大剧院的室内由汉斯·珀尔齐格 [Hans Poelzig]（1869—1936年）设计，其中的“钟乳石”构件充满幻想。不太为人所知的是，格罗皮乌斯甚至曾在1921年魏玛的一座混凝土战争纪念碑中暂时性地向表现主义致敬；而密斯·凡·德·罗曾在1926年用巨大的立体主义手法设计了共产主义者卡尔·李卜克内西 [Karl Liebknecht] 和罗莎·卢森堡 [Rosa Luxemburg] 的纪念碑。这座纪念碑不安地矗立于他1925年和1927年

汉堡，智利大楼，弗里茨·赫格尔设计，1923 年

波茨坦，爱因斯坦天文台，埃里希·门德尔松设计，1920 年

设计的极其理性的公寓楼之间。比起这令人意外的反复，对未来更为重要的是门德尔松［Mendelsohn］1920 年设计的波茨坦的爱因斯坦天文台［Einsteinturm］，因为这座建筑与他 1914 年左右至 1924 年之间的很多图纸（似乎受到了圣埃里亚［Sant' Elia］的影响）共同确立了流线型的母题。这一母题后来在美国工业设计中可谓无所不能。在建筑中，门德尔松贯穿圆角的水平线条也被不计其数地模仿。密斯·凡·德·罗从 1919 年开始设想的全玻璃幕墙的摩天大楼也具有一种他之前的作品所不具有的想象元素，虽然他们的未来依然属于理性的发展。这种对摩天大楼的兴趣无疑反映了更广泛的对美国的兴趣，这些年对美国的大胆、无情和快节奏的惊叹也是浪漫而非理性的心境的体现。门德尔松 1926 年出版的关于美国的图册令人信服地说明了这种态度。勒·柯布西耶（1887—1965 年）也在 1922 年提出了一个异想天开的方案。他设计了一座 300 万人的城市，所有的住宅在总平面中为严格的网格，所有人都在由 24 幢十字形的摩天大楼构成的城市中心工作。

出于政治原因，但尤其是因为通货膨胀，这种表现主义的倾向在德国最为强烈。但它也出现在其他一些国家，彼泽·威廉·延森·克林特［P. V. J. Klint］设计的哥本哈根的格伦特维教堂［Grundtvig Church］（1913 年竞标，1921 年奠基）的立面就说明了这一点。立面上门廊极小，上方为清水砖墙，顶部的山墙像管风琴一样矗立。在国际上，荷兰在建筑领域对表现主义做出了最大贡献。它早期最夸张的丰碑是 1911—1916 年建造的位于阿姆斯特丹的航运大楼［Scheepvaarthuis］，它由琼安·梅尔希奥·凡·德·梅［J. M. van der Mey］设计。其源泉是亨德里克·佩特鲁斯·贝尔拉赫［Hendrik Petrus Berlage］

（1856—1934 年）更为理性的作品，特别是阿姆斯特丹证券交易所（1879—1903 年），这一建筑与沃塞的居住建筑等同时期温和审慎的创新相对应。贝尔拉赫虽然理智、真诚，但喜欢玩砖，设计出很多奇怪的有棱角的式样。从 1917 年开始，迈克·德·克拉克［Michel de Klerk］（1884—1923 年）、皮特·克拉莫［Piet Kramer］（1881—1961 年）和其他建筑师设计的阿姆斯特丹大型住宅有最为奇怪的突兀的尖角或弧形外凸以及最奇怪的屋顶和轮廓线。威廉·马里努斯·杜多克［Willem Marinus Dudok］（1884—1974 年）在被任命为希尔弗瑟姆［Hilversum］的城市建筑师时，也采用了同样的风格，但他很快抛弃了新艺术运动的返祖现象，而回归于更简洁的立方体的砖砌建筑群，后者也在荷兰之外具有广泛的影响。他的杰作是 1928—1932 年建造的希尔弗瑟姆市政厅，而那时，表现主义的插曲显然已经谢幕。

事实上，表现主义在 1924 年或 1925 年就已经接近尾声。从 1925 年到第二次世界大战爆发之间的这些年具有非常不同的特点。曾经暂时被表现主义的迷雾中断的 1914 年的新风格重新得以确立，并在一些国家发展为被广泛接受的适用于各种项目的主导风格。在另外一些国家，它被改变为一种半古典主义的纪念性风格，从而让那些无法接全新事物的人们或渴望取悦尚未信服的群众的人们更容易接受。中欧对 20 世纪风格的接受程度可以绘制成这样一幅图景：在德国、奥地利、荷兰和瑞士，它已经成为通用风格；在法国，它只被 1923 年以来由勒·柯布西耶所带领的有进取心的建筑师的为数不多的雇主群体所接受。瑞典在 1930 年发生转变；在意大利，新风格在 1932 年特拉尼［Terragni］位于科莫的法西斯宫［Casa del Fascio］出现之后才产生影响；英国在 1926 年彼得·贝伦斯于北安普顿为一位英国实业家建造了一座住宅之前，一切风平浪静，之后五年新风格也影响甚微，之后在来自德国的避难者（格罗皮乌斯、门德尔松、布劳耶［Breuer］等）的帮助下，新风格才加速发展。在美国，它由雷蒙德·胡德［Raymond Hood］设计的位于纽约的一些摩天大楼（1928 年，尤其是 1930 年的每日新闻大厦［the Daily News］、1931 年的麦格劳-希尔大厦［McGraw-Hill Building］）以

哥本哈根，格伦特维教堂，彼泽·威廉·延森·克林特设计，1921 年开始建造

及豪［Howe］和莱斯卡兹［Lescaze］设计的费城储蓄基金会大厦［Philadelphia Savings Fund Society］拉开序幕，在第二次世界大战之间鲜有发展。在巴西，俄国人格雷戈里·瓦恰伏契克［Gregori Warchavchik］和他 1928 年在圣保罗建造的一些住宅让新的风格首次出现，但之后将近十年，几乎没有人采用这一风格。俄国在 1931 年对新风格做出了大胆但为数不多的尝试，之后却倒退到更传统、幼稚、浮夸的古典主义。在德国，希特勒将时间倒回 1933 年，这个国家在他掌握政权后完全从现代建筑的舞台上消失了。

但是，德国已经吸收了太多新的风格，因此不会有回归巨柱式、粗线脚的危险。它加入了法国等国家的行列，它们相信在去掉柱墩的柱基和柱头、将柱墩变成方形、去掉门和窗周围的线脚、去掉檐口之后，能够复兴或者说能

够保留古典建筑的原则和比例。这一风格或多或少经过成功的处理，出现在法国、意大利和德国等地。在法国，它是佩雷个人发展的成果。他在大胆创新之后，已经转向通过钢筋混凝土表现古典主义风格这一问题。他位于巴黎附近的勒兰西［Raincy］的教堂（1922—1923 年）用混凝土在玻璃墙上做出封闭几何母题的网格图案，仍然像他的早期作品那样大胆，而它抖动上升的塔楼则颇有当时流行的表现主义的风采。他的家具博物馆和法国海军的办公大楼均位于巴黎，也均设计于 20 世纪 30 年代。两者都处于混凝土古典主义的安全区域中，没有太大的缺点。佩雷一直在坚定地处理这一风格，尤其在二战后的勒阿弗尔［Le Havre］海边的办公楼建筑群中（1948—1950 年）。这种古典主义最优雅或许也是最法国的表达（更胆小、更缺乏独创性的英国版本则被称为新乔治风格［neo-Georgian］）是米歇尔·卢-斯皮茨［Michel Roux-Spitz］的作品（1888—1957 年；巴黎公寓楼，1925 年，等等）。至于德国位于慕尼黑的纳粹党建筑和位于柏林的政府建筑，我们还是说得越少越好。[44] 意大利的法西斯在处理这一风格上显然更为成功，其目的就是要显得壮观且容易理解。他们具有更强的古典主义传统，因此这种复兴对他们而言也更加自然。他们对新传统接触得更少，因此能够更轻易、更自然地转向法西斯的表达方式。此外，意大利人比任何人都擅长高贵、不粗俗的表达。因此，在贝加莫［Bergamo］和布雷西亚［Brecia］新发展的部分，利托里亚［Littoria］和萨包迪亚［Sabaudia］新城建造的那些建筑（马尔切罗·皮亚琴蒂尼［Marcello Piacentini］和朱塞佩·帕加诺［Giuseppe Pagano］设计的），1937 年巴黎世博会的意大利馆，1937 年设计的位于罗马的墨索里尼广场［Foro Mussolini］，以及很多市中心新建的商业建筑和公寓等，有朝一日都能获得应得的荣誉。它们将令人信服的四四方方的造型与内外大理石闪亮精美的展示相结合。但墨索里尼从未彻底否定 20 世纪的风格，容忍了很多在德国或俄国不可能的做法，甚至包括乔瓦尼·米凯路奇［Giovanni Michelucci］（1891—1990 年）1936 年建造的杰出的毫不妥协的佛罗伦萨新火车站，它恰好位于阿尔伯蒂的新圣母大殿的后殿对面。

对页：勒兰西，巴黎附近，教堂，奥古斯特·佩雷，1922—1923 年
右图：瑞典，斯德哥尔摩，市政厅，朗纳·奥斯特伯格，1911—1923 年

丹麦和瑞典的古典主义则与之不同，更不做作，事实上也没有什么帝国的风格，也更不死板。丹麦的案例包括：哈克·卡普曼［H. Kampmann］、奥格·拉芬［Aage Rafn］等人设计的警察总部［the Police Headquarters］（1925 年），卡伊·菲斯科尔［Kay Fisker］设计的霍恩贝克住宅［Hornbækhus］（1923 年），两者均位于哥本哈根，以及 E. 汤姆森［E. Thomson］设计的位于海勒鲁普［Hællerup］的厄勒高学校［the Øregaard School］（1923 年）。瑞典的处理方式则更具独创性和趣味性，采用了收分精美的柱子（伊瓦尔·藤布姆［Ivar Tengbom］1926 年建造的音乐厅［Concert Hall］、阿斯普朗德早期于 1921 年建造的图书馆和 1922 年建造的斯堪地亚电影院［Scandia Cinema］，三座建筑均位于斯德哥尔摩）。但让瑞典建筑突然享誉欧洲的并不是古典主义者的贡献，而是朗纳·奥斯特伯格［Ragnar Östberg］（1866—1945 年）设计的微妙、折中的斯德哥尔摩市政厅。这一建筑于 1911 年开始建造，直到 1923 年才完工。朗纳在绝妙的基地上设计了一个大胆的平面，角部雄壮的高塔顶部建有精美小巧的开敞的采光亭。在这座建筑中，威尼斯总督府的手法、罗曼式风格的手法和 16 世纪瑞典风格的坚实的细部与其他有趣的表现主义手法相映成趣。设计既真诚又具有独创性，但它危险地允许延续时代母题的陈旧做法，这是奥斯特伯格自小所习惯的做法。

在回到源自 1900—1914 年先驱们作品的主要发展趋势之前，我们必须对上述这些加以描述，因为必须记住的是，新的风格绝非 1924—1939 年间占据建筑领域的唯一风格。之前已经列举了各地对新风格的接受程度，之后我们将主要介绍最坚定地遵循新风格的国家的一些案例。不过，虽然法国对新风格加以反抗，但我们要介绍的第一位建筑师必须是勒·柯布西耶［Le Corbusier］（1887—1965 年）。他虽然出生于瑞士，曾分别在巴黎和柏林接受佩雷和彼得·贝伦斯的指导，之后却一直在巴黎定居。他是建筑领域的毕加索，聪颖，具有无尽的创造力，难以预料，也缺乏责任感。他与格罗皮乌斯形成极端的对比。格罗皮乌斯的国际声誉来自于他的睿智、社会责任感以及教育信仰，而柯布西耶的国际声誉则来自于他耀眼的书写和

对页上图：乌特勒支，赫里特·里特费尔德设计的别墅，1924 年
对页下图：加尔什，勒·柯布西耶与皮埃尔·让那雷设计的别墅，1923 年
右图：德邵，包豪斯，瓦尔特·格罗皮乌斯，1925—1926 年

绘图水平。但两人都以 1914 年之前发展的建筑风格语言为基础，而这很大部分是格罗皮乌斯创造的。1925—1930 年间的建筑是白色的（虽然它们没有一直保持住）和立方体的，这适用于柯布西耶位于沃克雷松［Vaucresson］（1922 年）、奥特伊［Auteuil］（1923 年）、布洛涅苏塞纳［Boulogne-sur-Seine］（1926 年）和加尔什［Garches］（1927 年）的别墅，约克布斯·约翰尼斯·彼得·欧德［J. J. P. Oud］建于鹿特丹附近杰出的工人阶级住宅（1924—1930 年）以及之后将展开介绍的格罗皮乌斯设计的位于德邵的包豪斯校舍。它们与绘画中的立体主义者所面对的问题相对应，特别是柯布西耶，他本人也是一名画家，属于那些比格罗皮乌斯和欧德更充分发挥想象力作用的建筑师之列（里特费尔德在荷兰的作品，约 1924 年；门德尔松早在 1922 年建造的位于柏林的一对半独立式住宅；罗伯特·马莱·史蒂文斯［Robert Mallet Stevens］在巴黎的作品，约 1927 年；等等）。具有更高级的建筑秩序的想象，让柯布西耶成功避免在他的别墅的立体主义中形成一种模式。在 1925 年巴黎世界博览会的新精神馆［the Pavilion del' Esprit Nouveau］中，他就允许让一棵树矗立于房子之内，穿过屋顶生长。在 1930 年设计的巴黎国际大学城［Cité Universitaire］的瑞士学生公寓中，他就让随机的碎石这种自然的、只经过粗略处理的材料与玻璃、白色混凝土和石膏同时出现。自然在非理性的意义上重新进入建筑。但是，它的时机尚未成熟——总体而言，出于某些原因，这是值得感谢的。

柯布西耶的作品矗立在这里，一直是独一无二、无法被模仿的作品，无论它如何希望被模仿并创建陈词滥调。1925—1930 年最佳的标准之作则不那么个人化，通常几乎是匿名的，因为它们从不自觉地表现出个性。最杰出的案例包括格罗皮乌斯位于德邵的包豪斯校舍以及其他一些公寓。包豪斯校舍建造于 1925—1926 年，它由正中的体块及几个高度和体量各异的附属体块构成，整体大致为相互交叉的两个 L 形。正中是位于支柱上的两层的办公楼。北侧有一个四层楼的职业学校与之相连，南侧是建有礼堂、餐厅等设施的十字形侧翼，端头则延伸出一幢形状类似塔楼的有很多小阳台的六层宿舍楼以及一幢全玻璃的实验工厂大楼。设计既符合逻辑，又形成了令人满意的视觉效果。在其他的公寓建筑中，密斯·凡·德·罗位于柏林（1925 年）和斯图加特（魏森霍夫［Weissenhof］，见后；1927 年）的作品值得一提。大型住宅区包括布鲁诺·陶特

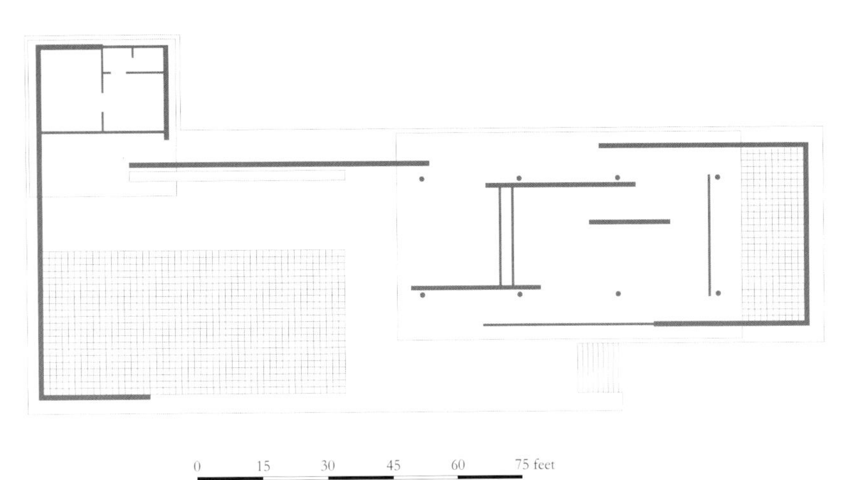

上图和左图：巴塞罗那，1929年世界博览会德国馆（1986年重建），路德维希·密斯·凡·德·罗设计

斯德哥尔摩，火葬场，冈纳·阿斯普朗德，1935—1940 年

[Bruno Taut]（1880—1938 年）位于柏林的作品以及恩斯特·梅 [Ernst May]（1886—1970 年）位于法兰克福的作品，两者均于 1926 年开始建造，其中一个是公共设施，另一个是市政住宅。位于斯图加特附近的魏森霍夫的德意志制造联盟的实验性住宅区（1927 年）是这一风格的最佳总结，包括格罗皮乌斯、密斯·凡·德·罗、欧德、柯布西耶在内的建筑师在这里开展合作。白色的立方体和方式多样的立方体组合无疑是 1925—1930 年的风格。

大约从 1930 年开始，建筑才从立方体的专政中解放出来，虽然柯布西耶从未完全接受立方体的做法。主要的事件是 1930 年夏天举办的斯德哥尔摩展览会 [the Stockholm Exhibition]。在这次展览会上，之前基本是一位敏感的古典主义者的冈纳·阿斯普朗德 [Gunnar Asplund]（1885—1940 年）转向现代主义，展现了现代建筑轻盈和透明的可能性，成功说服了很多来访的建筑师。1930 年之后最优秀的作品的特点包括：内部空间和外部空间联系紧密，赖特在美国已经对此探讨了多年；坚定地用裸露的钢构件的精致来取代坚固的混凝土表面。如果不得不选择一件最完美的作品，那一定是密斯·凡·德·罗 [Mies van der Rohe]（1886—1969 年）设计的 1929 年巴塞罗那世界博览会的德国馆 [the German Pavilion]。低矮的德国馆采用完全没有线脚的石灰华基座、玻璃墙面、暗绿色的提尼安 [Tinian] 大理石以及白色的平屋顶。建筑内部完全开敞，采用锃亮的十字钢柱，只用暗绿色的缟玛瑙玻璃隔断等分隔。在这座不幸被拆除了很久（现在于原址上复建）的德国馆中，密斯·凡·德·罗证明了新风格的敌人一直否认的事实，即纪念性不是来自模仿的柱式，而是来自出色的材料和高贵的空间韵律。这种敌意自然对宗教建筑产生了最大的影响。的确，早在 1925 至 1927 年，一些毫不妥协的现代主义的教堂就在瑞士出现了（巴塞尔的圣安东尼教堂 [St Antonius]，卡尔·莫泽 [Karl Moser] 设计）[45]，但是，瑞士归正宗 [the reformed church] 显然不用面对其他国家如此复杂的问题。不过，阿斯普朗德在自己最后的作品——1935—1940 年建造的斯德哥尔摩火葬场中，成功地让建筑既壮观又实用。入口门廊采用令人难以置信的立柱和水平构件，与意大利当时最好的作品颇为相似，巨大而朴素的十字架与建筑隔开，作为灯塔矗立，的确非常具有

伦敦，亚诺斯高夫地铁站，查尔斯·霍尔登，1932 年交付使用

马赛，法国，公寓，勒·柯布西耶，1946—1962 年

纪念性。里面的礼拜堂和小的等待间错综复杂却又柔和舒缓。最后，在高起的基地上最为敏锐的选址——将草地、池塘和树木作为背景——则让朴素的外观不会显得单调乏味。在此之前，20 世纪还没有作品能将建筑和景观如此完美地融合。这将是对未来最有益的经验之一。此前，埃斯基尔·桑达尔［Eskil Sundahl］（1890—1974 年）1927—1928 年在斯德哥尔摩附近的卡瓦恩霍尔姆［Kvarnholm］建造的面粉厂及附属住宅则是这种组合更日常的一种运用。谷仓升降机、工厂、公寓和小住宅被巧妙地安排在小岛的岩石和松树之间。

这一项目的委托人是那个时代世界上最开明的雇主之一——合作社［the Co-operative Society］，它延续了柏林的 AEG 涡轮机工厂所创立的风格。另一个值得单独介绍的雇主是伦敦交通委员会［London Transport］，弗兰克·皮克［Frank Pick］制定了它的设计策略。20 世纪，这些大型机构取代了絮热家族、美第奇家族和路易十四当年的地位，这是极其重要的事实。它们在绝大多数情况下作为由委员会代表的实体开展工作，那么美学水平通常会立刻降到委员会最低的共同标准，即便不是如此，设计也会缺乏个性。与委员会相比，个人雇主更有可能敢于相信一位建筑师。委员会的领导不但是一位与生俱来的雇主，而且具有说服并感化平庸的委员会成员的能力，这种情况极其少见。但弗兰克·皮克就是这样一位领导。他在第一次世界大战之前就开始改革使用的字体，专门为他的需要设计的字体成为最优秀的现代印刷字体之一，这深刻地改变了数以百万计人的思想，从而拉开了英国字体革命的序幕。与此同时，他开始了创作更优秀的海报的运动，也成功地帮助英国跻身现代海报艺术的前列。在上世纪二三十年代，英国需要建设很多新的车站。皮克认识到欧洲大陆已经逐步形成的风格要比英国当时流行的温文尔雅的新乔治风格或华而不实的新帕拉迪奥巴洛克风格更适合于这项工作。于是，他和他的建筑师查尔斯・霍尔登博士［Dr Charles Holden］（1875—1960 年）一起旅行，从而建设了一座座完全可以与欧洲大陆相媲美的郊区车站，它们平面实用，立面朴素。事实上，如果理解得足够深刻，它们其实完全符合英国乔治时代的传统。这些车站可以追溯到1932 年，最重要的是它们为 20 世纪英国的风格铺平了道路。柯布西耶最杰出的成果都没能做到这一点。

柯布西耶（以及密斯・凡・德・罗）的摩天大楼梦也是如此。由于这些梦想过于大胆，以至于只能停留在图纸上。而高层建筑［Hochhaus］的命运则与摩天大楼不同。之前提到，这种形式最初偶然地被欧洲大陆的城市所采用（安特卫普则是另一个城市，1924—1930 年）。现在，住宅也开始采用这一形式。第一座值得关注且受到关注的是扬・弗雷德里克・斯塔尔［J. F. Staal］1931 年在阿姆斯特丹设计的高层住宅。[46] 但直到 15 年之后，瑞典人接受了这一形式，建造了完全或部分由高层住宅构成的居住区，高层住宅才成为居住区规划的特点之一。斯德哥尔摩 1945—1948 年建造的丹维克斯克利潘小区［Danviksklippan］（贝克史东与雷宁厄斯［Backström & Reinius］设计）就是其中最早的一个。

就这样，第二次世界大战的难关被渡过了。对很多国家——虽然不是全部国家——而言，它意味着建筑的发展在五年甚至更长的时间内中断了。巴西按照自身的喜好建造建筑，而美国则建造了大型工厂以及很多紧急住宅，并且在这一过程中开始相信 20 世纪的风格，这一风格大约从 1947 年开始征服了整个欧洲。意大利在同期满腔热忱地宣告了自己的转向。英国则更加犹豫和温和。德国在摆脱了纳粹并受益于币制改革［*Währungsreform*］之后，从 1933 年停止的地方重新开始，在几年内轻松跻身前列。只有俄国和西班牙仍然没有信服。但是，受到广泛认可的 20 世纪的风格是否依然是早年由巨匠们创造并由 1925—1923 年的领袖人物提倡的那种风格？在很多方面，它是的，但令人担忧的是，在一些方面，它已经不是了。

在此，我们必须同时追踪什么改变了，而什么没有改变。首先改变的是建筑运营的条件。其中一个很大的变化之前已经涉及，因为它在世纪之初已经有所预示，只是现在不断加强，这就是从个人雇主到非个人雇主的转变。毫无疑问，1930 年的理性主义和功能主义等非个人的风格比由过去发展而来的风格更适合这些条件。同样明显的是，无论是地方政府还是商业的委员会都没有个性，它们往往阻碍了个人的创造性，也就是天才的发展。柯布西耶因此展开了长久且激烈的抗争：首先是与波尔多附近的佩萨克［Pessac］地方当局，其次是为马赛公寓［the Unitéd' Habitation at Marseilles］，再次是为柏林的国际住宅展览会［Interbau］。大型委托机构也能维持很高的建筑质量，两次世界大战之间的柏林的 GEHAG（非营利性家庭、储蓄和建筑合作社）、法兰克福市住房部［the municipal housing department］（见上）以及此后意大利的 INA-Casa（由国家保险协会资助的战后住宅建设项目）都证明了这一点。当然，个人雇主依然存在，即使只是作为制造商或管理者，比如两次世界大战之间英国的弗兰克・皮克以及二战后意大利的阿德里亚诺・奥利维蒂［Adriano Olivetti］。随着雇主从个人转变为委员会，建筑师也正在从个人转变为合伙企业或公司。伦敦郡建筑师部［the Architects Department of the County of London］雇用了 3000 人（其中 1500 人是训练有素的建筑师）。美国的 SOM 建筑设计事务所［Skidmore, Owings & Merrill］作为一个只生产最高标准建筑的公司在 1953 年有 10 位董事、7 位副合伙人、11 位参股副经理以及 1000 名员工。美国和英国其他成功的公司也拥有 100 多名员工。在欧洲大陆，这一发展尚不明显，但即将发生。它与小业主的没落相呼应，也是欧洲普遍的美国化进程的一部分。与这一发展有关，人们需要理解一些案例，即一群建筑师要共同设计一座建筑。联合国总部大楼［the United Nations Secretariat］就是这样一个案例。它是由沃里

都灵展览馆，皮埃尔·路易吉·奈尔维，1948—1950 年

斯·哈里森［W K. Harrison］与柯布西耶、马克利乌斯［Markelius］、尼迈耶［Niemeyer］、霍华德·罗伯逊爵士［Howard Robertson］、尼古拉·巴索夫［N. D. Bassov］、梁思成及其他四位建筑师一起磋商设计的。位于巴黎的联合国教科文组织［UNESCO］大楼也是由布劳耶、泽尔夫斯［Zehrfuss］和奈尔维一起设计的。国际住宅展览会1956—1958 年间对柏林汉莎住宅小区［Hansaviertel］的重建也可以这样理解。十几名德国建筑师与九位国外建筑师（包括来自巴西的奥斯卡·尼迈耶）通力合作。现代风格从一种先锋和先锋国家的风格发展为在全世界创造杰作的风格，没有什么比这更能说明 1930—1950 年间建筑业最惊人的变化。哥特风格产生于法兰西岛，经过整整一代人才传入英国，又经过两三代人才传入德国、意大利和西班牙。文艺复兴风格发源于佛罗伦萨，在一代人之后才适应于罗马和威尼斯，又在八年或更久之后才传入西班牙、法国、德国和英国。而 20 世纪的风格则要传播得更快，这要归功于交通的日趋便利、廉价印刷的普及和图文并茂的技术出版物等等。在创立 50 年之后，它就几乎遍布世界各地。大概只有一场环球旅行才能让评论家或爱好者了解它最杰出或最轰动的成就。毫无疑问，他必须参观巴西、委内瑞拉、旁遮普邦的昌迪加尔、日本，当然还有英国建筑师在西非和缅甸建造的一些教育建筑。他可以在昌迪加尔和柏林体验柯布西耶的建筑，正如之前所见，也可以在柏林体验尼迈耶的建筑，在伊斯坦布尔体验 SOM 的建筑，在巴黎体验布劳耶的建筑，在伦敦体验埃罗·沙里宁［Eero Saarinen］的建筑，在马萨诸塞州的剑桥体验阿尔瓦·阿尔托［Alvar Aalto］的建筑，等等。

这一新风格与任何健康的风格一样，自然从一开始就具有国际性。而这种日渐加强的国际性受到一些人的欢迎，也被一些人辱骂。支持者认为，在通讯如此快捷、现代科学等国际成就如此之多的时代，建筑和设计采用民族风格将会是一种返祖现象，而且大家都能看到民族主义对和平与繁荣的威胁。而反对者则认为，虽然以往健康的风格一开始都是国际性的，但最后都会具有明显的民族特征，比如英国的垂直式与德国的特别哥特式［*Sondergotik*］，再比如法国德洛姆的风格与英国伯利庄园的风格。现在必须阻止这一发展吗？与语言一样，民族风格不可否认地存在着，它们丰富着国际的舞台，没有必要

上图：潘普利亚，巴西，教堂，奥斯卡·尼迈耶设计，1943 年
对页：朗香，山顶圣母礼拜堂，勒·柯布西耶设计，1950—1955 年

让其濒临灭绝。在任何情况下，包括现在，评论家大多能够将在埃森新建造的大型建筑与在里约热内卢或是在米兰建造的大型建筑区分开。在这一层面上，国际住宅展览会在柏林的尝试虽然在概念和实施上都非常大胆，但是对德国的伤害要大于益处。

从 1927 年的魏森霍夫住宅到 1957 年的汉莎住宅小区，规模的变化十分典型。无论在哪里，建筑的规模都在增大。伦敦周边规划了六个左右能够容纳 6 万至 8 万人的新城。伦敦的郊区从西到东已经蔓延了 32 英里（约合 51.5 公里），从北到南则覆盖了 16 英里（约合 25.7 公里）。美国的特纳德［Tunnard］教授提出了从缅因州的波特兰一直延伸到弗吉尼亚州的诺福克的线性城市这种可怕的想法，而洛杉矶则已经在各个方向都向外延伸了 70 英里（约合 112.7 公里）。城市和郊区睡城增长的必然结果就是道路的延伸，它们的布局日益巧妙，变得令人难以置信。美国四叶草形的立体交叉路口、地下和地上通道、两层的道路，尤其是纽约及其附近的那些，会让 7000 年之后的挖掘者感到困惑，就像卡纳克神庙［Karnak］和巨石阵让我们非常疑惑一样。

工程和建筑的分界线在这些规划项目中已经不复存在。这一问题第一次提出是在早期悬索桥建造起来之时。德意志制造联盟和柯布西耶都赞美了谷仓升降机，柯布西耶还赞美了远航邮轮和飞机。在主要的建筑工程中，工程师与建筑师的名字都被列出，而工程师的贡献有时在建筑上甚至比建筑师的更具促进效果。皮埃尔·路易吉·奈尔维［Pier Luigi Nervi］（1891—1979 年）是一位混凝土

工程师，事实上也是20世纪最伟大的建筑师之一。他凭借1930—1932年在佛罗伦萨建造的体育场崭露头角。体育场采用剪刀状的结构，背面有一对相互交织的螺旋楼梯，悬挑的曲面屋顶轻松地向外伸出约50英尺（15.24米）。紧接着，他在奥尔贝泰洛［Orbetello］修建了飞机库（1938年），长度为300英尺（91.44米），跨度为120英尺（36.576米），采用混凝土薄板结构。1948—1950年，他又在都灵建造了一座美丽的展览馆，跨度近300英尺（91.44米）。之后，他设计了一个又一个同样大胆、具有创意和坚固的建筑。

佛罗伦萨体育馆的螺旋楼梯没有支柱地向前弯曲，因为它们是具有张力的弯曲的混凝土板。建筑师发现，钢筋混凝土不需要像佩雷那样，按照以往支柱和过梁的原则建造，可以更加整体地对它进行处理，比如作为弯曲的板，或者作为支撑和重量完全的统一来处理。这些发现可以追溯到1905年，罗伯特·梅拉特［Maillart］在瑞士建造了他第一座用带有预应力的曲板做拱券的混凝土桥；也可以追溯到1908年，他建造的第一个蘑菇形屋顶，蘑菇的曲线相交于像打开的雨伞一样的支柱上方，构成屋顶。

这一新原则直到20世纪中——也只有在那时——才被少数人充分运用。它形成了一场美学革命，与1900—1914年的革命同样伟大，如果不是更伟大的话。所有杰出的作品都在美国，这本身就很能说明问题。最杰出的作品是位于北卡罗来纳州罗利［Raleigh］的竞技场建筑，其建筑师是杰出的年轻波兰裔美籍建筑师马丁·诺维茨基［Martin Nowitzki］。1951年，才41岁的他去世了。但竞技场就是在这年由他与工程师W. H. 迪特里克［W. H. Dietrick］合作设计的，于1953年完工。它由两个相互交织的拱券构成，每个拱券在向上升起的同时极度向外倾斜，并由竖向支柱支撑（支柱比建筑师设想的更密）。拱券上方悬挂着薄膜屋顶，在中间下垂而非升起，跨度达300英尺（合91.44米）。后来，美国建筑师休·斯塔宾斯［Hugh Stubbins］修建的柏林国会大厅［Congress Hall］将这一原则传播至欧洲。在国会大厅中，两个拱券没有相互交织，而是从两个相连的基础向外伸展。各个方向的跨度也在300英尺左右，而大厅能容纳1250个座位。

此类形式之前从未在建筑或工程项目中出现过。菲利克斯·坎德拉［Felix Candela］在墨西哥采用的非常不同的形式也是如此。坎德拉（1910—1997年）是西班牙人。他在墨西哥城建造的米拉格罗萨教堂［church of the Miraculous Virgin］（1955—1957年）中的那些凹凸不平、像峭壁一般的突起和尖头让人想起高迪的作品。在结构上，坎德拉和奈尔维、诺维茨基一样具有新意。他的屋顶薄膜仿佛纸巾一样，采用了双曲抛物线，会突然以锐角升起，与诺维茨基的拱券一样有趣。坎德拉的第一座具有国际影响力的建筑是墨西哥大学城中的宇宙射线研究院［the Cosmic Ray Institution］（1954年），它关于结构的思考与其他先驱的设计仍然较为相似。但米拉格罗萨教堂和位于墨西哥城的市场则总结性地证明了，在混凝土的创新使用中，极具个性的表现是可能的。它们对作为一门艺术的建筑的影响确实是激进的个人主义的复兴。

这或许不失为一件好事。它的确回应了外行对1900—1914年的风格或20世纪30年代成熟之后的这种风格的反对。他们是如何反对的呢？在形式角度，这一风格被批判为雪茄盒风格；在人道角度，它被批判为坚实、理智、机械、不够优雅、不够完美等，简言之就是不人性化。既然没有人能够否认它功能上的优点，有人提出它可以用于工厂，但不能用于任何其他类型的建筑。今天，我们可以比当时更加公正地判断这些论点的有效性等方面。首先，雪茄盒的说法基本是真实的，因为方盒子和方盒子的组合是20世纪30年代的特点，正如尖拱是13世纪的特点一样。但它几乎不适用于20世纪30年代的透明风格。不够优雅，甚至不人性化也同样是真实的——但让人不安的一个问题是，最不人性的政权，如纳粹，是这一不人性化的风格最大的敌人，他们急切地试图让不人性化披上巨柱式的柱子或方形柱墩的外衣。机械也是这一风格的真实特点，无论是巨柱式的柱子还是方形柱墩都无法改变这一点。“机械化的决定作用”［Mechanization takes Command］也是希格弗莱德·吉迪恩［Siegfried Giedion］一部分析透彻的著作的标题，这一标题也阐释了19世纪和20世纪的一个基本事实。新的风格对其加以承认，而对旧风格的模仿则将其进行隐藏——这就是全部。因此，新的风格是工厂的风格这一控诉也有些许道理。此前，位于鹿特丹郊外的范内勒工厂［the van Nelle factory］（由布林克曼和范·德·弗路赫特［Brinkman & van der Vlucht］设计，1929年）就证明了新的风格是适用于工厂建筑的理想风格。这一风格较为久远的来源包括18世纪末、19世纪初的工厂毫不掩饰的实用主义以及由工厂生产的构件组成的早期桥梁的具有金属质感的大胆设计，而它较近的来源则包括谷仓升降机和远航邮轮。此外，同样真实的是这一风格如此强调要如实展示建筑的功能，因此它特别适用于对每个人而言功能都很简单的建筑，因为它很实用，但却不太适用于注重精神功能而非实用功能的建筑。这也是为什么宗教和主要的民用建筑发展相对滞后。

奈尔维建于都灵的展厅和诺维茨基建于罗利的竞技场显然都不适用于外行认为它们像雪茄盒、外观坚实、机械、不够完美、不够优雅的论点。它们可能看上去很工业化而非个人化，因为所有经过设计而非手工制作的事物看上去都是工业化的。但它们看上去很有机，而不是结晶状的；看上去很有个性，而不缺乏个性。因此，它们应该能满足两次大战之间很多反对意见的要求。而且，它们有令人钦佩的勇气和最大胆的创造力。这些史无前例的形式上的解决方案，其创立者首先关注的是西方对覆盖横跨空间的古老渴望。此外，还发展出一种新的渴望，即对形式创新性的直接渴望。这种渴望在1900—1950年间会显得非常荒谬，只在20世纪50年代中才逐渐回归，人们应该从积极的角度来欣赏它的回归。就像在絮热院长的时代一样，对新表达方式的精神渴望创造出了新的形式，并找到了表达它们的技术手段。

这种渴望非常强烈，它只在极少数的情况下才会选择数学计算的艰苦道路或试图将形式与结构相结合。在更通常的情况下，它纯粹、简单地表现为对理性的反叛。那些年间出现的各种屋顶形式，比如上下起伏、像尼斯湖水怪一般蜿蜒、上升的同时向外弯曲或是中间下凹等，并非都是对需求和造价严谨考虑的结果。它们的确是奈尔维私下所说的“结构杂技”，这些母题在计算和建造上都存在难度，纯粹是为了好玩才加以采用。当然，为了好玩的更严肃的说法则是为了追求奇怪形式的乐趣，这种乐趣在20年前并不存在，但在新艺术运动占据统治地位的50年前却是存在的。

巴西是20世纪中叶这种不负责任的追寻的魅力和危险最为集中的一个国家。这或许并不奇怪，因为巴西在1930—1935年间尚未转向新的风格，而且它具有最大

罗汉普顿，居住区，莱斯利·马丁爵士等，1952—1959 年

胆和不负责任的 18 世纪巴洛克传统。因此，人们在巴西能够找到那一时期最精彩的结构，也能找到最愚蠢的结构。尼迈耶 1943 年建造的位于潘普利亚的教堂以及阿方索·里迪［Affonso Reidy］1950—1952 年在里约热内卢建造的佩德雷古柳住宅区［Pedregulho Estate］则是最大胆的案例。尼迈耶的教堂中厅采用抛物线剖面，设有抛物线耳堂，正方形的塔楼底部较细，随着高度增加逐渐变粗。佩德雷古柳住宅区为单独的街区，其中有一座住宅楼为弯曲两次的长曲线，还设有一座学校及健身房、一个游泳池、商店等。学校和商店的墙壁均向后倾斜。这些风格主义的手法，比如尼迈耶下细上粗的塔楼、屋顶弯曲且不起保护作用的门廊（潘普利亚赌场［Casino Pampulha］，米纳斯吉拉斯州，1942 年）、以最自由的曲线收放且基本独立于功能的平面等等，出现得过于频繁。在对理性的反叛上，巴西并不是独一无二的。柯布西耶曾在 1937 年接到关于里约热内卢教育部新大楼的咨询任务，并访问了巴西。可以想象，这一国家对他产生了影响，迫使他将性格中的非理性特性公开化，他也将这种冲动的热情传递给他年轻的崇拜者。无论如何，柯布西耶后来完全改变了自己的建筑风格。离贝桑松不远的朗香［Ronchamp］的朝圣教堂（1950—1955 年）则是被议论得最多的新非理性主义的纪念性建筑。在这座建筑中，屋顶再次被塑造成蘑菇的菌盖一般，而采光则是通过数量众多的小窗实现的，它们的形状和位置都设计得较为随意。教堂规模较小，仅能容纳 200 人的集会，完全用毛面混凝土建造。一些参观者认为，教堂的效果神秘而动人，但如果有人试图在一座没有那么独立和偏远、位置没有那么出人意料、功能没有那么特别的建筑中复制这一做法，效果将不尽如人意。

对理性的反叛绝不限于柯布西耶和巴西人，它在绝大多数国家都出现了。在英国，它所采取的形式毫无疑问没有那么极端。建筑师喜欢在墙面、阳台等地方采用几何形的表面图案。设有规格一致的通往公寓的阳台的立面可能会通过阳台竖向支撑的设置，或者通过阳台上坚实的混凝土与铁格栅的交替，营造出棋盘格的效果。一些意大利建筑师则走得更远。比如路易吉·莫雷蒂［Luigi Moretti］（1907—1973 年）将一座高层上部的八层或十层狭窄的两端设置成与底层垂直，并向外悬挑。此外，他还将竖向的墙面设计成倾斜状，从而使墙面之间、墙面与底层均形成令人意外的角度。他的其他建筑则在大楼的中间故意裂开一条窄缝。德国则在十年对古典主义的强制性伪造之后刚刚回归理性，初始的激动让它一度远离了新的趋势。但是此时，这一趋势还是在德国出现了，更多地出现在纪念性建筑而非办公楼和公寓之中，而一些新建的音乐厅和剧院也与其他的那些一样奇怪。但关于奇怪的辩解能否回应这一批判？为什么建筑和设计不能奇怪呢？为什么要批判里迪和莫雷蒂，而不批判诺维茨基和坎德拉呢？后者的形式是结构性的，而其他人的却是装饰性的，这种论点在美学上是否符合逻辑？当然有人会提出，美学问题应该由眼睛做出评判，而无论是出于结构原因还是出于装饰原因，出人意料甚至史无前例的形式对眼睛而言都是一样的。但是，这种观点是极其虚伪的。人们的确会比一种曲线更喜欢另一种曲线，或者相比于某些曲线更喜欢没有曲线，但人类既然被赋予了理性，就无法不经过自觉的努力而排斥理性。这种自觉的努力在也仅在一定程度上，是一种特殊的美学努力。正如只基于审美标准欣赏绘画，会让绘画的体验变得黯淡；而排除了理性，则会让建筑和设计的体验变得黯淡。如果一个用粗枝建造的花园座椅与用一个铁铸造的花园座椅形成完全相同的表面，那么为了辩论，我们可以说它们对眼睛而言完全是相同的，但我们的理智却会认为其中的一个是坚固的，另一个却是愚蠢的，即使我们会以此为消遣。同样，以前汽车的伪流线型也无法被我们的理性所接受。它也无法给我们带来消遣，因为人们并不期待以在高速公路或城市繁忙的交通中运行的机器为消遣。

所有这些也同样适用于建筑。如果正常的一面墙上有新艺术运动的装饰，我们会在美学上将其作为一种式样来欣赏；但是，如果一面墙上随机开窗，与平面没有什么令人信服的联系，或整面墙向外倾斜，没有令人信服的结构原因，那么我们就容易将它们作为愚蠢之物而加以抵制。而建筑一般不能是愚蠢的，因为它们通常过于长久也过于巨大，难以起到消遣的作用。固然可以因为展览中的小展馆做得极其有趣而要求加以保留，但其他的建筑必须在各种氛围中都是令人满意的，也就是说，它们必须有一定的严肃性。严肃性并不排斥对理性的挑战，但它必须是严肃的挑战，朗香教堂就给很多参观者这样的感觉。它不能是不负责任的，但是今天绝大多数的“结构杂技”都是不负责任的，更不用说模仿结构杂技的“形式杂技”了。这是一个反对它们的论点。

其次，它们与建筑基本的社会条件并不相符。这些条件在1925—1955年间没有发生变化。建筑师需要为非个人的雇主或数量众多的雇主而设计，比如他们应邀设计的工厂、办公楼、医院、学校、宾馆、公寓等，也仍然使用工业化生产的材料进行建造。后者的组合排斥装饰，因为机器制造的装饰，即不是由个人制作的装饰，缺乏意义；而前者也排斥装饰，因为被所有人所接受的装饰，即不是为个人而制作的装饰，也缺乏意义。

不过，我们现在再考察20世纪30年代非常出色的居住区，就很能理解它们多么需要调剂。比如由格罗皮乌斯等人设计的卡尔斯鲁厄的达默斯托克居住区［the Dammerstock Estate］（1927—1928年）和柏林附近的西门子城大型居住区［the Siemensstadt Estate］（1929年）的线条完全平行，方向范围非常精确。无论立面的设计多么精彩，也无论平面如何满足功能，它们确实缺少些什么。人们发现自己渴望有机的事物而非机械的事物，渴望有想象力的事物而非理性的事物，渴望自由的事物而非严谨安排的事物。

这也解释了为什么朗香教堂和潘普利亚赌场、结构杂技和棋盘格的饰面必然会出现。但解释并非正当的理由。也许有人认为这样的陈述完全超越了历史学家的职责范围。可是历史学家却不得不卷入这一争论，因为他关心的问题是，1950年的风格仍然是1900—1914年间创立的风格，还是必须被定义为完全不同、甚至很大程度上相反的风格。

这位历史学家基于新的新艺术运动并非对机械化和不人性化的指控的全部解答这一事实，否认了这种必然性。同时代也有其他的建筑接受了挑战，并在不抛弃上世纪30年代成就的情况下成功地做出了回应。它们在20世纪建筑史上代表着一种反对朗香教堂的革命的进化。这种进化的发现包括三个方面，虽然“发现”这一用词可能过于强烈，毕竟这三方面的创新在20世纪早期的作品中已经有所预示。第一，调剂不需要依赖装饰，可以通过组合和表面的不同形式实现；第二，不同组合形式的原则可以拓展到整个居住区甚至整个市中心；第三，不同组合形式可以通过建筑与自然的关系实现，这甚至比建筑与建筑之间的关系更为有效。通过这三种手段可以避免均质性，引入想象，在不矫揉造作的情况下实现一种人性化的满足感。我将援引纽约联合国总部以及更为明显的（SOM 设计的）利华大厦［Lever Building］作为第一种手段的案例。后者成功地处理了 24 层玻璃板楼与底部的两层体块的对比，底部的体块中间为封闭式花园广场。第二种手段最杰出的案例是斯德哥尔摩附近的塔楼环绕的瓦灵比［Vällingby］及其商业中心。它是斯文·马克利乌斯等人在上世纪 50 年代中期设计的。它是供约六万人居住的新的郊区群的中心，其规模与英国在战争期间开始建造的新城相当。英国新城中最杰出的是（弗雷德里克·吉伯德［Frederick Gibberd］设计的）哈罗新城［Harlow］。它位于伦敦北部 40 英里（约合 64.4 公里），但城市化特征远不如瓦灵比明显。这当然是因为英国人普遍的传统是居住在小住宅而非别墅之中，且喜欢有自己的花园。这种传统很健康，虽然它让规划在美学上很难令人信服。但另一种相关的英国传统被证明具有新的意义，即如画风格的传统。之前我们看到，这一风格首先在公园和花园、建筑与它们的关系中找到了原始的表达。利华大厦与瓦灵比在建筑上显然与 18 世纪的那些改良者具有相同的特征——不规则、不拘礼节、令人惊喜、错综复杂，但它们是通过建筑来表达的。通过建筑与自然的关系表达这些特征注定要成为英国人的任务。当时的伦敦郡建筑师 J. 莱斯利·马丁［J. Leslie Martin］开始着手完成这一任务，他位于伦敦附近的罗汉普顿居住区［Roehampton Estate］（1952—1959 年）是迄今为止美学上最优秀的居住区。它包括分成三组的约 24 座点式塔楼、一些相互平行的高层板楼、很多五层的公寓楼、很多联排小住宅以及学校和一些商店。整个居住区可以容纳近一万人，却完全没有只为大众提供住宅的感觉。这不是通过发明立面式样，而是通过布局和景观实现的。这里曾经有很多废弃的大型维多利亚式别墅和花园，因此有大量古树和草坪。所有这些都得以保留和复原，由此大自然创造了建筑师渴望的调剂之物和树木的枝叶。现代的建筑体块与树木的组合以及成组的点式塔楼都是瑞典的做法。如果说英国罗汉普顿居住区的整体效果要比瑞典更胜一筹，那是规模的原因。它的面积要大于私人建设的居住区，而更大的规模则有助于形成既有变化又很统一的令人满意的效果。

与奈尔维的结构一样，罗汉普顿居住区彻底证明了 1925—1956 年间建筑发展的主张。两者也彻底证明了 1925—1955 年间建筑进化的另外一种主张，即革命既可以是不必要的，也可以是不受欢迎的。如果个别的天才得到了机会，就像柯布西耶在朗香教堂中，或者个别的天才掌握了一种特殊的可能性，就像莱奥·卡里尼［L. Calini］、欧金尼奥·蒙图奥里［E. Montuori］及其合作者在罗马火车站那样，采用双曲线屋顶，以回应玻璃之后塞尔维乌斯时代的城墙如画的残垣的顶部曲线，那么让我们务必心存感激吧。但是让我们也当心那些试图满足我们日常所需的小天才们吧。

“让我们”听上去像是布道，而不像一本历史书。如果历史学家选择让自己的历史书一直延续到正在发生的事件，那么这的确是无法避免的。而这的确很有诱惑力。书写历史是选择和衡量价值的过程。为了避免主观地完成这一过程，历史学家必须时刻牢记兰克［Ranke］“按照事实发生的真相”（*wie es wirklichgewesenist*）书写事件的理想。如果足够严肃地对待这一理想，那么它还包括用历史当时、而非历史学家所在时代的标准来选择与衡量价值。一辈子遵循这些原则，是否能让一位历史学家成功地处理那些属于他所论述及身处的时代的案例？本书的最后几页是否恰当地“按照事实发生的真相”处理了建筑问题和解决方案，这有待读者评判。

后　记

迈克尔·福塞斯

在尼古拉斯·佩夫斯纳于上世纪60年代所写的第九章的结尾中，他的建筑故事以国际式的现代主义的胜利结束。对佩夫斯纳而言，现代主义是20世纪的风格，是之前所有风格的完美实现——理性、成功、在社会层面和美学层面都令人满意。在晚年，佩夫斯纳的确也看到国际式的现代主义遭到了之后被称作“后现代主义”的风格的挑战（朗香教堂则是他选择的案例），他并不喜欢所看到的这些。“建筑，”他在最后几页写道，“过于长久也过于巨大，难以起到消遣的作用。”它必须“有一定的严肃性……如果正常的一面墙上有新艺术运动的装饰，我们会在美学上将其作为一种式样来欣赏；但是，如果一面墙上随机开窗，与平面没有什么令人信服的联系，或整面墙向外倾斜，没有令人信服的结构原因，那么我们就容易将它们作为愚蠢之物而加以抵制”。他将其称作“对理性的反叛”。

佩夫斯纳对现代主义运动的未来，尤其是对柯布西耶为更美好的新世界所设想的住宅建设的范式，持乐观的态度。这篇后记将延续佩夫斯纳的史纲，介绍20世纪下半叶和21世纪初各种风格和运动向不同方向的发展。这一叙述不能完全按照时间顺序，因为事件和风格存在重叠，在一些情况下，我们必须回溯建筑发展过程中相交叉的路线并有所拓展，它们共同形成我们时代的建筑主题公园。

佩夫斯纳在罗汉普顿居住区中最后一次提到的柯布西耶式的高层公寓范式，后来在世界各地被用于提供市中心高密度住宅，但是由于周围缺乏这一范式所必不可少的公园般的开敞空间，以及缺乏维护，最终导致了犯罪和反社会行为等问题。[47] 受到位于东伦敦纽汉姆的23层塔楼罗南角公寓［Ronan Point］部分坍塌事故的刺激，地方政府开始建造更好用的低层住宅。最早和最优秀的案例包括达伯恩［Darbourne］和达克［Darke］设计的位于伦敦皮姆利科的利灵顿花园［Lillington Gardens］（1961年竞标，1964—1972年建造），其中包括带花园的复式住宅以及其上向带景观的“屋顶大街”敞开的公寓。[48] 拉尔夫·厄斯金［Ralph Erskine］（1914—2005年）在泰恩河畔纽卡斯尔的拜克墙［Byker Wall］重建项目（1969—1980年）中，通过在基地上开设事务所，让当地潜在的房客参与规划的过程中。而莱昂·克里尔［Leon Krier］（1946年—　）为康沃尔公爵领地设计的一个新的村庄——位于多赛特郡的庞德巴里［Poundbury］的一期工程（1987—1991年）开始之前是一个漫长的咨询过程。庞德巴里主要以小规模的新乡土主义风格［neo-vernacular style］知名，但其实它创新的混合功能规划更为重要。

与国际式现代主义风格及由其发展而来的独立建筑形成对比，一些建筑师在实践另一种现代主义传统——“有机”建筑，包括：北美的弗兰克·劳埃德·赖特（1867—1959年），欧洲主要是芬兰建筑师阿尔瓦·阿尔托（1898—1976年）、德国建筑师汉斯·夏隆［Hans Scharoun］（1893—1972年）。意大利建筑师布鲁诺·赛维［Bruno Zevi］（1918—2000年）在《走向有机建筑》［*Verso un'architettura organica*］（1945年）中识别出了这一发展趋势。

“具有人性面孔的现代主义”或许恰当地描述了阿尔托的建筑，因为它们与文脉密切相关，自然地从基地和它们的本土及区域环境中“生长”出来。与西贝柳斯的音乐一样，他的作品蕴含着芬兰的民族特性和风景的本质。尤其是他为于韦斯屈莱附近的山纳特赛罗［Säynätsalo］设计的小市政厅（1949—1952年），包括市政府办公室、地方议会会议厅、图书馆、住宅位于树林之中，围绕抬高的庭院布置，从而让人们能够看到远处的湖景，并让北欧照射角度较低的阳光穿透进来。

在关于有机建筑的论著中，德国建筑师雨果·哈林［Hugo Häring］主张建筑需要针对自身的情况，包括场地、雇主的任务书等，单独作出回应（这与他的朋友密斯·凡·德·罗的方式相反，密斯试图寻找普遍适用的设计手段）。受到哈林学说的影响，汉斯·夏隆把柏林爱乐音乐厅［the Philharmonie Concert Hall］（1960—1963年）作为功能的表达来设计。门厅空间充满了看似没有尽头的不同角度的楼梯，如同瀑布一般，反映了人群的运动。而集中式的观众厅上方是为了声音扩散到处凸起的屋顶，座

柏林，爱乐音乐厅，汉斯・夏隆，1960—1963年

椅则布置成层叠的、形态自由的斜坡，从各个角度朝向正中的演奏区，为听众提供了一种与音乐家互动的感觉。

BBPR建筑事务所设计的位于米兰的维拉斯加塔楼［Torre Velasca］这一办公和居住楼中的历史性暗示则是文脉主义的另一种表达。该事务所由路易吉・班菲［LuigiBanfi］（1910—1945年）、卢多维科・贝吉欧胡索［Ludovico Belgiojoso］（1909—2004年）、恩里科・佩雷斯苏蒂［Enrico Peressutti］（1908—1976年）和埃内斯托・罗杰斯［Ernesto Rogers］（1909—1969年）于1932年创立。这座大楼于1958年完工，它采用了当代的施工方式，但塔楼却向伦巴第的中世纪塔楼和要塞致敬，它的顶部形成了一种得到支撑的悬垂城垛的效果。甚至在更早之前，路易吉・莫雷蒂（1907—1973年）在罗马的帕里奥利区建造了吉拉索莱公寓［Casa Il Girasole］（1950年）。该建筑位于一个粗削的石基座之上，朝向街道的立面在角部如同纸板一样薄。立面通过屋顶轮廓线让人想起不对称的古典三角山花，而且在正中一分为二，形成一道很深的裂缝，从而突出入口。它的二元性在质问观者，这到底是一座建筑还是两座建筑。它的平面有着传统罗马公寓的影子，而立面却让人想起古典建筑，与此同时建筑的形式又以一种完全理性的方式追随功能。吉拉索莱公寓让当时的评论家感到困惑，而它对现代主义的温柔讽刺则较早地对现代主义运动的诚实性表示怀疑。

到上世纪60年代，以罗伯特・马修［Robert Matthew］（1906—1975年）和莱斯利・马丁［Leslie Martin］（1908—1999年）设计的伦敦郡议会的皇家节日音乐厅［Royal

莱斯特大学，工程楼，詹姆斯·斯特林，1959—1963 年

Festival Hall］（1951 年开放）为代表的主流现代主义的冷静内敛的优雅已经发展为一种整体上更具侵略性的现代主义功能主义的风格，以粗糙的混凝土和体块状的原始形式来表现建筑元素。这一风格被称作“粗野主义”［Brutalism］，不过“新粗野主义”［New Brutalism］这一术语则是艾莉森·史密森［Alison Smithson］（1928—1993 年）和彼得·史密森［Peter Smithson］（1923—2003 年）于 1953 年为 1949—1954 年间建造的位于诺福克的亨斯坦顿学校［Hunstanton School］提出的，多用于公共建筑和“巨构”［megastructure］，如图书馆、医院、购物中心、校园等。粗野主义通常为一种低质量、低造价的形式，被柯布西耶小心地称作“粗糙的混凝土”［béton brut］。但是丹尼斯·拉斯敦［Denys Lasdun］（1914—2001 年）同样精心设计的建筑则实现了一种功能和场地之间的富有表现力的有力配合。他著名的作品包括位于诺维奇的东英吉利亚大学［the University of East Anglia］（1962—1968 年）和位于伦敦的（现在的皇家）国家剧院［National Theatre］（1967—1976 年）。前者设计有带阶梯的金字塔形宿舍楼和架高的人行步道；后者的设计则试图类比板状的地质层，在泰晤士河畔的地形限制下，将多层的流线和三个剧场整合在不同楼层之上。在位于荷兰阿珀尔多伦的中央贝赫保险公司办公楼［the Centraal Beheer insurance headquarters building］（1968—1972 年）中，赫曼·赫兹伯格［Hermann Hertzberger］（1932 年— ）（与卢卡斯与尼梅杰［Lucas & Neimeijer］一起）在结构主义的格子呢般的网格中提供了私密、半公共和公共空间的空间结构，故意“未完成”的空间让员工们能够占用，并用自己的物品让空间更具个性。但真正让这一风格在全世界享有盛誉的是莱斯特大学工程楼［the Engineering School at Leicester University］（1959—1963 年），虽然它采用了英国红砖传统。它由詹姆斯·斯特林［James Stirling］（1926—1992 年）和詹姆斯·高恩［James Gowan］（1923—2015 年）设计，将平整的红砖和面砖与锯齿状的温室玻璃并置，以一种戏剧性的构成主义者的构成方式高度整合。在两人合作破裂之后，斯特林设计了剑桥大学的历史系大楼［the History Faculty building］（1964—1967 年）。大楼两翼呈直角，两翼之间是完全采用玻璃饰面的阅览室。斯特林后来与迈克尔·威尔福德［Michael Wilford］（1938 年— ）合作设计的斯图加特的新国立美术馆［the Neue Staatsgalerie］是参考了一系列历史风格和建筑的折中作品。

从更广泛的角度来看，1960 年至今的建筑舞台风格多样，令人眼花缭乱，它由众多时髦却并不总是很有意义的名称来定义。人们无法再说所有现代的建筑看上去都一样。事实上，这恰恰是建筑师开始以现代主义所禁止的方

对页：伦敦，瑞士再保险大楼（“小黄瓜”），诺曼·福斯特，2001—2003 年

式主张个性的原因之一，这一进程后来发展出很多古怪的领域。

如果将粗野主义风格与20世纪60年代的“巨构”理念联系起来，那么这一理念则以非常不同的形式在由彼得·库克［Peter Cook］（1936年— ）于1960年创立的先锋期刊《建筑电讯》［*Archigram*］所刊出的巨构项目中得到表达。它们与“高技派”［High-Tech］风格密切相关。高技派是指采用现代技术和工业化构件建造的建筑，它们在某些方面（不过不是所有方面）继承了国际式的现代主义。库克的“插入城市”［*Plug in City*］（1963—1964年）旨在让城市具有无限的适应力，而罗恩·赫伦［Ron Herron］的“行走城市”［*Walking City*］（1964年）则让城市能够通过巨大的机械腿移动。

伦敦，劳埃德大厦，理查德·罗杰斯，1986年开放

凭借对先进技术的依赖，这一新的特点让建筑师能够沉浸在激动人心的创新想法之中，从而（有意地）形成前所未有的建筑。较著名的案例包括美国建筑师西萨·佩里［Cesar Pelli］（1926年— ）设计的当时伦敦的第一高楼——加拿大广场一号［One Canada Square］（金丝雀码头塔［Canary Wharf Tower］，1988年）。高技派两位主要的支持者诺曼·福斯特［Norman Foster］（1935年— ）和理查德·罗杰斯［Richard Rogers］（1933年— ）最初是合伙人。他们第一个主要的委托项目，是位于威尔特郡斯温顿的里莱恩斯电子工厂［the Reliance Controls Electronic Factory］（1967年建成，1991年拆除），是一座优雅、表达清晰的带交叉支撑的钢结构建筑。福斯特的作品，从位于伊普斯威奇的威利斯费伯和杜马斯公司总部大楼［the Willis Faber Dumas Building］（1974年）（覆盖着波浪形、无特色的黑色玻璃）、（当时的）香港上海汇丰银行总部大楼（1979—1986年）和斯坦斯特德机场［Stansted Airport］（1981—1991年）——优雅的“钢柱树”支撑的轻质玻璃屋顶和简单的围护结构唤起人们对航空业发展初期的回忆——到美丽到不容置疑的位于伦敦的瑞士再保险大楼［Swiss Re Building］（“小黄瓜”［the Gherkin］，2001—2003年），均包含了普遍受到好评的形式。理查德·罗杰斯的建筑同样也与技术相结合，但在美学上却非常不同。比如与伦佐·皮亚诺（1937年— ）合作建造的位于巴黎的蓬皮杜中心［the Pompidou Centre］，将现代艺术馆与工业设计、音乐和声学研究中心相结合。设计通过将结构、设备和流线放到周边，让楼层内部空间不受阻隔，具有适应性；钢结构骨架、色彩鲜艳的设备管道和斜管式自动扶梯都位于建筑外部。1977年开放后，它凭借“炼油厂”一般的外观、在古老的玛黑区中的大规模，成为当时参观人数最多和争议最大的建筑。虽然福斯特和罗杰斯的建筑在表面上具有可比性，他们的建筑根源和背后的哲学却不相同。福斯特的建筑采用工业化大生产

对页上图：巴黎，蓬皮杜中心，理查德·罗杰斯，1971—1977年
对页下图：巴黎，阿布拉克萨斯住宅区，里卡多·波菲，1978—1983年

CLUB DE LA PRESSE

毕尔巴鄂，古根海姆博物馆，弗兰克·盖里，1997 年开放

的预制材料以及先进的建筑技术，细部设计一丝不苟，具有工业设计领域之外少见的优雅和精准；而罗杰斯对技术意象的采用让人联想起立体主义者对机器时代的颂扬。罗杰斯的蓬皮杜中心在服务性很高的基础设施背后，以全面的适应性为理念；而他为保险承销商设计的总部伦敦劳埃德大厦［Lloyd's］（于 1986 年投入使用）（出于维护和最终替换机械设备的考虑）将不锈钢塔楼分开。它们都呈现出某种临时的未完成的外观，让人回想起建筑电讯派的作品。所有这些都可以按照自身的方式声称是“理性”和功能性的。

站在审美范围另一端的是被佩夫斯纳描述为“对理性的反叛”的那些建筑，它们被“后现代主义”这一总括性的术语所涵盖。这个词可以有很多含义。其中一个独特的学派以复兴古典主义为基础，用一种刻意而诙谐的方式运用古希腊和古罗马的母题，往往带有故意的游戏的元素。

上面已经讨论过莫雷蒂的吉拉索莱公寓的历史参考和二元性，它们对美国建筑师罗伯特·文丘里［Robert Venturi］（1925—2018 年）产生了影响。他的著作《建筑的复杂性与矛盾性》［*Complexity and Contradiction in Architecture*］（伦敦，1977 年）则是后现代文脉主义一代的预示。文丘里（与丹尼斯·斯科特·布朗［Denise Scott Brown］，1930 年— ）设计的伦敦国家美术馆

[National Gallery] 的塞恩斯伯里馆 [Sainsbury Wing] (1991 年完工), 其中科林斯壁柱在加建部分与主楼相交, 对 1838 年威廉・威尔金斯 [William Wilkins] 设计的波特兰石立面做出了回应, 在远离主楼后迅速融入简单的古典主义。

两座最能代表国际式现代主义典范的建筑均来自美国。迈克尔・格雷夫斯 [Michael Graves] (1934 年—) 在俄勒冈州的波特兰市政厅 [the Portland Public Service Building] (1979—1982 年) 摒弃了由密斯建立的所有必须遵守的规范。他用石材立面和极小的窗户取代了钢和玻璃的透明墙面; 用鲜艳的颜色取代了抽象的黑白; 通过采用迥然不同的元素 (他甚至准备在屋顶加建小型的希腊神庙, 但却被劝阻了), 取代了设计的紧密统一。突破的另一个预兆则是菲利普・约翰逊 [Philip Johnson] (1906—2005 年) 位于纽约的 AT & T 大楼 (现在的索尼大厦 [the Sony Tower]) (1978—1984 年), 其上建有齐彭代尔式的三角山花。

后现代主义的主要倡导者之一——里卡多・波菲 [Ricardo Bofill] (1939 年—) 创立的建筑设计室 [the Taller de Arquitectura] 所设计的多层居住建筑群在超越古典主义的巨大尺度上, 创造了纪念性的封闭城市空间和轴线, 成为现代主义 "景观中的物体" 的反题。波菲设计的夸张的法国住宅项目包括位于马恩拉瓦莱新城 [Marne-la-Vallée] 的城市建筑群——阿布拉克萨斯住宅区 [Les Espacesd' Abraxas] (1978—1983 年) 以及蒙彼利埃的安提戈涅区的开发项目 (1978—2000 年), 两者均采用了多立克巨柱式。

另一个学派最鲜明地代表了 "对理性的反叛", 其成员包括美国建筑师弗兰克・盖里 [Frank O. Gehry] (1929 年—)、扬・卡普利茨基 [Jan Kaplicky] (1937—2009 年, 未来系统 [Future Systems] 的创始人)、丹尼尔・里伯斯金 [Daniel Liebeskind] (1946 年—) 和扎哈・哈迪德 [Zaha Hadid] (1950—2016 年)。它试图违抗世界诞生以来主宰建筑的所有原则。没有什么比故意造成的费解更难以解释。这些建筑的外部通过完全不透露与内部的联系, 而让观者感到迷惑和兴奋。我们只能想象佩夫斯纳对此的反应, 但即使是他, 也不得不承认它们是时代精神的合理表达。

伦敦, 大英博物馆, 大中庭, 诺曼・福斯特, 2000 年开放

弗兰克・盖里设计的位于西班牙毕尔巴鄂的古根海姆博物馆 [Guggenheim Museum] (1997 年) 由钛金属覆盖, 它那解构的分解的元素形成了一幅覆盖其城市基地的有机的拼贴画 (盖里此前受到了柯林・罗 [Colin Rowe] 1978 年出版的《拼贴城市》[*Collage City*] 的影响)。就其基地环境而言, 博物馆位于主要街道伊帕拉吉雷大街的一端, 它的一边则被拉萨尔维桥这条主要的大道穿过。在建筑内部, 从屋顶悬挂下来的弯曲的走道将多层的展馆与中央的中庭联系起来。"未来系统" 设计的位于

伯明翰牛环［Bullring］的塞尔福里奇百货商场［Selfridge department store］（2003年完工）向外鼓起的形状具有流动感，表面覆盖了数以千计的圆形铝片，在阳光下闪闪发光。

与此同时，英国建筑师雷蒙德·埃里斯［Raymond Erith］（1904—1973年）和他的合伙人昆兰·特里［Quinlan Terry］（1937年— ）却在延续着古典主义的传统，抵制着现代主义和后现代主义的潮流。特里最优秀的建筑是剑桥大学唐宁学院霍华德楼［Howard Building］（1985—1989年），它是一座多彩的二层建筑，基座、柱子、壁柱、檐部、边饰［surround］和尖顶饰［finial］等采用波特兰石，而墙面则用黄色的凯顿石［Ketton stone］建造。

但是文脉主义和属于这一时代的建筑并非相互排斥的概念。尼古拉斯·格里姆肖［Nicholas Grimshaw］（1939年—）设计的新皇家浴池［the New Royal Bath］是一个优雅的由玻璃幕墙包裹的盒子，它谨慎地融入了巴斯城中一个乔治时代和中世纪的街道密布的区域。20世纪末，随着对建筑遗产的认识日益增加，新的介入手段和对“失去的”空间的“发现”则给现存的建筑注入了新的生命。华裔美国建筑师贝聿铭［I. M. Pei］（1917—2019年）在巴黎卢浮宫博物馆［the Musée du Louvre］设计的钢和玻璃金字塔（1985—1989年）构成了新的参观入口，为巨大的庭院下方的交通空间引入了天光，将20世纪的技术与路易十四风格并置。诺曼·福斯特设计的巨大的玻璃屋顶结构在伦敦的大英博物馆解决了相似的流线问题，覆盖伊丽莎白二世大中庭［the Queen Elizabeth II Great Court］（2000年开放）。与贝聿铭的金字塔所引起的争议不同，它取代了前大英图书馆阅览室周边那些公众无法进入的用于储藏的建筑。

在尼古拉斯·佩夫斯纳修订《欧洲建筑纲要》之后，一些最有趣的建筑声明来自于对工业与其他多余建筑的可持续再利用。此处仅列举数例：1986年开放的奥赛博物馆［Musée d' Orsay］位于巴黎塞纳河左岸，原本是一个火车站——奥赛站［the Gare d' Orsay］，由意大利建筑师盖·奥伦蒂［Gae Aulenti］（1927—2012年）改建；位于鹿特丹郊外的由布林克曼和范·德·弗路赫特于1929年设计的现代主义的范内勒工厂由荷兰建筑师维塞尔·德·扬［Wessel de Jonge］（1957年— ）改建为办公和商业空间（1999—2005年）；由贾尔斯·吉尔伯特·斯科特爵士［Sir Giles Gilbert Scott］（1880—1960年）设计的位于泰晤士河南岸的发电厂被瑞士建筑师雅克·赫尔佐格［Jacques Herzog］（1950年— ）和皮埃尔·德·梅隆［Pierre de Meuron］（1950年— ）改建为泰特现代艺术馆（2000年开放）。发电厂曾经有一个巨大的涡轮机大厅，即现在的入口空间，与之平行的是以前的锅炉房。现在，发电厂中的机器设备已被移除。而罗马的蒙特马尔蒂尼中心博物馆［the Montemartini Museum］（2005年）原本也是发电厂，现在则用来容纳卡比托利欧博物馆［the Capitoline Museums］的古代雕塑，其中的机械装置则完全被保留下来，像拼贴画一样展示了工业考古学和古典考古学这两个截然相反的世界。与处于有历史的环境中的建筑一样，突出时间视角的并置也许能增加两者的意义。

这篇后记以英国高层建筑的消亡作为开始，也必须以这一类型在伦敦具有争议的复兴作为结束。这一复兴以伦佐·皮亚诺［Renzo Piano］位于塔桥街［Tower Bridge Place］的“碎片大厦”［Shard of Glass］为代表，既包括商业建筑，也包括居住建筑。碎片大厦计划于2012年完工，1017英尺（310米）的高度将让它成为欧洲最高的建筑。关于新建筑的形式的争论，尤其是位于古老的地方的新建筑的形式，仍将继续，这些争论涉及风格、尺度、文脉、“城市修补”、可持续性以及其他佩夫斯纳之后的热门用语。由于将这些问题纳入考量，欧洲建筑的前景是乐观的，尽管预测未来的建筑问题和解决方案甚至比佩夫斯纳爵士所说的“按照事实发生的真相”书写正在发生的事件更加危险。

注 释

1. 二战后发掘出的特里尔两座4世纪早期的主要教堂都有耳堂，而410年左右（或者是在630年左右的大火后）建造的位于塞萨洛尼基的圣德米特里教堂以及5世纪初埃及的圣弭纳教堂[St Menas]则既有耳堂，也被侧廊环绕。

2. 圣德米特里教堂中，壁柱与成组的柱子交替出现，非常独特。

3. 最近在罗马圣彼得大教堂底下发现的古罗马墓地中一座陵墓里有基督教3世纪的玻璃马赛克，是迄今所知最早的。

4. 此处必须指出的是，三叶形也有采用，虽然它们并不是严格意义上的集中式。它们出现在罗马圣加理多[S. Calixtus]的地下陵墓中，又大规模地出现在位于索哈杰[Sohag]的两座早期的大型埃及修道院中，即白色修道院[the White Monastery]与红色修道院[the Red Monastery]（5世纪）。

5. 370年左右改建的特里尔大教堂应该与之相似。

6. 15世纪和16世纪还有大量将纵向平面和集中式平面相结合的案例，但它们在纪念性上均不如以弗所的圣约翰教堂[St John]遗址。圣约翰教堂全部由穹顶覆盖，由圣使徒教堂发展而来，但增加了一个中厅开间，形成了纵向的优势。

7. 二战后在德国的考古挖掘已经证明，那里也曾出现过此类建筑。较长、无侧廊、圣坛端部为正方形的教堂案例包括约700年建造的埃希特纳赫教堂[Echternach]、提到过的770年帕德伯恩的圣救主堂（阿布丁霍夫教堂）、明登的第一座大教堂等等。带门廊的案例则包括5世纪建造的位于施派尔的圣日耳曼教堂[St German]、瑞士罗曼莫捷[Romainmôtier]修道院中于630年和750年左右建造的著名的早期建筑。

8. 这一平面也许凭借在巴黎附近的圣丹尼斯教堂呈现出来的优势而被采用。该教堂似乎从775年举行祝圣仪式起就采用了这一平面，可以说是加洛林王朝的创新的一个非常早期的案例。不过，如果在赫克瑟姆的挖掘发表的平面图（显然处理和记录得都很糟糕）可信的话，诺森布里亚的先例则时间更早。这些平面图说明了一座大型教堂采用了这一类型的平面，我们没有理由不认为这就是圣威尔弗里德教堂[Wilfrid]，即7世纪的一座建筑。

9. 一个较晚的案例是博洛尼亚的圣斯德望教堂[S. Stefano]。

10. 但是一些法国考古学家认为946年重建的克莱蒙费朗大教堂[Clermont-Ferrand]首先采用了这一平面，而一些美国考古学家甚至想将其追溯到更早之前903—918年图尔的一座重建的教堂。但这一案例是不确定的，需要在场地上进一步调研。可以确定的是，加洛林王朝的建筑，尤其是836—853年建造的圣菲尔贝尔德格朗德利厄教堂［St Philibert de Grandlieu］（德亚［Déas］）、841—859年建造的欧塞尔圣日耳曼修道院教堂［St Germain Auxerre］、878年之前建造的弗拉维尼教堂［Flavigny］，已经尝试了在半圆形后殿之后设置回廊以及在端头的墙壁外增设礼拜堂的做法，虽然只是在地下层。德国也出现了类似的建筑，其代表包括：844年举行祝圣仪式的科尔维修道院、840年左右举行祝圣仪式的费尔登教堂[Verden]，或许还包括希尔德斯海姆大教堂。从这些做法向最终的罗曼式做法迈出的步伐看似不大，却是从模糊向空间明确和标准的形式前进的一步。这可以参见上文。

11. 西端的半圆形后殿外设有回廊这种做法曾出现在加洛林王朝的圣加仑教堂的设计中，也曾出现在加洛林王朝的科隆大教堂中，一直延续到布里克沃斯教堂。希尔德斯海姆大教堂通过粗壮的拱廊向半圆形后殿和圣坛下的地下室敞开，非常有意思的是它要比地下室高出很多。它的西面也设有出入口。

12. 一些法国教堂中的祈祷室和地下室，比如5世纪的里昂圣伊雷内教堂[St Irénée]、6世纪的格兰费尔修道院[Glanfeuil]、850年左右的欧塞尔圣日耳曼修道院教堂，以及在法国之外的8世纪或9世纪的奇维达莱的圣玛利亚教堂[S. Maria della Valle]的东侧部分、820年左右的罗马圣巴西德圣殿[S. Prassede]的圣柴诺礼拜堂[the chapel of St Zeno]、930年前后的位于萨克森省奎德林堡[Quedlinburg]的圣维珀特教堂[St Wipert]和1009年的位于法属加泰罗尼亚地区的卡尼古圣马丁教堂[St Martin du Canigou]，都属于后发者而非先锋。普伊赫·伊·卡达法尔克[Puigy Cadafalch]极大地高估了它们的历史重要性。

13. 1922年的《考古学报》[*Archaeological Journal*]记录了1915年开展的研究的结果。我在此明确地引用这一论文，因为它反驳了我与其他人（E. 高尔[E. Gall]）过去坚持的错误理论。在本书之前的版本中，这一错误的理论仍然得到了阐述。

14. 本书中经典［classic］一词与古典［classical］一词具有不同的含义。古典是指受到古代风格启发或模仿古代风格的事物；经典是指很多风格达到完美平衡的短暂时期。当一件文学或艺术作品被称作经典时，意思也与之相似，即它们属于这一类型的完美之作，以此得到了普遍的认可。

15. 只有三个头部留存下来，现藏于哈佛和巴尔的摩的博物馆。

16. 引用选自查尔斯·科顿先生[Mr Charles Cotton]的版本（藏于坎特伯雷大教堂之友[the Friends of Canterbury

Cathedral]1930 年出版的《坎特伯雷报》[*Canterbury Papers*]第三期)。

17. 然而,应该记住的是这种高耸的形式并非与罗曼式建筑的所有风格相抵触。比如普罗旺斯的阿尔勒教堂的高宽比为 3.5:1,而伊利大教堂的高宽比为 3.2:1。

18. 虽然它们不像稍晚建造的索尔兹伯里大教堂被压低得那么夸张。

19. 建造时间如下:克莱蒙费朗大教堂始建于 1248 年,纳博讷[Narbonne]和图卢兹的大教堂始建于 1272 年,利摩日大教堂始建于 1273 年,罗德兹大教堂[Rodez]始建于 1277 年。地方性的流派相应丧失了重要性,而普瓦图与安茹依然采用厅堂式教堂的形式,这一形式在 1148 年之前就开始建造的昂热大教堂[Angers]以及 1162 年开始建造的普瓦捷大教堂[Poitiers]等早期哥特式大教堂中发展到顶点。1200 年左右建造的昂热圣塞尔日教堂[St Serge]是一座特别优雅、规模较小的厅堂式教堂。诺曼底也保持了地区特色,建筑内部的廊台和花饰窗格的细部与英国的早期英国式风格相近,但建筑外部则以极其精细的尖塔为特色,其中库唐斯大教堂[Coutances]最为杰出。还有勃艮第,它曾经在很长一段时间内抵制法兰西岛大区的哥特风格,1215 年左右建造的欧塞尔大教堂、1200 年左右建造的第戎圣母院以及其他教堂发展出了极具个性的风格,分离的内部支柱如此纤细,仿佛用金属制作而成。与保留高廊台或高拱廊的诺曼底(和英国)一样,勃艮第的地区风格也保留了高拱廊。下一章将介绍法国西南部的情况,特别是阿尔比大教堂。

20. 凑巧的是,在法国,位于扶壁之间的礼拜堂最早在 1235 年之后出现于巴黎圣母院(见第 52 页的平面图)。

21. 奇怪的是,这一母题也在伯拉孟特在米兰的作品(圣安布洛乔教区长住宅[Canonica of S. Ambrogio])中出现。

22. 在一个惊人的案例中,单独塔楼这种令人欣喜的新形式甚至被运用到设计有双塔的大教堂立面中。在斯特拉斯堡,之前提到过的设计方案遭到摒弃,一座高 565 英尺(合 172.212 米)的带塔尖的塔楼在双塔之一的较低的结构上建造,让立面顶部剩下的部分看上去像塔楼底部只往一个方向延伸的平台。这是最让人困惑的景象,但随着时间的流逝,它越来越受游客的喜爱,最终被毫无疑问地接受并深受青睐。在博韦大教堂中,交叉部的尖塔在 16 世纪初被建造起来,高度达 502 英尺(合 153.0096 米),但在 1573 年倒塌。

23. 我有幸得到了瓦尔堡研究院[the Warburg Institute]的帮助,专门从费拉莱特的《马格里亚贝齐亚诺抄本》[*Codice Magliabecchiano*]一书(佛罗伦萨国立中央图书馆[Biblioteca Nazionale],II, 1,140; già xvii, 30)中影印了宰加利亚教堂及其他一些教堂的平面图。拉扎罗尼[Lazzaroni]与穆诺兹[Munoz]关于费拉莱特的书中没有宰加利亚教堂平面的插图,该平面此前也从未出版。为了追求清晰,该平面图需要重新绘制,这项工作由玛格丽特·塔列特小姐[Miss Margaret Tallet]完成。

24. 布鲁内莱斯基已经有过相同的考虑,参见他未完全建成的归尔甫派宫[Palazzo di ParteGuelfa]。

25. 但是,对 19 世纪的瑞士历史学家以及我们当今理解的文艺复兴风格的发现者雅各·布克哈特[Jacob Burckhardt]而言,劳伦齐阿纳图书馆的门厅只是"大师的一个令人费解的玩笑"(《意大利文艺复兴史》[*Geschichte der Renaissance in Italien*],第七版,1924 年,第 208 页;写于 1867 年)。

26. 这些三维的拱券并不是诺伊曼的发明。他借鉴了稍早一些的波西米亚建筑(布雷诺夫[Brevnov])以及相应的法兰克建筑(邦兹[Banz])。而它们又源自瓜里尼(参见第 141 页),但其最早的想法可能受到了筒形拱顶与天窗相交处的外观的启发。如果拱券的直径小于筒形拱顶的直径,那相交处则会形成这样的三维拱券,如在伦敦圣保罗大教堂以及更早的案例中那样。1500 年之前建造的帕多瓦的卡尔米内教堂[the church of the Carmine]就是最早的案例之一。16 世纪中叶的菲利贝尔·德洛姆最早为之着迷,并为了积极的美学效果而采用了这一形式。

27. 它们源自 14 世纪末著名的巴黎卢浮宫螺旋楼梯[Vis du Louvre]。

28. 众所周知,他也拥有一本费拉莱特的著作。

29. 葬礼纪念碑与其他教堂陈设则始于较早之前,即 1500 年左右。

30. 在意大利古典主义方面,它很快被圣丹尼斯修道院教堂加建的瓦洛瓦礼拜堂[the Valois Chapel]超越。该礼拜堂由普列马提乔设计。它是纯粹的 16 世纪风格:圆形的带穹顶的结构——法国第一座穹顶,周边为六个放射状的三叶形礼拜堂,内部采用伯拉孟特式母题的两种柱式的柱子。它属于对意大利而非法国集中式教堂的发展。

31. 巨柱式甚至进入了巴黎的府邸设计,如迪塞尔索家族的一位成员于 1584 年建造的拉莫瓦尼翁府邸。

32. 迪塞尔索还设计了查理九世统治期间除沙勒瓦勒城堡外的唯一一座主要城堡——韦尔讷伊城堡[Verneuil]。它于 1565 年开始建造,平面更为简单,为典型的法国三部分平面,第四部分作为入口的遮挡;细部形式多样、野蛮。整体而言,从亨利二世到亨利四世的年代对法国而言是贫乏的年代。她的精力均用于残忍的宗教斗争。

33.巴黎其他带穹顶的教堂包括1627—1641年的圣保禄圣路易教堂、1628年签订穹顶合同的圣约瑟德卡尔姆教堂[St Joseph des Carmes]、1632—1634年建造的圣母访亲女修会圣玛丽教堂[Ste Marie des Visitandines]。圣玛丽教堂由芒萨尔设计。

34.荷兰的瓦萨里——卡莱尔·范·曼德尔[Karel van Mander]在他1600年的著作《艺术家手册》[*Schilderboek*]中已经提到了这种荷兰风格"对装饰的疯狂",与英国詹姆士一世时期相对应——见该书第304页的插图。

35.此处需要指出的是,椭圆形虽然是风格主义和巴洛克风格的意大利母题,也曾经很早就出现在荷兰:洪塞勒斯代克[Honselaardyck]乡村府邸建造于1634—1637年。另外,洪塞勒斯代克是法国建筑师西蒙·德·拉·瓦利[Simon de la Vallée]建造的。

36.对建筑史学家而言,亨利四世的巴黎城市规划师的身份要比宫殿雇主的身份更为重要。他的第一个项目是1603年设计的皇家广场[the Place Royale],即现在的孚日广场。它由富裕阶层的住宅围合成长方形,所有的入口都隐藏起来。第二个则是1607年开始建造的太子广场[the Place Dauphine]。它由住宅围合成一个三角形,顶点处的新桥[the Pont Neuf]上设有国王的雕塑。建筑为一直延续到20世纪二三十年代的舒适的砖石类型。亨利四世从托斯卡纳大公科西莫一世[Cosimo I]于1571年开始建造的里窝那广场获取了规划好的广场的灵感。

37. 巴黎城中主要的规划项目为1685年的胜利广场[the Place des Victoires]与1698年的旺多姆广场[the Place Vendome]。

38.艾曼努埃尔·埃雷[Emmanuel Héré](1705—1763年)设计的南锡的皇家广场[the Place Royale]建筑群也同样精妙,成为18世纪规划史上无与伦比的成就。市政厅[the Hôtel de Ville]前面的广场之后是一个凯旋门,接着是纵向的设有四排树篱的卡里耶尔广场[Carrière],然后是横向的带柱廊的半圆形广场,最后是政府宫[the Palais de l' Intendance]前的广场,既有洛可可风格的丰富和多变,又有法国轴对称的形式。这一作品完成于1752—1755年。

39.杰弗里·格里格森[Geoffrey Grigson]的译文发表于《建筑评论》[*The Architectural Review*]1945年第98期。

40.但是孟德斯鸠位于拉布雷德[La Brède]的英式园林可以追溯到1750年左右。

41.关于布雷的论断最近被提出,但佐证材料不够有说服力。

42.最早的悬索桥出现在中国。欧洲最早的悬索桥非常原始,建造于1740年的英国。最早的铁桥——并没有采用悬索桥的原理——是英国1777—1781年建造的柯尔布鲁德尔桥[the Coalbrookdale Bridge]。建造悬索桥的可能性最初在美国由詹姆斯·芬利[James Finley]发现。他从1801年开始建造了很多悬索桥,其中跨度最大的为306英尺(约合93.27米)。在英国,托马斯·泰尔福德[Thomas Telford]1815年建造的梅奈桥[Menai Bridge]是第一个重要的实例。

43.铁最初在建筑中纯粹作为应急的结构构件使用,早在中世纪就作为拉杆出现,此后还用于支柱、横梁等构件,从而使剧场屋顶(路易,剧场,波尔多,1772—1780年)或整个工厂(18世纪90年代的英国工厂)具有耐火性。铁和玻璃穹顶是法国的发明。它最初出现在1805—1811年建造的小麦交易大厅[the Halle aux blés](由贝朗格设计)之中。

44.保罗·路德维希·特鲁斯特[P. L. Troost](1878—1934年)于1932—1934年设计了德国艺术之家[the Haus der Deutschen Kunst]、位于国王广场[Konigsplatz]上的神庙、元首宫[Führerbau]、纳粹行政办公楼;阿尔伯特·施佩尔[A. Speer](1905—1981年)设计了纽伦堡体育馆(1936年左右)和柏林德国总理府[Reichskanzlei];恩斯特·萨格比尔[E. Sagebiel]在柏林设计了巨大的空军部;年纪更大但更优秀的沃纳·玛奇[Werner March]则设计了柏林的奥林匹克体育场等建筑。

45.对佩雷的依赖依然明显。E. F. 布克哈特[E. F. Burckhardt]与艾艮德尔[Egender]1936年建造的巴塞尔约翰教堂[Johanneskirche]才开始向更轻盈、更有金属感的1930年风格迈进。

46.这座建筑一旁就是"高层板楼"的一个早期案例。这一具有远大前景的形式出现在荷兰:1934年建造的鹿特丹伯格珀尔德公寓[the Bergpolder Flats],由威廉·凡·泰延[W. van Tijen]、休·阿尔特·马斯康特[H. A. Maaskant]、J. A. 布林克曼和L. C. 范·德·弗路赫特设计。

47. 然而,在英国实行"公共政府廉租房买卖法"[right to buy]之后,一些住宅楼变得令人满意,尤其是位于伦敦北肯辛顿的由埃尔诺·戈德芬格[Ernö Goldfinger](1902—1972年)设计的特雷里克塔[Trellick Tower](1966—1972年)。

48.然而,高层建筑在英国走向消亡的直接原因是工党政府停止了对地方政府住宅的高额补助。

部分参考文献

概述

Encyclopedia of World Art, New York; London, 1959.
Briggs, Martin Shaw, *The Architect in History*, Oxford, 1927, (rp. 1974).
Chilvers, Ian (ed.), *The Oxford Dictionary of Art*, Oxford, 2004.
Curl, James Stevens, *A Dictionary of Architecture and Landscape Architecture*, Oxford, 1999, 2nd. ed., 2006.
Moffett, Marian, Fazio, Michael W., and Wodehouse, Lawrence, *A World History of Architecture*, London, 2003.

古罗马晚期、早期基督教和拜占庭

Boëthius, A., and Ward-Perkins, John Bryan, *Etruscan and Roman Architecture*, London, (Pelican History of Art), 1970.
MacDonald, William L., *The Architecture of the Roman Empire: An Urban Appraisal*, New Haven; London, 1965; rev. ed., 1986.
Henig, Martin, (ed.) *Architecture and Architectural Sculpture in the Roman Empire*, Oxford, 1990.
Krautheimer, Richard, *Early Christian and Byzantine Architecture*, (Pelican History of Art), London, 1965; 4th. ed., New Haven; London, 1992.
Wilson Jones, Mark, *Principles of Roman Architecture*, New Haven and London, 2000.

中世纪

Aubert, Marcel, and Goubert, Simone, *Romanesque Cathedrals and Abbeys of France*, London, 1966.
Brooks, Chris, *The Gothic Revival*, London, 1999.
Coldstream, Nicola, *Medieval Architecture*, Oxford, 2002.
Conant, Kenneth John, *Carolingian and Romanesque Architecture 800–1200*, London, 1959; rev. 4th. ed., New Haven; London, 1993.
Conrad, Rudolph, ed., *A Companion to Medieval Art: Romanesque and Gothic in Northern Europe*, Malden, MA; Oxford, 2006.
Frankl, Paul, *Gothic Architecture*, New Haven; London, 1962; Paul Crossley, rev. ed., 2000.
Gall, Ernst, *Cathedrals and Abbey Churches of the Rhine*, London, 1963.
Heydenreich, Ludwig H., *Architecture in Italy 1400–1500*, New Haven; London,1974; rev. Paul Davies, 1996.
McClendon, Charles, *Origins of Medieval Architecture: Building in Europe A.D. 600–900*, New Haven; London, 2005.
Minne-Seve, Viviane, and Kergall, Herve, *Romanesque and Gothic France: Architecture and Sculpture*, New York, 2000.
Platt, Colin, *The Abbeys and Priories of Medieval England*, London, 1984; rep., 1995.
Schmidt-Glassner, H, and Baum, Julius, *German Cathedrals*, London, 1956.
Tatton Brown, Tim, and Crook, John, *Great Cathedrals of Britain*, London, 2006.
Toman, Rolf (ed.), *Romanesque*, Cologne, 1997.
Toman, Rolf (ed.), *The Art of Gothic*, Cologne, 1999.
White, John, *Art and Architecture in Italy 1250–1400*, New Haven; London, 1966, 3rd. ed., 1993.
Wilson, Christopher, *The Gothic Cathedral: Architecture of the Great Church 1130–1530*, London, 1990.

意大利文艺复兴、风格主义和巴洛克风格

Furnari, Michele, *Formal Design in Renaissance Architecture: from Brunelleschi to Palladio*, New York, 1995.
Hopkins, Andrew, *Italian Architecture from Michelangelo to Borromini*, London, 2002.
Murray, Peter, *The Architecture of the Italian Renaissance*, London, 1963, New enl. ed., 1985.
Portoghesi, Paolo, *Roma Barocca: the History of an Architectonic Culture*, Rome, 1966; Cambridge, Ma., 1970.
Wittkower, Rudolf, *Architectural Principles in the Age of Humanism*, London, 1949; 5th. ed., 1998.
Wittkower, Rudolf, *Art and Architecture in Italy 1600–1750*, 1958,New Haven; London, 6th. ed., rev. by Joseph Connors and Jennifer Montagu, 1999.

16 世纪至 18 世纪的欧洲

Blunt, Anthony, *Art and Architecture in France 1500–1700*, London, (Pelican History of Art), 1953; 4th. ed., 1980.
Curl, James Stevens, *Classical Architecture*, London, 1992.
Hempel, Eberhard, *Baroque Art and Architecture in Central Europe*, London, 1965.
Hitchcock, Henry-Russell, *Rococo Architecture in Southern Germany*, London, 1968.
Hussey, Christopher, *English Country Houses*, Woodbridge, 1955–8; rp. 1986.
Kubler, George, and Soria, Martin, *Art and Architecture in Spain and Portugal and their American Dominions 1500 to 1800*, London, 1959.
Lees-Milne, James, *Tudor Renaissance*, London, 1951.
Lemerle, Frédérique, Pauwels, Yves, *Baroque Architecture: 1600–1750*, Paris, 2008.
Summerson, Sir John, *Architecture in Britain 1530 to 1830*, (Pelican History of Art) London, 1953; New Haven, 9th. ed., 1993.
Summerson, Sir John, *Georgian London*, 1946; New Haven; London, ed., by Howard Colvin, 2003.
Summerson, Sir John, *The Architecture of the Eighteenth Century* (World of Art), London, 1986.
Whiffen, Marcus, *An Introduction to Elizabethan and Jacobean Architecture*, London, 1952.

1800 年至今

Banham, Reyner, *The New Brutalism: Ethic or Aesthetic?*, London, 1966.
Bergdoll, Barry, *European Architecture 1750-1890*, Oxford, 2000.
Collins, Peter, *Concrete: the Vision of a New Architecture*, Montreal; London, 2nd. ed., 2004.
Curtis, William, *Modern Architecture Since 1900*, London; 3rd rev. ed., 1996.
Crouch, Christopher, *Modernism in Art, Design and Architecture*, London, 1999.
Duncan, Alastair, *Art Nouveau* (World of Art), London, New York, 1994.
Ferriday, Peter (ed.), *Victorian Architecture*, London, 1963.
Friedewald, Boris, *Bauhaus*, Munich, 2009.
Hitchcock, Henry-Russell and Philip Johnson, *The International Style*, New York; London, 1966, 3rd. ed., 1995 (with a new foreword by Philip Johnson).
Hitchcock, Henry-Russell, *Architecture: Nineteenth and Twentieth Centuries*, New Haven; London, 1977; 4th. ed., 1987.
Howard, Jeremy, *Art Nouveau: International and National Styles in Europe* (Critical Introductions to Art), Manchester, 1996.
Jencks, Charles, *The Language of Post-modern Architecture*, London, 1977, rev. 1984.
Jordan, Robert Furneaux, *Victorian Architecture*, London, 1966.
Muthesius, Stefan, *High Victorian Movement in Architecture 1850–1870*, London, 1972.
Pevsner, Sir Nikolaus, *Pioneers of Modern Design from William Morris to Walter Gropius*, New Haven 1936, 4th ed., rev. ed., 2005.
Richards, J. M. (Sir James), *An Introduction to Modern Architecture*,London, new and rev. ed., 1961.
Todd, Pamela, *The Arts and Crafts Companion*, London, 2004.

Venturi, Robert, *Complexity and Contradiction in Architecture* (introduction by Vincent Scully), London, 1977.

建筑师个案研究

Schildt, Goran, *Alvar Aalto: His Life*, Jyvaskyla, 2007.
Harris, Eileen, *The Genius of Robert Adam: His Interiors*, New Haven; London, 2001.
Tavernor, Robert, *On Alberti and the Art of Building*, New Haven; London, 1998.
Grafton, Anthony, *Leon Battista Alberti: Master Builder of the Italian Renaissance*, London, 2000.
Sadler, Simon, Archigram: *Architecture without Architecture*, New Haven, 2005.
Blundell Jones, Peter, *Erik Gunnar Asplund*, London, 2006.
Avery, Charles, *Bernini: Genius of the Baroque*, London, 1997.
Marder, Tod A., *Bernini and the Art of Architecture*, New York; London, 1998.
Portoghesi, Paolo, *Francesco Borromini*, Milan, 2nd. ed., 1984.
Kaufmann, Emil, *Three Revolutionary Architects: Boullée, Ledoux, and Lequeu*, Philadelphia, 1952; digitised by Univ of Michigan, 2007.
Perouse de Montclos, Jean-Marie, *Étienne-Louis Boullée*, Paris, 1994.
Borsi, Franco, *Bramante*, Venice, 1989.
Bruschi, Arnaldo, *Filippo Brunelleschi*, Milan, 2006.
Fanelli, Giovanni and Michele, *Brunelleschi's Cupola: Past and Present Of an Architectural Masterpiece*, Florence, 2005.
Harris, John, *The Palladian Revival: Lord Burlington, his Villa and Garden at Chiswick*, New Haven; London, 1994.
Thompson, Paul Richard, *William Butterfield*, London, 1971.
Archer, Lucy, *Raymond Erith*, Burford, Oxfordshire, 1985.
Spencer, John R., (translator), *Being the Treatise by Antonio di Piero Averlino, Known as Filarete*, facsimile ed. 2 vols, New Haven, 1965.
Jenkins, David, *Norman Foster Works 1–5*, London, 2002–9.
Coope, Rosalys, *Salomon de Brosse and the Development of the Classical Style in French Architecture from 1565 to 1630*, London, 1971.
Blunt, Anthony, Philibert de l' Orme, London, 1958.
Collins, George R., *The Designs and Drawings of Antonio Gaudí*, Princeton, N.J., 1983.
De Sola-Morales, I., *Antoni Gaudí*, New York, 2003.
Friedman, Mildred, Sorkin, Michael, Gehry, Frank O., *Gehry Talks: Architecture + Process*, London, 2003.
Horn-Oncken, Alste, *Friedrich Gilly 1772–1800*, Berlin, 1935; rp. 1981.
Franciscono, M., *Walter Gropius and the Creation of the Bauhaus in Weimar*, Champaign, I.L., 1971.
Giedion, Sigfried, *Walter Gropius*, New York, 1992.
Gropius, Walter, *The Scope of Total Architecture*, London, 1956.
Meek, Harold Alan, *Guarino Guarini and his Architecture*, New Haven; London, 1988.
Tafuri, Manfredo, *Giulio Romano*, Milan, 1989; trans. Cambridge, 1998.
Bourget, Pierre, and Cattaui, Georges, *Jules Hardouin Mansart*, Paris, 1960.
Hart, Vaughan, *Nicholas Hawksmoor: Rebuilding Ancient Wonders*, New Haven; London, 2002.
Gresler, Giuliano, *Josef Hoffmann*, Bologna, 1981.
Noever, P., *Josef Hoffmann Designs*, Vienna, 1992.
Summerson, Sir John, *Inigo Jones*, New Haven; London, 1966; rev. ed., 2000.
Worsley, Giles, *Inigo Jones and the European Classicist Tradition*, New Haven; London, 2006.
Herrmann, Wolfgang, *Laugier and 18th Century French Theory*, London, 1962.
Le Corbusier, *Toward an Architecture, France*, 1923.
Weber, Nicholas Fox, *Le Corbusier: A Life*, New York, 2008.
Ganay, Comte de, Ernest, *Andre Le Notre 1613–1700*, Paris, 1962.
Pedretti, Carlo, *A Chronology of Leonardo da Vinci's Architectural Studies after 1500*, Geneva, 1962.
Schezen, Roberto, Adolf Loos: *Architecture 1903–1932*, New York, 1996.
Crawford, A., *Charles Rennie Mackintosh*, London, 1995.
Hibbard, Howard, *Carlo Maderno and Roman Architecture 1580–1630*, London, 1971.
Braham, Alan, *François Mansart*, London, 1973.
Argan, Giulio Carlo, and Contardi, Bruno, *Michelangelo Architect*, Milan, 1990; London, 1993.
Brothers, Cammy, *Michelangelo, Drawing and the Invention of Architecture*, New Haven; London, 2008.
Ferrara, Miranda, and Quinterio, Francesco, *Michelozzo di Bartolomeo*, Florence, 1984.
Schulze, F., *Mies van der Rohe: A Critical Biography*, Chicago and London, 1985.
Marsh, Jan, *William Morris & Red House*, London, 2005.
Thompson, Paul Richard, *The Work of William Morris*, Oxford, 1977; 3rd. ed., 1991.
Summerson, Sir John, *The Life and Work of John Nash Architect*, London, 1980.
Desideri, Paolo, Nervi, Pier Luigi, jun., and Positano, Giuseppe, *Pier Luigi Nervi*, Zurich, 1982.
Otto, Christian F., *Space into Light: the Churches of Balthasar Neumann*, New York, 1979.
Tavernor, Robert, *Palladio and Palladianism*, London, 1991.
Ackerman, James S., and Dearborn Massar, Phyllis, *Palladio*, London, 1991.
Pevsner, Sir Nikolaus, *Frank Pick: London Transport Design*, Milton Keynes, 1977.
Atterbury, Paul, and Wainwright, Clive (eds.), *Pugin: a Gothic Passion*, New Haven; London, 1994.
Hill, Rosemary, *God's Architect: Pugin and the Building of Romantic Britain*, London, 2007.
Roger Jones, *Raphael*, Cambridge, Ma, 1987.
Powell, Kenneth, *Richard Rogers Complete Works (3 Volumes)*, London, 1999–2006.
Bergdoll, Barry, *Karl Friedrich Schinkel: an Architecture for Prussia*, New York, 1994.
Frommel, Sabine, *Sebastiano Serlio Architect*, Milan, 1998; trans. 2003.
Saint, Andrew, *Richard Norman Shaw*, New Haven; London, 1977.
Stroud, Dorothy, *Sir John Soane: Architect*, London, 1984; 2nd. ed., 1996.
Watkin, David, Sir John Soane, *Enlightenment Thought and the Royal Academy Lectures*, Cambridge University Press, 1996.
Perouse de Montclos, Jean-Marie, *Jacques-Germain Soufflot*, Paris, 2004.
Hart, Vaughan, *Sir John Vanbrugh: Storyteller in Stone*, New Haven; London, 2008.
Tuttle, Richard J. (ed.), *Jacopo Barozzi da Vignola*, Milan, 2002.
Hitchmough, W., *C.F.A. Voysey*, London, 1997.
Giusti Bacolo, A., *Otto Wagner*, Naples, 1970.
Kirk, Sheila, *Philip Webb: Pioneer of Arts & Crafts Architecture*, Chichester, 2005.
Aslet, Clive, *Quinlan Terry*, Harmondsworth, Middlesex; New York, 1986.
Mowl, Timothy and Earnshaw, Brian, *John Wood: Architect of Obsession*, Bath, 1988.
Downes, Kerry, *Christopher Wren*, Oxford, 2007.
Hitchcock, Henry-Russell, *German Rococo: the Zimmermann Brothers*, London, 1968.

术语选释

此处仅收录不常见的术语以及在本书中首次出现时未加解释的术语。括号中的标号对应解释该术语的插图。

Ambulatory 回廊：环绕半圆形后殿或圆形建筑的侧廊。
Arcade 拱廊：由柱子或柱墩支撑的拱券组。
Architrave 楣额枋：檐部最底部的构件（C3）。
Attic 阁楼：主檐口上方的低楼层。
Basilica 巴西利卡：带侧廊、中厅高于侧廊的教堂。
Bay 开间：墙面或立面的垂直单元；以及中厅分隔而成的隔间。
Caryatid 女像柱：作为支柱的雕刻人像。
Clerestory 天窗：教堂中厅位于侧廊屋顶上方带窗的部分。
Cornice 檐口：檐部上方向外凸出的部分或建筑顶部任何向外凸出的部分（A3 和 C4）。
Cross 十字：见 Greek Cross 希腊十字。
Cross rib 十字肋：（E1）。
Drum 鼓座：支起穹顶的圆形或多边形结构（B2）。
Entablature 檐部：古典建筑柱式的横向顶部。它由柱子支撑，由楣额枋、檐壁和檐口构成（C5）。
Greek Cross 希腊十字：四翼长度相同的十字。
Jamb 侧壁：门或窗的砖石结构中的竖向部分（D1）。
Lantern 采光亭：位于穹顶或屋顶上小型的开敞或玻璃结构（B1）。
Liernes 枝肋：哥特式拱顶中不从墙上伸出、也不触碰到正中的圆形凸饰的装饰肋（E5）。
Metope 柱间壁：填补三陇板之间的空间的镶板（C1）。见 Triglyph 三陇板。
Mullion 直棂：窗户的竖向分隔。
Marthex 前厅：中世纪教堂的中厅和侧廊前面的门厅。
Ogee Arch 双曲线拱券：（D）。
Pediment 三角山花：适当倾斜的屋顶的三角形或圆弧形的竖直前端（A1）。
Plinth 柱础 / 基座：建筑或柱子向外凸出的底座。
Quoins 隅石：建筑转角处的石块（A2）。
Ridge-rib 脊肋：（E2）。
Rustication 粗面砌筑：大毛石块的墙面做法，可以是表面光滑的石块与内凹的灰缝，也可以是表面粗糙如岩石的石块与内凹的灰缝。
Solar 阳光房：上层的接待间。
Spandrel 拱肩：拱券曲线之间的空间，从起拱处向上画竖线，从顶点处向外画横线（C6）。
String course 束带层：建筑墙上凸出的水平条带（A4）。
Tiercerons 中间肋：哥特式拱顶中在横向肋和对角肋之间加入的肋（E4）。
Transom 横梁：窗户的横向分隔。
Transverse Arch 横拱：（E3）。
Triforium 高拱廊：教堂中厅的拱廊与天窗之间或廊台与天窗之间的墙内通道。它通过拱廊向中厅敞开。拱廊也可以是盲拱，后面没有墙内通道。有些作者将廊台称为高拱廊。
Triglyph 三陇板：多立克檐壁中竖向带凹槽的构件（C2）。
Voussoir 拱石：门或窗拱券的一个楔形石块构件（D2）。

A 安妮女王风格的住宅
1. 三角山花
2. 隅石
3. 檐口
4. 束带层

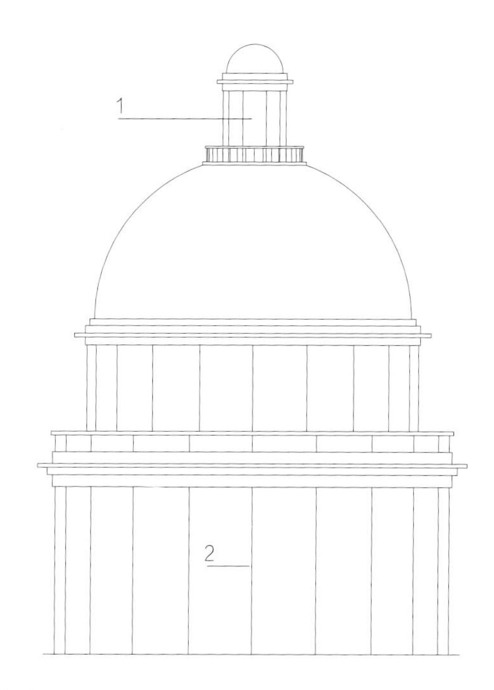

B 穹顶
1. 采光亭
2. 鼓座

C 古典主义细部
1. 柱间壁
2. 三陇板
3. 楣额枋
4. 檐口
5. 檐部
6. 拱肩

D 双曲线拱券
1. 侧壁
2. 拱石

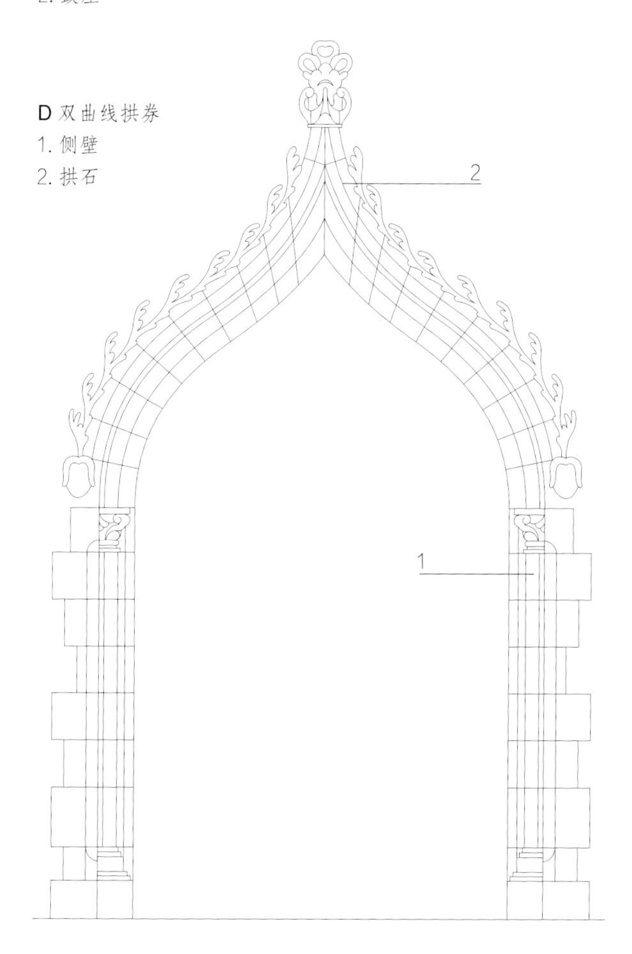

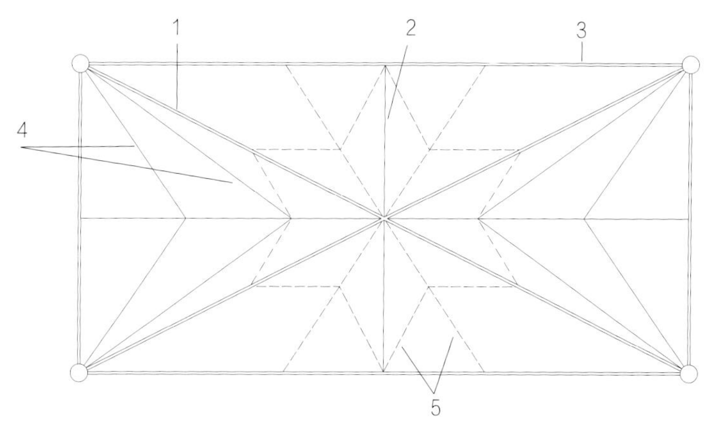

E 哥特式拱顶
1. 对角肋
2. 脊肋
3. 横拱
4. 中间肋
5. 枝肋

人物索引

地点索引

致谢

以下专门列出书中图片和插图的来源，本书出版者向他们允许本书翻印这些图片表示由衷的感谢。

AKG Images, London: 2, 9, 14, 17, 18t, 19, 32tl, 33, 34, 35, 36, 38tl, 40b, 41, 58, 60, 61, 62, 74tr, 77, 79, 88, 90, 113, 115t, 119, 135bl&r, 138, 139, 140, 145, 148, 150, 151, 156, 157br, 161, 162br, 163, 172, 173, 182, 183, 202, 210, 217b, 219b, 223, 226, 228t, 237, 243, 248; Alamy Images: 81, 158, 190, 192, 199, 218; Ancient Art & Architecture: 18b, 31, 74tl, 209; Arcaid: 27, 65, 94, 167, 191, 217t, 224tr, 225, 239, 245; Architectural Association Photo Library: 5, 37tr, 201, 222, 236; The Bridgeman Art Library Ltd: 49t&b, 99t, 162bl; Corbis: 7, 10, 13, 26r, 30r, 33r, 37l, 38r, 39, 40t, 44, 48, 55t&b, 64, 69, 73, 82, 83, 86, 89, 95, 108, 111, 114, 115b, 118, 122, 123, 128, 129, 132, 136, 141, 142, 147t&b, 149, 159, 160, 169b, 171, 180, 197, 198, 208, 211, 213t, 227, 229, 230, 244, 247t&b, 249; Dean and Chapter of Westminster: 157t; fotoLibra: 232; Fototeca CISA A. Palladio: 116; Getty Images: 3, 11, 15, 22, 23, 26bl, 52, 53, 68, 72, 85, 104tl, 120, 137, 154, 155, 169t, 174, 185, 187, 214tr, 215, 233, 235; Sonia Halliday Photographs: 102, 117; Heritage Image Partnership: 107; Angelo Hornak Photograph Library, London: 6, 29, 30l, 51, 57, 70, 71, 74bl, 80, 84, 87, 97, 98, 125, 134l&r, 143, 164, 165, 166, 176, 179, 184, 193, 194, 195, 205, 206, 214tl, 224tl; Maison La Roche 1923, photograph Olivier Martin Gambier ©FLC/DACS, 2009: 228; The Pevsner Trust: 203, 219t; RIBA Library Photographs Collection: 106, 212, 213b, 231; SCALA Archives: 99b, 103, 104tr, 112, 131; Church of St Peter and St Paul, Swaffham, Norfolk, UK: 87.